Экспериментальные и Исторические Основы Электричества

Андре Коч Торрес Ассис
Перевел с английского Артур Бараов

Apeiron
Montreal

Published by C. Roy Keys Inc.
4405, rue St-Dominique
Montreal, Quebec H2W 2B2 Canada
http://redshift.vif.com

First published in 2015

Library and Archives Canada Cataloguing in Publication

Assis, André Koch Torres, 1962-
[Experimental and historical foundations of electricity. Russian]
Ėksperimental′nye i istoricheskie osnovy ėlektrichestva / Andre Koch Torres Assis ; russkiĭ perevod, Artur Baraov.

Translation of: The experimental and historical foundations of electricity.
Includes bibliographical references.
Issued in print and electronic formats.
ISBN 978-0-9920456-9-2 (pbk.).--ISBN 978-1-987980-00-4 (pdf)

1. Electricity--Experiments. 2. Electricity--History. I. Title.
II. Title: Experimental and historical foundations of electricity. Russian.

QC533.A8817 2015 537.078 C2015-902998-8
C2015-902999-6

Передняя обложка:

Иллюстрация эксперимента Стивена Грея (1666–1736) с подвешенным мальчиком (1731) из книги Доппелмейра, *Neu-entdeckte Phaenomena von bewunderswürdigen Würkungen der Natur*. Nurenburg, 1774. Мальчик подвешен изолирующими линиями. Натертая стеклянная трубка подносится близко к его ногам. Руки и лицо мальчика притягивают легкие тела.

Задняя обложка:

Фотографии описанных в этой книге инструментов. Металлический версориум. Изготовленный из пластика версориум Дюфе, с покрытым алюминиевой фольгой кончиком одного из плеч. Электрический маятник с бумажным диском на шелковой нити, привязанной к соломке из пластика. Электризованный электроскоп с поднятой полоской из папиросной бумаги. Тонкий картон электроскопа крепится на пластиковой соломке.

ЭКСПЕРИМЕНТАЛЬНЫЕ И ИСТОРИЧЕСКИЕ ОСНОВЫ ЭЛЕКТРИЧЕСТВА

АНДРЕ КОЧ ТОРРЕС АССИС

Институт физики
Университет Кампинас—UNICAMP
13083-859 Кампинас, Бразилия

Электронная почта: assis@ifi.unicamp.br

Домашняя страничка: <www.ifi.unicamp.br/~assis>

Русский перевод: Артур Бараов
Электронная почта: arthur.baraov@gmail.com

Оглавление

Презентация и благодарности

Это русский перевод Артура Бараова[1] книги *The Experimental and Historical Foundations of Electricity.*[2]

В начале 1990-х я открыл для себя работу Норберто Кардосо Феррейра из Института Физики при Университете Сан-Паулу, УСП, Бразилия. Одним из его научных интересов было экспериментально продемонстрировать самые важные аспекты электричества с помощью очень простых и легко доступных материалов. У меня была возможность посетить его в УСП в 1993 году. Во время этого визита он дал мне небольшой набор экспериментальных материалов из тонкого картона, пластиковых соломинок, папиросной бумаги, скрепок и т.п. Он показал мне, как выполнять основные эксперименты, а также свою книгу *Plus et Moins: Les Charges Électriques.*[3] Меня захватило то, что я узнал, понимая, как можно было экспериментально представить очень глубокие физические явления с помощью легко доступных материалов. Я хранил этот материал как сокровище в течение 10 лет, но не использовал и не работал с ним в течение этого периода. Я очень благодарен Норберто Феррейра за все то, что я узнал от него. Недавно я обнаружил другие произведения Феррейра, как всегда чрезвычайно богатые и творческие.[4] Много интересного я почерпнул и из бесед с его учениками Руи Мануэл де Бастос Виейра и Эмерсон Исидоро дос Сантос. В 2005 году я встретил Альберто Гаспара и обнаружил его книгу *Experiências de Ciências para o Ensino Fundamental.*[5] Из книги и других его произведений я также узнал много нового.[6]

---

[1] Электронная почта: arthur.baraov@gmail.com

[2] [Ass10a] и [Ass10b].

[3] [FM91].

[4] [Fer78], [Fera], [Ferb], [Ferc], [Ferd], [Fer06], [Fer01c], [Fer01d], [Fer01b] и [Fer01a].

[5] [Gas03].

[6] [Gas91] и [Gas96].

С 2004 по 2007 я преподавал на курсах повышения квалификации учителей средней школы в рамках проекта *Teia do Saber* министерства образования штата Сан-Паулу в Бразилии. Быть приглашенным к участию в этом проекте было большой честью для меня. Помощь, которую я получил от министерства образования и от координационной группы образовательных проектов Университета Кампинас, GGPE — UNICAMP, а также плодотворное общение с учителями средней школы, принимавшими участие в наших занятиях, были очень продуктивными и стимулирующими для меня. Значительную пользу мне принесли и многочисленные обмены идеями с преподавателями Университета Кампинас, которые участвовали в этом проекте. В рамках этой деятельности я решил передать учителям средней школы то, чему я научился у Норберто Феррейра. В результате я вернулся к экспериментам с целью написать эту книгу и сделать весь этот интересный материал доступным более широкой аудитории.

Вдохновением для большинства описанных в этой книге экспериментов послужили оригинальные работы обсуждаемых здесь ученых, а также книги и статьи Норберто Феррейра и Альберто Гаспара. С 2004 года я обнаружил другие печатные работы и интересные сайты, которые были чрезвычайно полезны для моего самообразования в этой области — такие как сайт *Feira de Ciências*, организованный Луисом Феррас Нетто.[7]

Джон Л. Хейлброн предложил некоторые улучшения в первой версии этой книги. Его большая работа, *Electricity in the 17th and 18th Centuries: A Study in Early Modern Physics*,[8] была нашим главным источником исторической информации, связанной с электростатикой. Серджио Луис Брагатто Босс, Джон Эйхлер, Стив Хатчеон, Фабио Мигель-де-Матос Раванелли и Бертран Вольф сделали ряд важных предложений по улучшению ранней версии этой работы.

Рисунки для этой книги были подготовлены Даниэлем Робсон Пинто, через стипендию от SAE / UNICAMP, который мы благодарим за эту поддержку. Даниэль помог также получить старые рисунки и ссылки.

Я хотел бы также поблагодарить еще несколько людей за их предложения, обсуждения и ссылки: Christine Blondel, Paolo Brenni, João José Caluzi, Juliano Camillo, Hugo Bonette de Carvalho, João Paulo Martins de Castro Chaib, Asit Choudhuri, Roberto Clemente, Junichiro Fukai, Hans Gaab, Robert Harry van Gent, Harald Goldbeck-Löwe, Jürgen Gottschalk, Peter Heering, Elizabeth Ihrig, John Jenkins, Siegfried Kett, Ellen Kuhfeld, Wolfgang Lange, Lin Liu, José Joaquín Lunazzi, Ceno Pietro Magnaghi, Eduardo Meirelles, Mahmoud Melehy, Dennis Nawrath, Marcos Cesar Danhoni Neves, Horst Nowacki, Martin Panusch, José Rafael Boesso Perez, Karin Reich, Edson Eduardo Reinehr, Ricardo Rodrigues, Waldyr Alves Rodrigues Jr., Torsten Rüting, Dirceu Tadeu do Espírito Santo, Wayne M. Saslow, Fernando Lang da Silveira, Moacir Pereira de Souza Filho, Christian Ucke, Alvaro Vannucci, Geraldo Magela Severino Vasconcelos, Greg Volk, Karl-Heinrich Wiederkehr, Bernd Wolfram, and Gudrun Wolfschmidt.

[7] [Net].

[8] [Hei99].

Я хотел бы поблагодарить Институт физики и математики, координационную группу образовательных проектов и Fundo de Apoio ao Ensino, à Pesquisa e à Extensão—FAEPEX из Университета Кампинас — UNICAMP, который дал необходимую поддержку для проведения этой работы. Я благодарю также Институт истории естественных наук Гамбургского университета и Фонд Александра фон Гумбольдта Германии за научную стипендию 2009 года, во течение которого мы собрали значительный библиографический материал для этой книги.

Рой Кийз, редактор Апейрон, был моим сторонником в течение многих лет. Не будь его поддержки, некоторые из моих книг, возможно, не были бы опубликованы. Он проделал отличную редакционную работу для этой книги.

Andre Koch Torres Assis
Institute of Physics
University of Campinas—UNICAMP
13083-859 Campinas - SP, Brazil
E-mail: assis@ifi.unicamp.br
Homepage: <www.ifi.unicamp.br/~assis>

Глава 1

Введение

Одной из целей этой книги является представление основных явлений электричества посредством простых экспериментов, выполненных с помощью недорогих материалов. Мы описываем эксперименты о притяжении и отталкивании; показываем, как зарядить тела посредством трения / контакта / индукции; анализируем различные свойства проводников и изоляторов и т.д. Кроме того, будет показано, как в процессе этого формируются и изменяются теоретические концепции, точно так же, как это происходит сфундаментальными законами, описывающими эти явления.

Затем покажем, как более сложные явления можно понять и разъяснить в терминах предыдущих элементарных экспериментов. Представлены также некоторые забавные и любопытные эксперименты. Они предназначены для стимулирования творчества и критического мышления. Некоторые из них также имеют целью соотнести ежедневные явления с основными законами физики.

Акцент делается на проведении экспериментов. Исходя из экспериментов, мы формулируем определения, понятия, постулаты, принципы и законы, описывающие электрические явления. Используемые материалы очень просты, их легко можно найти дома или же приобрести недорого в магазине. Тем не менее, с ними мы проводим точные эксперименты и строим очень чувствительные научные приборы. Таким образом, читатель не будет зависеть от школьной или научно-исследовательской лаборатории, поскольку он будет строить свою собственную аппаратуру и проводить измерения. Для достижения этой цели, мы предоставляем несколько различных сборок для каждого инструмента и несколько различных способов выполнения измерений.

Другой важной мотивацией для написания этой книги было желание предложить преподавателям и студентам базовые инструменты для достижения научной автономии. С этой целью мы приводим выдержки из наиболее важных работ ученых, которые сделали великие и фундаментальные открытия в области электричества. Также будет показано, как проводить эксперименты, иллюстрирующие результаты их исследований, пользуясь лишь недорогими приборами. Таким образом, мы надеемся, что читатели смогут обрести научную независимость во многих отношениях: как построить инструменты, как проводить измерения, как сформулировать понятия и теории, как разъяснить или объяснить свои выводы и т.д.

Если представленные здесь эксперименты проводятся в классе, каждый студент должен пройти все этапы эксперимента и строить сам свое оборудование (электроскоп, версориум,[1] электрический маятник). Студенты должны взять весь этот личный материал домой. Такой подход является гораздо более полезным. чем, когда эксперименты просто демонстрируются учителем, а студенты обычно не кладут руки на плуг. Мы считаем, что знакомство с наукой „на пальцах" является одним из наиболее эффективных методов обучения.

Помимо экспериментальной части, эта книга содержит также богатый исторической материал, который дает контекст, в котором происходило открытие некоторых явлений и законов. Даются также различные интерпретации фактическим данным наблюдений. Особое внимание уделяется формулировке и разработке обсуждаемых понятий и физических принципов. Мы стараемся быть предельно осторожными в выборе слов, делая все возможное, чтобы провести четкое разграничение между определениями, постулатами и результатами экспериментов. Мы делаем также различие между описанием и объяснением феномена с целью проиллюстрировать человеческие и социологические аспекты, которые получили отражение в формулировке физических законов. Мы не следуем хронологической последовательности открытий. Тем не менее, всякий раз, когда это возможно, мы описываем контекст, в котором было обнаружено каждое явление, а также отмечаем ученых, которые имели прямое отношение к открытию. Главные исторические справки, представленные здесь, были взяты из оригинальных работ, цитируемых в тексте, а также из замечательных книг Хейлброна.[2] Эта книга не ставит своей целью рассмотрение различных теоретических моделей, предложенных разными учеными на протяжении веков для объяснения электрических явлений; книги Хейлброна являются очень хорошим источником для тех, кто интересуется подобными аспектами развития науки об электричестве.

Чтобы сохранить объем книги в разумных пределах, мы выбрали несколько конкретных вопросов, которые будут обсуждаться подробно. В будущей книге мы надеемся осветить другие важные аспекты электричества, придерживаясь принятой здесь методики. Там мы будем разбирать такие материалы, как электрические искры и разряды, мощности точек, электрический ветер, электрофор Вольта, Лейденская банка, клетка Фарадея, Грей и сохранение электрических зарядов (долговечность наэлектризованного состояния тел, или как сохранить электроэнергию в течение длительного времени), закон Ома, электризация посредством контакта / прокатки / разделения, генераторы заряда, емкость и распределение заряда между

[1] см. главу 3.
[2] [Hei79], [Hei82] и [Hei99].

проводниками, атмосферное электричество, фигуры Лихтенберга и т.д.

В книге показано, что многие фундаментальные вопросы науки могут быть изучены с помощью экспериментов, выполненных с применением очень простых материалов, которые однако имеют большое историческое или концептуальное значение. Также показано, что многие великие ученые в истории науки об электричестве имели дело с явлениями, которые в настоящее время кажутся очень простыми и тривиальными, но, тем не менее, все еще скрывают весьма глубокие тайны.

Эта книга написана для преподавателей и студентов физики, математики, науки и техники. Это не книга экспериментов для детей. Она может быть использована в средних школах и университетах в соответствии с уровнем, на котором дается анализ каждого явления или закона. Книга содержит различные по уровню экспериментальные и теоретические материалы, которые могут найти применение на том или ином уровне обучения. Каждый учитель может выбрать тот или иной материал и адаптировать его в своей педагогической практике. Книга также может быть использована в курсах истории и философии науки. Определенные части этой книги могут быть использованы даже на уровне аспирантуры или для выбора темы для проведения дальнейших научных исследований.

Лучший способ следовать этой книге состоит в выполнении большинства экспериментов, описанных здесь, по ходу чтения, а не просто читать текст. Предпочтительный подход заключается в попытке повторить, усовершенствовать и изменить то, что предлагается здесь. Хотя физика имеет множество различных аспектов — философские, теоретические и математические — она, по сути, экспериментальная наука. Именно сочетание всех этих аспектов и делает этот предмет настолько увлекательным. Мы надеемся, что читатель получит такое же удовольствие при проведении этих экспериментов, какое мы получили при их разработке.

Я хотел бы получить обратную связь от тех читателей, которые пытались воспроизвести и развить описанные здесь эксперименты, или делали попытку применить их в своих школах и университетах. Я сам с большим удовольствием изучал бы физику таким способом. То есть, вместо того чтобы выучить несколько формул наизусть и проводить большую часть своего времени решая математические упражнения, я бы предпочел изучать физику так, как показано здесь, имея возможность строить инструменты и выполнять различные эксперименты, изучая на практике, как важные явления были впервые обнаружены и интерпретированы, и воспроизводя самостоятельно большинство из этих эффектов с помощью простых и доступных материалов. Было бы также очень интересно изучить различные модели и теоретические концепции для того, чтобы объяснить эти явления. Эта книга является нашим вкладом в улучшение качества преподавания физики, аналогично тому, как мы это сделали с понятием центра тяжести и закона рычага.[3] Таким образом, мы надеемся, что наука может быть представлена в такой осязаемой форме, богатой историческим контекстом,

[3] [Ass08a] и [Ass08b].

которая стимулировала бы творчество и критическое мышление студентов.

Я был бы счастлив, если бы эта книга была переведена на другие языки. Было бы здорово, если бы учителя физики обратили внимание своих коллег и студентов на этот материал. Я также надеюсь, что эта книга станет мотививацией для других попытаться сделать что-то подобное и в других областях науки, с использованием экспериментов, выполненных из доступных материалов, наряду с предоставлением исторической информации, относящейся к той области науки.

Перед проведением этих экспериментов следует обратить внимание читателя на несколько важных моментов. Как правило, эксперименты работают лучше всего при проведении их в холодную и сухую погоду. В жаркие и влажные дни, или когда идет дождь, многие описанные здесь эффекты могут вообще не наблюдаться, или явления могут иметь такую низкую интенсивность, что их трудно наблюдать. В ряде случаев мы пользуемся такими общими названиями веществ как пластмасса, стекло, дерево или резина. Но следует помнить, что на самом деле существует много разновидностей пластмассы, стекла, дерева, резины или любого другого вещества. Эти разновидности одного и того же вещества отличаются по своей природе ввиду различного их состава, процесса изготовления, возраста и т.д. Таким образом, когда конкретный эффект не наблюдается с определенным веществом (с конкретным типом пластика, например), следует попробовать тот же самый эксперимент с другой разновидностью того же вещества.

Цитаты взяты из оригинальных работ или из известных переводов этих работ на английский; в противном случае цитаты были переведены нами. В середине некоторых цитат мы даем наши пояснения в квадратных скобках, с целью сделать смысл некоторых предложений более прозрачным.

Глава 2

Электризация за счет трения

2.1 Начало исследования электричества

Эксперимент 2.1

В первом эксперименте мы нарезаем несколько маленьких кусочков бумаги и кладем их на стол. Мы берем пластиковую соломку и подносим ее близко к кусочкам бумаги, стараясь не прикасаться к бумаге. Ничего не происходит с бумажками (Рис. 2.1).

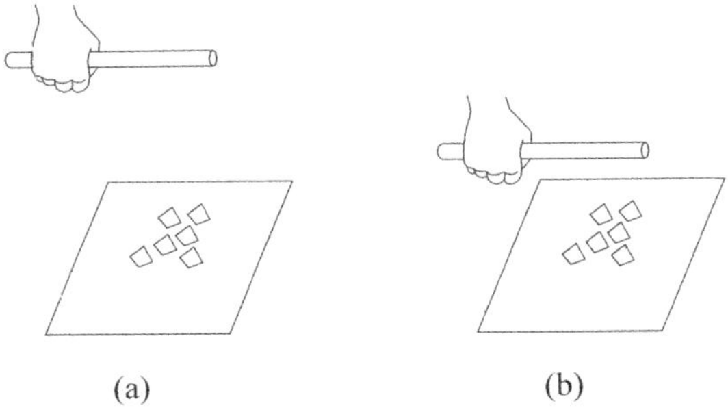

Рис. 2.1: (a) Пластиковая соломка находится далеко от кусочков бумаги. (b) Когда пластиковая соломка подносится к кусочкам бумаги, они никак не реагируют.

Теперь мы трем соломку о волосы или лист бумаги, перемещая ее быстро вверх и вниз. Мы обозначаем натертую область соломки буквой F, от (английского) слова *трение* (Рис. 2.2).

Затем мы подносим натертую соломку к маленьким кусочкам бумаги очень близко, но, как и раньше, не касаясь их. Мы видим, что на опреде-

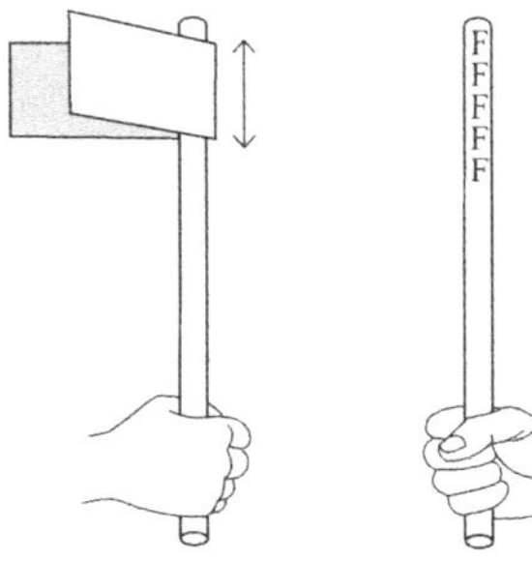

(a) (b)

Рис. 2.2: (a) Пластиковая соломка, натертая бумагой. (b) Буквой F обозначена натертая область соломки.

ленном расстоянии они прыгают к натертой соломке и прилипают к ней (Рис. 2.3). По мере удаления соломки от стола, кусочки бумаги остаются на соломке.

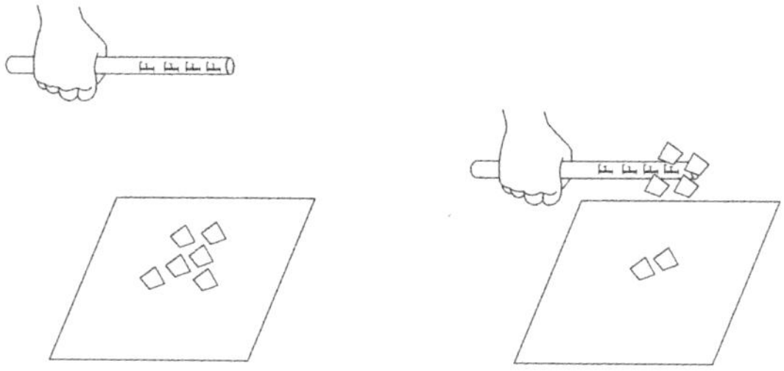

(a) (b)

Рис. 2.3: (a) Натертая соломка находится далеко от мелких кусков бумаги. (b) Натертая соломка притягивает бумажки на близком расстоянии.

Не все бумажки остаются на натертой соломке. Некоторые из них, коснувшись соломки, падают обратно. Другие отстреливаются к столу. Мы будем обсуждать это подробнее в разделах 4.4 и 4.8.

Аналогичный эксперимент можно провести с пластиковой ручкой, пластиковой линейкой или пластиковой расческой. Во избежание сложных явлений или неожиданных результатов, эти предметы должны быть сделаны только из пластика, без металлических и других частей. Куски бумаги не реагируют на приближающийся предмет, если он не был предварительно подвергнут трению. Теперь трем любой из этих предметов о волосы или лист бумаги. Затем мы подносим натертый пластик близко к бумажкам, не касаясь их. Они снова притягиваются к пластику и остаются на нем. Каждый может найти подходящий пластиковый материал, который после трения будет легко притягивать мелкие куски бумаги. Обычно мы говорим о соломке, но можно также использовать линейку или расческу, в зависимости от того, что имеется под рукой и что создает наибольший эффект.

Определение: Обычно мы говорим, что ненатертый пластик, который не привлекает мелкие куски бумаги, *электрически нейтрален* или, просто, *нейтрален*. Если он натерт, мы говорим, что пластик *приобрел электрический заряд*, стал *электризованным*, *электрически заряжен* или, просто, *заряжен*. Этот процесс называется по-разному: *производство заряда трением*, *производство заряда натиранием*, *трибоэлектрический эффект* или *электризация трением*. Само притяжение иногда называют *электрическим притяжением* или *электростатическим притяжением*.

Для проведения многих экспериментов в этой книге мы будем обращаться к трению между пластмассовым телом и волосами (или между пластиком и листом бумаги, или между пластиком и тканью). Для наиболее успешного проведения этих экспериментов, рекомендуется обернуть пластиковое тело в отдельный кусок бумаги и держать его крепко в руках. Затем мы начинаем двигать тело и бумагу быстро в противоположных направлениях, прижимая их друг к другу. Как правило, лучше пользоваться при этом однонаправленным движением вместо возвратно–поступательного движения. Например, вы можете двигать пластик в направлении к себе, а бумагу от себя. Можно повторить эту процедуру несколько раз, прежде чем переходить к проведению эксперимента — это усиливает эффекты, которые мы наблюдаем. Время от времени можно менять материалы и наблюдать, как меняется эффект в зависимости от используемых материалов. Практика покажет, какие именно материалы и процедуры подходят лучше всего для успешного проведения эксперимента.

2.2 Янтарный эффект

Многие из нас провели такой эксперимент будучи еще ребенком или подростком. Именно с подобного эксперимента и родилась вся наука об электричестве! Так, по крайней мере уже Платону (ок 428—348 до н.э.) было известно, что натертый янтарь притягивает легкие предметы, расположенные рядом с ним. Самое раннее упоминание об этом явлении, которое иногда называют *янтарным эффектом*, мы находим в трактате-диалоге Платона, *Тимей*:[1]

> Давайте еще раз рассмотрим явление дыхания и спросим, какие именно причины делают его таким, каким оно есть. Они заключаются в следующем: — Видя, что не существует такой вещи как вакуум, который мог быть оккупирован любой из движущихся вещей, а выдох осуществляется в окружающий воздух, отсюда очевидно следует, что он не поступает в пустое пространство, а

[1] [Pla52b, Sections 79 to 80, стр. 470—471].

вытесняет своего соседа из своего места, а то, что вытесняется в свою очередь, вытесняет свою соседку; и, таким образом, все неизбежно наконец возвращается к тому месту, откуда дыхание началось, и входит туда, и после дыхания, заполняет пустое место; и это повторяется как вращение колеса, ибо не может быть такой вещи как вакуум. [...] Кроме того, что касается потока воды, удара молнии и чудес притяжения, которые мы наблюдаем с янтарем и гераклскими камнями, — ни в одном из этих случаев мы не имеем притяжения как такового; ибо тот, кто проведет тщательные исследования, обнаружит, что такие замечательные явления вызваны комбинацией определенных условий — отсутствием вакуума, факт состоит в том, что объекты толкают друг друга и они меняются местами, каждый переходя в соответствующее ему положение по мере того, как эти объекты соединяются и разъединяются.

Как мы убедились, такова природа и таковы причины дыхания — предмет, с которого началась эта дискуссия.

Он не упоминает, кто именно открыл этот факт, но судя по его беглому описанию, янтарный эффект был известен его читателям. Он видит связь между янтарным эффектом и эффектом камня Геракла, т.е. природного магнита. Платон отвергает идею существования реального притяжения между натертым янтарем и легкими объектами вблизи него. Все эти явления объясняются теми же принципами, что и дыхание, а именно, невозможностью вакуума в природе.

Янтарь это твердый прозрачный полимер от желтоватого до коричневатого цвета,[2] который иногда используется в качестве ювелирного изделия. С 19-го века было известно, что янтарь является смолой ископаемых сосновых деревьев, которые умерли, возможно, многие миллионы лет назад.[3] Есть магазины, где продают янтарь с окаменелыми насекомыми внутри них — муравьи, блохи или пауки, например. На Рис. 2.4 вы видите два куска янтаря.

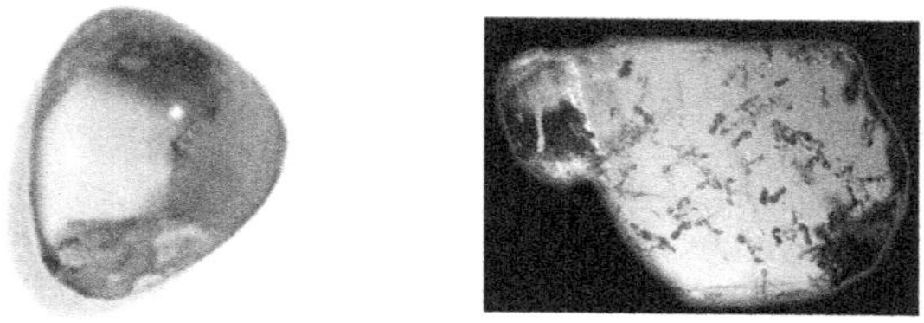

Рис. 2.4: Куски янтаря.

[2]См. Приложение А.
[3][RR53].

Аристотель (384—322 до н. э.), в своей работе *Метеорология*, приводит доказательства того, что янтарь сперва возникает в жидкой форме, а затем затвердевает:[4]

> Затвердевшие от холода тела состоят из воды, например, лед, снег, град, иней. [...] Все тела, из которых вся влага ушла, относятся к земле, как гончарные изделия или янтарь. (Поскольку как янтарь, так и тела, известные как „слезы“, формируются при охлаждении, как мирра, ладан, камедь. Кажется янтарь тоже относится к этому классу вещей: замурованные в нем организмы доказывают, что он формируется в результате затвердевания. Тепло вытесняется из него холодом реки и влага испаряется вместе с теплом, как и в случае с медом, когда его нагревают и погружают в воду.)

По мнению некоторых современных авторов, эксперимент с янтарем был проведен впервые Фалесом из Милета, жившим примерно с 625 до 546 г. до н.э. Платон называет его первым из семи мудрецов Древней Греции в своем диалоге *Протагор.*[5] Но он не приписывает ему открытие янтарного эффекта. Фалес, по мнению Аристотеля и нескольких древних писателей, был первым естествоиспытателем, или первым физиком. В своей книге *Метафизика* (A 3, 983 b 6), Аристотель так писал о нем (курсив наш):[6]

> Из первых философов, тогда, большинство считало, что принципы, которые относились к природе материи были единственными принципы всего сущего. То, из чего все вещи состоят, из чего они произошли, в то они в конечном итоге возвращаются (вещество не исчезает, а только меняет свою форму), это мол является основой и принципом вещей, и, следовательно, они думают, что ничто не создается и не уничтожается, так как подобного рода сущность всегда сохраняется, как мы говорим: Сократ не обретает бытие, когда он появляется в красивой или музыкальной форме, ни перестает быть, когда он теряет эти характеристики, потому что субстрат, сам Сократ, остается. Точно так же они говорят, что ничего не приходит из ничего, и ничто не исчезает бесследно; ибо должна быть некоторая сущность — одна или более — из которой все остальные вещи приходят, которая сама сохраняется.
>
> Тем не менее, они расходятся в отношении количества и характера этих принципов. *Фалес, основатель этого вида философии,* считает воду основой всего (и по этой причине он заявил, что земля держится на воде), это воззрение, по-видимому, возникло из наблюдения, что влага является питательной средой всего

4[Ari52b, стр. 492].
5[Pla52a, стр. 54—55].
6[Ari52a, Книга 1, Глава 3, стр. 501—502].

> сущего, и что само тепло формируется из влаги и поддерживается ею (и то, из чего они приходят, должно лежать в основе всех вещей). Он вывел свое представление из этого факта и из того факта, что семена всех вещей имеют влажную природу, и что вода является источником природы влажных вещей.

Однако ни один из работ Фалеса не дошел до нас. Происхождение всех современных утверждений, связывающих Фалеса с экспериментом с янтарем, основаны на трудах Диогена Лаэртского, который жил примерно в третьем веке нашей эры и был биографом греческих философов. Самая важная его работа называется *Жизнь знаменитых философов*, в 10 томах. Он сказал следующее о Фалесе:[7]

> [...] Он был первым, кто назвал последний день месяца тридцатым, и первым, как утверждают некоторые, кто приступил к обсуждению вопросов, связанных со здоровьем.
>
> Аристотель и Гиппий утверждают, что, ссылаясь на магнит и янтарь, он приписывал душу или жизнь даже неодушевленным предметам ..

Есть другой перевод этого отрывка:[8] „Аристотель и Гиппий говорят, что, судя по поведению магнита и янтаря, он также приписывал души безжизненным предметам."

Обычно душу относят к чему-то живому или тому, что может перемещаться по своей воле. Иногда душу приписывают также к тому, что может расти, как человек, растение или животное. Именно их считают живыми или одушевленными телами. Неживые тела, или тела без души, это те объекты, которые не наделены жизнью. Хотя магниты и янтарь не растут, и не могут двигаться сами по себе, они обладают способностью приводить в движение близлежащие объекты (магнит привлекает железо или притягивается железом, а тертый янтарь притягивает мякину). Фалес, возможно, приписывал душу магниту и янтарю благодаря именно этим свойствам.

Несмотря на эти заявления Диогена Лаэртского, сомнительно, что Фалес был действительно первым, кто провел янтарный эксперимент.[9] Более поздние авторы считают его инициатором многих вещей в физике и математике, что ставит под сомнение реальность всех этих достижений. Что касается вышеуказанного утверждения, трудно подтвердить источники Лаэртского. Сочинения Гиппия не дошли до нас. Что касается Аристотеля, в его сохранившихся работах нет указаний на то, что он приписывал янтарный эффект Фалесу. В своей работе *О душе*, Аристотель отметил, что Фалес приписывал душу только магниту, поскольку он может приводить в движение железо, но не упоминает янтарный эффект явно:[10]

[7] [Lae91, стр. 25].
[8] [The56, стр. 117].
[9] [The56, стр. 117—118] и [RR53].
[10] [Ari52c, A 2, раздел 405, стр. 634].

> Фалес тоже, судя по тому, что написано о нем, кажется, считал душу движущей силой, поскольку он сказал, что магнит имеет душу, потому что он приводит в движение железо.

Археологические раскопки показали, что янтарь был известен за много веков до Платона и даже Фалеса.[11] Его использовали в производстве ювелирных изделий и орнамента. Вполне вероятно, что многие люди, которые работали с янтарем, торговали им, или просто обрабатывали его, наблюдали его привлекательные свойства задолго до Фалеса, хотя нет письменных свидетельств в поддержку этой гипотезы.

В любом случае, достоверно известно, что, по крайней мере со времен Платона, в 4-м веке до нашей эры, янтарный эффект был известен еще в Древней Греции. В древности, янтарь, вероятно, натирали шерстью, тканью или кожей человека или животного. И было замечено, что он притягивает легкие тела, типа легких перьев, мякины, или человеческого волоса.

2.3 Изучение эффекта притяжения натертыми телами

Чтобы гарантировать достаточно хороший уровень электрической нейтральности в наших последующих экспериментах, лучше иметь хотя бы две соломки, или две пластиковые линейки. Одна из них не должна никогда подвергаться трению. Это будет наша нейтральная соломка. Другая будет подвергаться трению один или несколько раз в ходе экспериментов. Даже если эта вторая соломка очевидно утратила свой электрический заряд в промежутке между двумя экспериментами, ее нельзя использовать в качестве нейтральной соломки, потому что она может содержать некоторый остаточный электрический заряд. Иногда просто обработка соломки, или даже удаление пыли, которая накопилась на ее поверхности, можно зарядить соломку. По этой причине критерием нейтральности соломки должно быть полное отсутствие притяжения легких предметов, находящихся рядом с ней.

Эксперимент 2.2

Повторим эксперимент 2.1 с трением пластиковой соломки о другие тела, такие как лист бумаги, кожа, ткань или полиэтиленовый пакет. При поднесении натертой соломки к кусочкам бумаги или мякины, мы можем наблюдать, что они притягиваются к соломке, как в эксперименте 2.1 с трением шерстью, хотя интенсивность притяжения может меняться. Пластмассовая соломка сильно электризуется при трении шерстью, бумагой, или хлопчатобумажной тканью. Электризация обычно не достигает такого высокого уровня при трении полиэтиленовым пакетом.

---

[11] [Gui05, стр. 59].

2.4 Какие тела притягивает натертый пластик?

Эксперимент 2.3

В этом разделе мы попытаемся ответить на следующий вопрос: Какие тела притягивает натертый пластик? Вопросы типа „есть ли отталкивание?", „есть ли действие и противодействие?", „сколько типов заряда наблюдается в природе?" и т.п. предполагают, конечно, современный уровень знания. Ранние исследователи обычно не задавали подобных вопросов; по крайней мере, не в таком виде. Эти вопросы были скорее результатом, а не мотивацией их работ. Как бы то ни было, мы ставим эти вопросы здесь для того, чтобы привлечь внимание к основным свойствам электрического действия.

Теперь проанализируем, какие вещества привлекает натертый пластик или натертый кусочек янтаря. Тереть можно о бумагу, шерсть или хлопчатобумажную ткань. Для этого мы размещаем несколько групп легких веществ на разных участках поверхности стола. Вещества можно разделить на мелкие кусочки, на короткие нити, или измельчить их. Вот некоторые предложения: мякина, тонкие волокна хлопка, небольшие кусочки полиэтилена, небольшие кусочки алюминиевой фольги (например, фольги из под коробки сигарет или кухонной фольги), порошок мела, муки, железные опилки, стальные стружки, маленькие шарики из пенопласта, пуховые перья, волосы, опилки, сахар, соль, небольшие кусочки пробки и т.д.

Следует помнить одну важную вещь перед проведением этих экспериментов. Натертый объект не должен касаться размещенных на столе кусочков вещества — следует лишь поднести его к ним. Если натертое тело коснется этих веществ, они могут прилипнуть к нему из-за наличия влаги или других клейких материалов на поверхности натертого объекта, или на поверхности этих веществ, а не из-за электростатического притяжения между ними.

Когда мы приближаем нейтральный пластик к этим веществам, ничего заметного не происходит. После трения пластика (или янтаря) и поднесения его к этим веществ, не касаясь их, мы, как правило, наблюдаем, что почти все они притягиваются к натертому пластику. То есть они перемещаются по направлению к натертому пластику с характерным прыжком. Только кусочки пластика не притягиваются, или притягиваются очень мало по сравнению с тем, что мы наблюдаем по отношению к другим веществам.

Эксперимент 2.4

Аналогичный эксперимент можно провести с проводами или нитями из ряда веществ: шелк, хлопок, полиэстер,[12] нейлон (полиамид синтетический), волосы и медь. Дешевые катушки из нитей шелка, хлопка, полиэстера и полиамида можно приобрести в швейных магазинах. В частности, шелковая нить будет использоваться во многих экспериментах, так что имеет смысл запастись целой катушкой. Что касается меди, можно развернуть

[12] См. Приложение А.

многожильные провода, которые можно приобрести в магазине электротоваров. Многожильный провод содержит несколько тонких медных проволочек. В этом эксперименте нам потребуется только один из этих тонких медных проволочек, нарезанных небольшими кусками, которые мы также будем называть нитями.

Мы нарезаем несколько кусочков этих нитей одинаковой длины, например, 1 или 2 см. В одном месте стола мы размещаем куски шелка, а в другом — куски из полиэстера, и так далее. Мы подносим нейтральный пластик близко к этим веществам, но ничего не наблюдается. Мы натираем другую соломку и подносим ее близко к каждой из этих групп нитей, не касаясь их. Мы наблюдаем, что хлопчатобумажные и медные нити сильно притягиваются. Другие вещества не притягиваются, или притягиваются гораздо меньше, чем волокна хлопка или кусочки меди.

В данном случае мы имеем нити одинаковой длины, но разного веса ввиду различной плотности и толщины этих проводов. Тем не менее, нетрудно видеть, что хлопок и медь образуют более тяжелые нити благодаря их более высокой плотности, а иногда и из-за их большей толщины. Несмотря на это, они притягиваются больше натертым пластиком, нежели более легкие вещества.

Для веществ, которые имеют приблизительно одинаковый вес, мы видим на примере этих экспериментов, что большинство из них притягивается натертым пластиком, хотя некоторые из них притягиваются гораздо больше, чем другие. Только очень немногие из них не испытывают притяжения, или испытывают очень слабое притяжение.

Эксперимент 2.5

Интересный эксперимент для демонстрации притяжения, оказываемого натертым пластиком на металлы, использует пустую алюминиевую банку из под пива или легкого напитка. Один из этих банок укладывают на гладкую поверхность. Пластиковая натертая соломка подносится к этой банке, держа соломку параллельно банке на той же высоте, что и ось симметрии банки. Когда соломка находится очень близко к банке, не касаясь ее, банка начинает двигаться по направлению к соломке (Рис. 2.5). Мы можем даже заставить банку двигаться вперед и назад, размещая натертую соломку сзади или спереди банки.

Эксперимент 2.6

Мы подносим природный магнит типа холодильной липучки или магнита из громкоговорителя близко к веществам на столе, описанным в экспериментах 2.3 и 2.4. Заметим, что магнит притягивает только железные опилки и стальные волокна. Магнит не влияет на другие вещества — даже на куски медной проволоки или алюминиевой фольги.

Это одно из основных различий между электрическими и магнитными силами. Натертый янтарь и натертый пластик притягивают почти все легкие вещества. Постоянный магнит, с другой стороны, притягивает лишь некоторые из них: в основном только те, которые содержат железо.

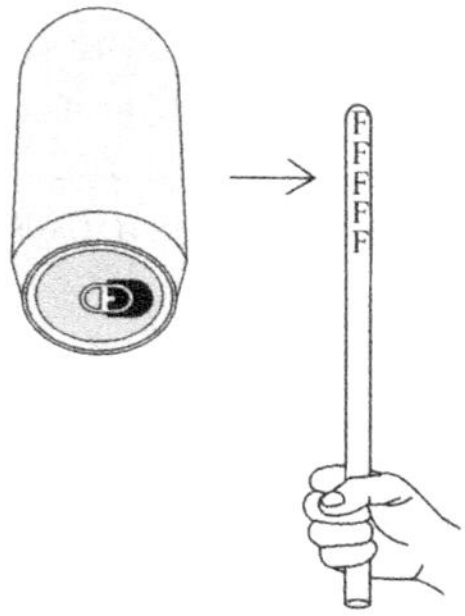

Рис. 2.5: Натертая соломка притягивает металлическую банку.

Слова магнит, магнетизм, магнитное и т.д. берут свое начало от названия географического района, называемого магнезией, где древние греки нашли природный магнитный минерал магнетит (оксид железа), который имеет свойство притягивать небольшие кусочки железа.

Эксперимент 2.7

Мы безуспешно пытаемся прилепить магнит к алюминиевой кастрюле. Нам также не удается притянуть магнитом алюминиевую банку из эксперимента 2.5. Это еще раз показывает различие между электрическими и магнитными силами. Это также подтверждает, что магнит притягивает не все металлические предметы — обычно лишь те, материал которых содержит железо.

2.5 Возможно ли притяжение жидкости?

Эксперимент 2.8

В эксперименте 2.1 мы работали с твердыми веществами. Рассмотрим теперь влияние натертого пластика на жидкости. Еще раз отметим, что лучше всего подносить соломку к жидкости. соломка может быть нейтральной или она может быть предварительно натерта. Всегда нужно следить за тем, чтобы соломка не прикасалась к жидкости.

Мы включаем кран так, чтобы тонкая струйка воды текла ровно (Рис. 2.6 (a)). Мы подносим нейтральную пластиковую соломку близко к потоку и видим, что ничего не происходит.

Мы натираем другую соломку и подносим ее близко к потоку. На этот раз поток изгибается в сторону натертой соломки (Рис. 2.6 (b)). В этом легко убедиться, перемещая натертую соломку близко к верхней части потока, где вода имеет более низкую скорость. Иногда притяжение столь интенсивное, что поток касается соломки. Эксперимент также работает с капающей водой. Опять таки, эффект более заметен, когда натертая соломка расположена недалеко от медленно падающих капель воды.

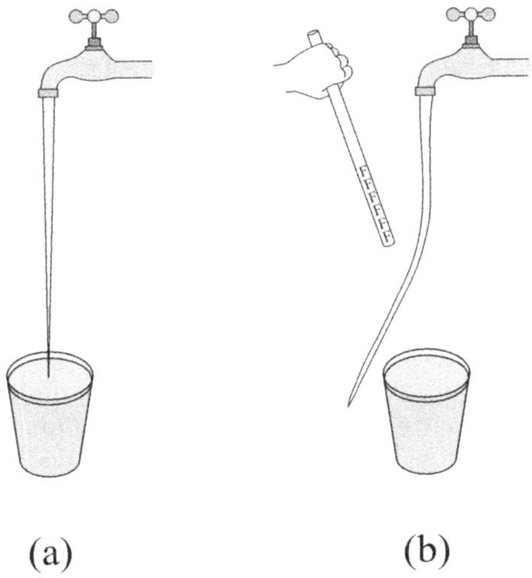

Рис. 2.6: Натертая соломка притягивает поток воды.

Эксперимент 2.9

Нечто аналогичное происходит, когда мы подносим натертый пластик близко к потоку молока, моющих средств, алкоголя, керосина, шампуни или пищевого растительного масла. То есть все эти потоки притягиваются натертым пластиком, но не чувствуют никакого притяжения к ненатертой соломке. В случае нефти, эффект — а именно, изгиб потока — не такой сильный, как в случае с другими жидкостями.

Опыт, аналогичный этим, кажется, был проведен впервые Жаном Теофилем Дезагюлье (1683—1744) в 1741.[13] В конце этой статьи Дезагюлье пишет:

> Подвесив подобающим образом (то есть подвесив каким-то электрическим телом, в данном случае кетгут)[14] медный кувшин носиком вниз, я открыл кран и дал потоку стекать в расположенный под ним сосуд: Тогда, возбудив [трением] большую [стеклянную] трубку электричеством, я держал ее над медным кувшином, в то время как помощник держал пробную нить (то есть свисающая с палки нить) вблизи нескольких частей струи, которые заметно притягивали ее. Тогда я поместил натертую трубку рядом с падающей струей, которая притянула ее так сильно, что согнула ее в кривую, а иногда приводила к такому сильному отклонению струи, что вода даже не попадала в стоящий внизу сосуд.

[13][Desb, стр. 666—667] и [Pri66, стр. 85].

[14]См. Приложение A.

Студентам очень нравится этой смешной и интересный эксперимент. Мы будет обсуждать его более подробно в разделе 7.11.

Эксперимент 2.10

Можно провести аналогичный эксперимент с небольшой лужой воды на сухой поверхности. Когда мы подносим нейтральную соломку близко к капле воды, ничего не происходит. С другой стороны, когда мы подносим натертый пластик к воде, мы видим, что поверхность воды деформируется таким образом, что те участки, которые находятся ближе к соломке, вытягиваются в ее сторону (Рис. 2.7). Иногда капля воды даже катится над сухой поверхностью, двигаясь как целое в направлении натертого пластика. То же самое происходит, в той или иной степени, с перечисленными выше жидкостями.

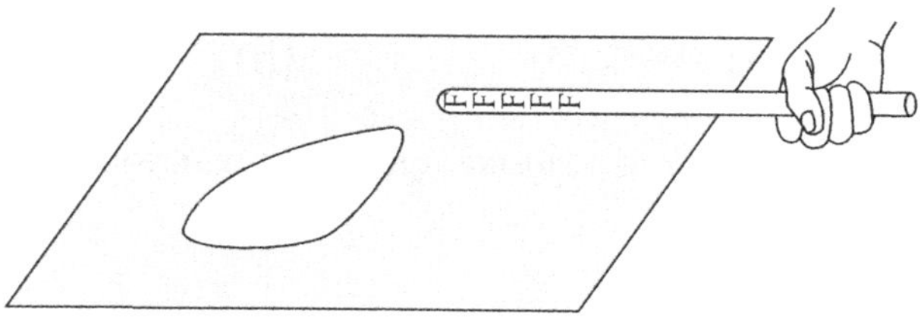

Рис. 2.7: Натертая соломка притягивает каплю воды.

2.6 Гильберт и некоторые его электрические эксперименты

Английский врач Уильям Гильберт (1544–1603)[15] был одним из тех ученых, кому мы больше всего объязаны за современные ему исследования по магнетизму и электричеству (Рис. 2.8).

В 1600 году он опубликовал очень важную для истории науки книгу, *О магнетите и магнитных телах и о большом магните Земля.*[16] В этой работе он описал много важных открытий, связанных с магнетизмом. В то время ориентацию магнитной стрелки объясняли выравниванием магнитных полюсов иглы с полюсами небесной сферы. Гильберт, с другой стороны, выдвинул идею, что Земля является огромным магнитом и, следовательно, обладает магнитными свойствами. Затем он объяснил ориентацию магнитной стрелки ее выравниванием с магнитными полюсами Земли.[17] Во второй главе своей книги Гильберт описал несколько электростатических экспериментов, которые были проведены с целью отличить явления, связанные с магнитом, от тех, которые связаны с янтарем:[18]

[15] [Kel81].
[16] [Gil78].
[17] [Kel81].
[18] [Gil78, стр. 27].

Рис. 2.8: Уильям Гильберт (1544—1603).

> Об этом веществе [янтарь] несколько слов надо сказать, чтобы показать природу предрасположенности тел к нему, и указать на огромные различия между этим и магнитным действием; ибо люди до сих пор остаются в невежестве и считают эту склонность тел к янтарю притяжением, сравнимым с магнитным притяжением.

Он назвал *электриками* тела, которые обладают тем же свойством, что и янтарь (курсив наш):[19]

> Греки называют это вещество $\eta\lambda\epsilon\kappa\tau\rho o\nu$ [электрон или янтарный], потому что при нагревании посредством трения, оно привлекает к себе соломку; [...] Эти тела (*электрики*) привлекают к себе не только соломки и мякину, но все металлы, дерево, листья, камни, земли, даже воду и масло; короче говоря, все что мы воспринимаем нашими чувствами или является твердым веществом: а нам говорят [некоторые древние авторы], что они не привлекают ничего, кроме мякины и листочков.

Или еще:[20]

> И сходство не является причиной притяжения янтарем, поскольку все вещи, которые мы видим на земном шаре, будь то одинаковые или различные, притягиваются янтарем и подобными ему

[19][Gil78, стр. 27].
[20][Gil78, стр. 28].

веществами; следовательно, не следует проводить сильную аналогию на основе подобия или идентичности вещества.

Или еще:[21] „Магнетит притягивает только магнитные тела; электрики притягивают все.“

Гильберт, кажется, был первым, кто заметил притяжение жидкости натертым янтарем, выполняя эксперимент, аналогичный изображенному на рисунке 2.7:[22]

> Он [натертый янтарь] явно привлекает само тело в случае сферической капли воды на сухой поверхности; ибо кусок янтаря на достаточно близком расстоянии тянет к себе близлежащие частицы капли и вытягивает их в конус; если бы капля была в воздухе, она целиком притянулась бы к янтарю.

Гильберт упоминает лишь два исключения из общего правила: пламя и очень разреженные объекты не испытывают притяжения к натертому янтарю,[23] „[...] ибо все тела испытывают притяжение ко всем электрикам, за исключением тел в пламени или слишком разреженных, как воздух, который является универсальным испарением земного шара.“ Он доказал, что натертый янтарь не притягивает воздух, следующим образом:[24]

> И, что янтарь не привлекает воздух, доказывается следующим образом: возьми очень тонкую восковую свечу с очень небольшим ясным пламенем; поднеси широкий плоский кусок янтаря или струи,[25] тщательно подготовленый и тщательно натертый, на расстояние двух пальцев от него; теперь янтарь, который привлекает окружающие тела на значительном расстоянии, не вызовет движение пламени, хотя такое движение было бы неизбежно, если бы воздух находился в движении, ибо поток воздуха потянул бы за собой пламя.

Далее он пишет:[26]

> Электрики привлекают все тела за исключением пламени и горящих объектов, а также очень разреженного воздуха. И поскольку они не привлекают к себе пламя, они не имеют никакого влияния на версориум[27], если рядом с ним на любой стороне имеется пламя лампы или любое горящее вещество; ибо совершенно ясно, что миазмы потребляются пламенем и теплом огня. Поэтому электрики не привлекают ни пламени, ни тел около пламени;

[21] [Gil78, стр. 30].
[22] [Gil78, стр. 31].
[23] [Gil78, стр. 29].
[24] [Gil78, стр. 31].
[25] см. Приложение А.
[26] [Gil78, стр. 33 и 34].
[27] см. главу 3.

> ибо такие испарения имеют свойства и аналогию с разреженным экстрактом, и они имеют свой эффект, результатом чего является единение и непрерывность, не через внешнее воздействие экстрактов, или под воздействием тепла, или через ослабление нагретых тел, а через превращение влажного вещества в его собственное специфическое испарение. Тем не менее, они привлекают к себе дым от погашенной свечи; и чем легче дым становится, по мере его восхождения, тем слабее он притягивается, ибо очень разреженные вещества не испытывают притяжения.

Из того, что было сказано выше, ясно, что не все вещества подвержены влиянию натертого янтаря (или, по крайней мере, не все вещества притягиваются с одинаковой силой). Даже некоторые вещества, имеющие одинаковый вес и форму, притягиваются натертым пластиком явно сильнее, чем другие. Например, одинаковые нити хлопка или меди испытывают более сильное притяжение, нежели нити шелка или синтетического полиамида.

2.7 Какие натертые вещества притягивают легкие тела?

Эксперимент 2.11

Мы сейчас попытаемся притянуть размещенные на столе небольшие кусочки бумаги. Мы подносим несколько натертых объектов близко к кусочкам бумаги. Эти объекты можно потереть о волосы, лист бумаги, или хлопчатобумажные ткани. Важно, чтобы эти объекты были однородными, то есть они должны быть изготовлены из одного материала, с тем чтобы избежать противоречивые результаты. Мы не должны, например, использовать пластмассовую ручку с металлическими частями. В этом случае лучше всего натереть пластиковую соломку и металлическую ложку отдельно.

Вот некоторые из этих веществ: пластик, янтарь, стекло, дерево, металл, акрил, природный магнит, тонкий картон, резина и т.д.

Когда указанные выше меры предосторожности приняты, мы обычно наблюдаем, что янтарь, акрил и пластиковые предметы притягивают небольшие кусочки бумаги после трения, как в эксперименте 2.1 (Рис. 2.3).

Все остальные вещества, как правило, не притягивают бумажки, независимо от того, как долго и как сильно их натирали. Это представлено на Рис. 2.9 с деревянной шпажкой.

В случае стекла бывают исключения, так как есть несколько разновидностей стекла, отличающихся составом и методом изготовления. Но в целом, после трения, наиболее распространенные стекла не притягивают бумажки. То же самое можно сказать и о резине, поскольку есть несколько разновидностей резины. Обычные резины, встречающиеся в обиходе, не притягивают бумажки.

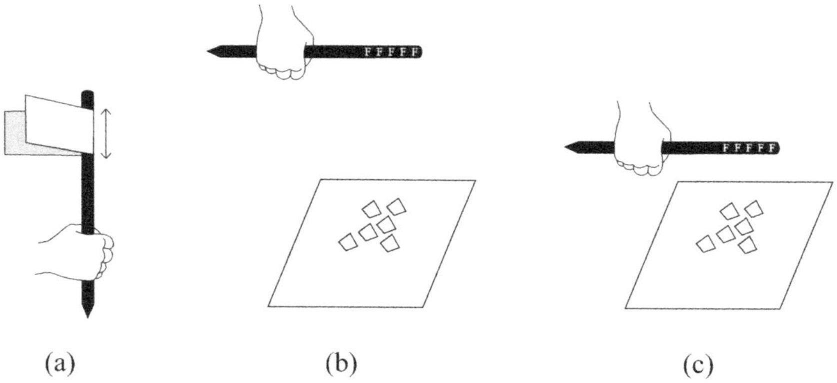

Рис. 2.9: (а) Деревянная шпажка, натертая в хлопчатобумажной ткани или шерсти. (в) Натертая шпажка находится далеко от кусочков бумаги. (с) Мы видим, что она не притягивает мелкие куски бумаги, размещенные рядом с ней.

2.8 Номенклатура Гильбера: электрические и неэлектрические тела

До Гильберта было известно лишь небольшое количество веществ, обладавших свойством притягивать мелкие предметы после трения. Среди них были янтарь, гагат[28] и алмаз. Только в средние века стало известно, что гагат (твердый уплотненный вид угля) тоже притягивает как янтарь.[29] Природный магнит притягивает железо и его сплавы. Но он не притягивает соломку или мякину после трения. Другие вещества также не притягивают легкие предметы после трения. Одним из главных вкладов Гильберта в науку об электричестве было открытие многих новых веществ, которые вели себя как янтарь после трения:[30]

> Древние, так же как и современные люди, говорили (а их доклады ограничивались опытом), что янтарь притягивает соломку и мякину. То же самое делает гагат (камень, который добывается в Великобритании, Германии и многих других регионах): твердая конкреция черного битума — что-то вроде трансформации битума в камень. [...] Ибо не только янтарь и (gagates или) гагат, как они полагают, привлекают легкие тельца (вещества): то же самое делает алмаз, сапфир, карбункул, ирис, опал, аметист, английский драгоценный камень (бристольский камень, *bristola*), берилл, горный хрусталь. Способностью притягивать обладает также стекло, особенно прозрачное, блестяще стекло;

[28] См. Приложение А.
[29] [RR57, стр. 546].
[30] [Gil78, стр. 27, Слова Моттилей в квадратных скобках].

искусственные камни из (пасты) стекла или хрусталя, сурьма, многие фторсодержащие лонжероны и белемниты. Сера также притягивает, а также мастика и сургуч [или лак], твердая смола, аурипигмента (слабо). Слабой силой притяжения также обладает в сухую погоду sal gemma [натуральный хлорид натрия], слюда, горные квасцы.

Вещества, которые не привлекают легкие тела при трении, были названы неэлектриками. Среди этих веществ Гильберт перечислил металлы, несколько видов дерева, природный магнит, различные самоцветы и т.д. Вот цитата из его книги:[31]

> В открытом воздухе нагретые тела не могут притягивать, включая даже металлы или камни, доведенные огнем до очень высокой температуры. Ибо железный прут белого каления, пламя, свеча, факел, или раскаленный уголь, будучи вблизи соломки или вращающегося указателя (*версориума*), не притягивают; хотя все они создают потоки воздуха по направлению к себе, поскольку они потребляют воздух, как лампа потребляет керосин.

Следующий список имел очень важное значение:[32]

> Но очень многие электрические тела (как драгоценные камни и т.д.) не притягивают вообще, если только сперва их не потереть; в то время как прочие тела, и среди них некоторые драгоценные камни, не обладают силой притяжения, и невозможно заставить их притягивать даже за счет трения; к таким телам относятся изумруд, агат, сердолик, жемчуг, яшма, халцедон, алебастр, порфир, коралл, мрамор, лазурит (оселок, базанит), кремень, гематит, наждак или корунд, кости, слоновая кость; самые плотные деревья, как черное дерево; некоторые другие деревья, как кедр, можжевельник, кипарис; металлы, как серебро, золото, медь, железо. Магнетит, хотя он допускает очень хорошую полировку, не обладает свойством электрического притяжения.

Аналогично:[33]

> По этой причине ни металлы, мрамор, кремень, древесина, травы, мясо, ни различные другие вещества не могут притягивать или влиять на тела, будь то магнитно или электрически (поэтому принято называть электрической ту силу, которая берет свое начало во влаге). Но тела, состоящие в основном из влаги, но не уплотненные природой, в силу чего их невозможно подвергнуть трению, либо распадаются на части или размягчаются,

[31] [Gil78, стр. 28].
[32] [Gil78, стр. 29].
[33] [Gil78, стр. 30].

> или липкие, как смола, мягкая канифоль, камфора, гальбанум, аммиак, стиракс, ацетилсалициловая кислота, бензойная смола, гудрон (особенно в теплую погоду), не привлекают тельца. Ибо без трения лишь немногие тела дают свою истинную естественную электрическую *эманацию* и испарение. Скипидар смолы в жидком состоянии не привлекает, потому что его невозможно натереть; но когда он затвердевает в мастику, он притягивает.

Некоторые слова, которые находятся в употреблении и сегодня, имеют свое происхождение в слове янтарь (или *электрон* на греческом): электрический, электронный, электричество, электрик, электромагнит, электрод и т.д. Первоначально слово *электричество* означало свойство или способность притягивать легкие тела, как это было в случае с натертым янтарем.[34] Это слово встречается впервые в печатной работе сэра Томаса Брауна (1605—1682) 1646 года. В 1820 году Эрстед ввел термины *электромагнетизм* и *электромагнетик*, в то время как в 1822 году Ампер ввел термины *электростатика* и *электродинамика*.[35]

Гильберт называл все тела, которые притягивали легкие вещества после трения, *электриками*, хотя эта номенклатура больше не используется. Причины этого изменения номенклатуры, приведены в главе 6, главе 8 и прложении B. Для лучшего понимания некоторых исторических цитат, которые появятся в этой книге, очень важно знать, что эти материалы в настоящее время классифицируются как *изоляторы* и *проводники*. Изоляторы также называются *непроводниками* или *диэлектриками*. Вещества, которые Гильберт классифицировал как электрики, теперь называются изоляторами. А вещества, которые ранее классифицировались как неэлектрики, теперь называются проводниками.

---

[34][RR57, стр. 558], [Hea67] и [Hei99, стр. 169].

[35][Amp22, стр. 60], [Ørs98a, стр. 421], [Ørs98b, стр. 426], [Blo82, стр. 78], [GG90, стр. 920], [GG91, стр. 116] и [Cha09, стр. 24—26].

Глава 3

Версориум

3.1 Перпендикуло Фракасторо и версориум Гильберта

Теперь мы обсудим самый первый электронный прибор. Его построил Джироламо Фракасторо (1478—1553) (Рис. 3.1). Встречаются разные правописания его имени: кто-то пишет Фракасторо, другие — Фракасторио.[1] Он был поэт, врач и философ из Верона.[2] Фракасторо более известен своими работами по медицине, особенно эпидемиологии. Именно он дал название *сифилис* известному венерическому заболеванию.

Рис. 3.1: Джироламо Фракасторо (1478—1553).

[1] [Ben98, стр. 241].
[2] [Zan81].

Его инструмент был впервые представлен в книге, изданной в 1546 году.[3] Он использовал свой прибор, чтобы показать, что натертый янтарь притягивает не только соломки и мякину, но также другой кусок янтаря, и даже такой металл, как серебро. Он также обнаружил, что алмаз обладает свойством привлекать легкие вещества после трения, как в случае с янтарем. Фракасторо описывает свой новый прибор в следующих словах:[4]

> Фактически, мы, в присутствии нескольких наших врачей, провели много экспериментов с *перпендикуло*, который получил широкое распространение, как в морском компасе, например, и наблюдали, как магнит притягивает другой магнит, [намагниченное] железо [привлекает] железо, из-за того, что магнит притягивает железо, а железо [привлекает] магнит; кроме того, [натертый] янтарь подхватывает маленькие кусочки янтаря ... и, аналогично, [натертый] янтарь притягивает к себе не только соломки и мякину, но и серебро.

Когда он пишет *перпендикуло*, Фракасторо возможно имеет ввиду отвесную линию[5], т.е. небольшой предмет, подвешенный на вертикальной нити, как маятник. Нить будет свободно перемещаться в любом направлении вокруг точки, к которой она крепится. Слово „перпендикуло" связано со словом „перпендикулярно" и означает прямую линию под прямым углом к горизонту. Отвес используется для указания вертикального направления. По этой причине естественно предполагать, что перпендикуло у Фракасторо означал отвес.

Из приведенного выше описания мы заключаем, что Фракасторо привязал небольшой кусочек янтаря или серебра к концу нити. Поднеся натертый янтарь близко к перпендикуло, он мог заметить, что нить отклонилась от вертикального положения в сторону натертого янтаря (Figure 3.2). Преимущество перпендикуло по сравнению с соломкой или мякиной состоит в том, что натяжение нити уравновешивает вес подвешенного тела. Тогда легко видны его движения в горизонтальном направлении даже при небольшой силе притяжения. С другой стороны, если небольшой кусок янтаря или серебра находился бы на столе, было бы труднее наблюдать или обнаружить какое-то движение из-за его тяжести. То есть было бы трудно увидеть его

---

[3] [Gli33] и [Hei99, стр. 175].

[4] "Nos enim praesentibus multis è nostris medicis experientiam multorum secimus, perpendiculo bene & concinne aptato, quale est in nauigatoria pyxide, ac manifeste vidimus magnete trahere magnete, ferrum ferrũ, tum magnetem trahere ferrum, ferrum magnetem porro electrum parua electri frustula rapere, argentum attrahere argentum, &, quod valde inirati fui mus, magnetem vidimus argentum trahere: item Electrum non solum furculos & paleas mouere ad se, sed & argentum," [Fra55, стр. 85 verso]. На итальянском: "Noi infatti alla presenza di molti dei nostri medici facemmo esperienza di molte cose con un perpendiculo bene e convenientemente adattato come è nella bussola da navigare e vedemmo manifestamente che il magnete attrae il magnete, il ferro il ferro, poi che il magnete attrae il ferro e il ferro il magnete; e ancora, l'ambra rapisce pessettini d'ambra... e parimenti l'ambra non avvicina solamente a sè i fuscelli e le pagliuzze, ma anche l'argento," [Gli33].

[5] [Sas02].

вертикальное перемещение в сторону расположенного рядом натертого янтаря.

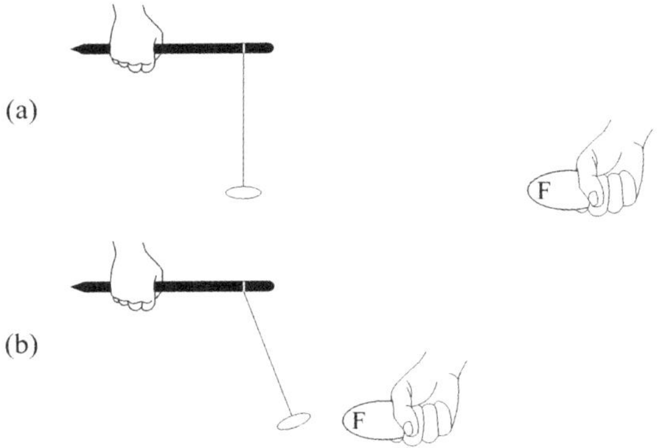

Рис. 3.2: Иллюстрация перпендикуло Фракасторо и эксперимента, который он, вероятно, проводил с ним. (a) Рука держит большой кусок янтаря. Натертый участок янтаря обозначен буквой F. На нижнем конце перпендикуло висит другой маленький кусок янтаря или серебра, который не был натерт. Когда большой кусок янтаря находится далеко от перпендикуло, нить покоится в вертикальном положении. (b) Перпендикуло привлекает, когда натертый янтарь F приближается к висящему куску янтаря или серебра.

Гильберт, очевидно, знал о книге Фракасторо и процитировал ее несколько раз в своей книге:[6]

> Фракасторио считает, что все тела, которые взаимно притягивают подобны, или одного и того же вида, что проявляется либо в их действиях или в их общей *сути*: „Теперь общая *суть*," говорит он [Фракасторо], „в том, что, притяжение обусловлено тем, что излучется, а в смешанных веществах это не ощутимо из-за деформации, в результате чего они — одновременно и *действие* и *потенциал*. Следовательно, скорее всего волосы и веточки тянутся к янтарю и алмазу не потому, что они волосы и веточки, а потому, что в них находится или воздух или какая-либо другая субстанция, которая и привлекает, и это имеет касательство и аналогию с тем, что само по себе привлекает; и в этом смысле янтарь и алмаз — как одно и то же вещество, в силу общей для обоих субстанции." Вот вам и Фракасторио.

Гильберт, вероятно, начал исследовать притягивающие свойства других драгоценных камней после изучения этой книги Фракасторо. Гильберт описывает также инструмент, который он назвал *версориум*,[7] хотя он не

[6] [Gil78, стр. 28—29].
[7] [Gil78, стр. 27—28].

упомянул, что аналогичный инструмент — *перпендикуло* — был изобретен Фракасторо. Оригинальный чертеж Гильберта этого инструмента показан на рисунке 3.3.

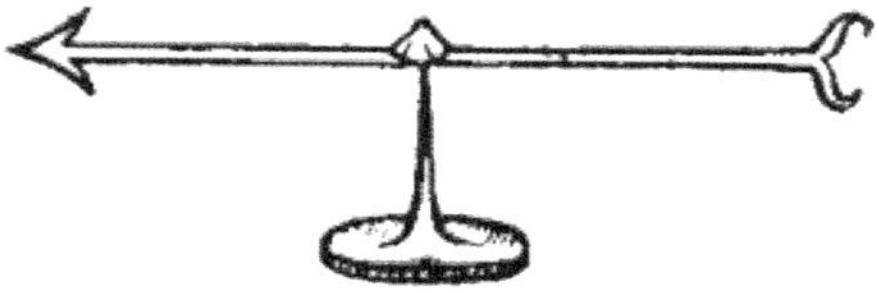

Рис. 3.3: Версориум Гильберта.

Название *версориум* происходит от латинского слова, имеющего значение *поворачиваться* или *вращаться*. Версориум это инструмент, который обычно состоит из двух частей: вертикального элемента, который выступает в качестве опоры, и поддерживаемый горизонтальный элемент, который способен свободно поворачиваться вокруг вертикальной оси, определяемой опорой. В этом отношении он очень похож на обычный строительный компас за исключением того, что горизонтальный элемент не намагничен, как в компасе. Концептуально, способность горизонтального элемента свободно вращаться означает, что он очень чувствителен к чрезвычайно малым внешним крутящим моментам и, следовательно, может быть использован для их обнаружения точно также, как компас обнаруживает магнитный момент Земли.

В состоянии покоя он будет указывать в произвольном горизонтальном направлении (он может указывать в направлении Восток-Запад, например, или в сторону дерева).

3.2 Приготовление версориума

Есть три способа приготовления версориума.

3.2.1 Версориум первого рода

Версориум первого рода подобен версориуму Гильберта. Его можно построить путем закрепления на жестком основании иглы, зубочистки или гвоздя с заостренным кончиком, направленным вверх. Основание должно быть тяжелым или прикреплено к столу, чтобы предотвратить падение инструмента. Вертикальной опорой может служить пробка с булавкой, вертикально стоящая зубочистка в пластилине, или тонкая доска с гвоздем. Единственное требование состоит в том, что поддержка должна оставаться неподвижной по отношению к земле, в то время как горизонтальный элемент может свободно поворачиваться в горизонтальной плоскости вокруг вертикальной оси опоры. Центр подвижного горизонтального элемента покоится на острие иглы.

Важно отметить, что для предотвращения падения подвижной части, ее центр тяжести должен быть расположен ниже точки ее контакта с заостренным кончиком вертикальной опоры. Подробное обсуждение центра тяжести (CG) и экспериментальные процедуры для его нахождения можно найти в книге *Архимед, центр тяжести и первый закон механики.*[8]

Добиться, чтобы CG подвижной части находился ниже ее точки соприкосновения с булавкой, можно несколькими способами. Например, подвижная часть может иметь форму перевернутой буквы V, или она может иметь центр (находящийся в контакте со штырем), отогнутый вверх таким образом, что, когда она установлена на штифте, кончик штифта расположен над плоскостью подвижной части. Простую подвижную часть можно приготовить из латунной или стальной скрепки для бумаг. В этом случае лучше всего выдавить слегка центр круглого основания скрепки. Образовавшееся углубление будет опираться на острие штифта. Чтобы согнуть скрепку, мы используем гвоздь и молоток, но осторожно, стараясь не продырявить скрепку, а лишь согнуть ее с образованием небольшой ямочки. Благодаря этой ямочке, подвижная часть будет поддерживаться на кончике штифта без соскальзывания. После того, как плечи скрепки отогнуты вниз в форме перевернутой с ног на голову буквы V, скрепку можно сажать на штифт.

Подвижную часть можно приготовить также с помощью алюминиевой полоски (которую можно вырезать из банки из под безалкогольнго напитка), сухой соломки, дерева, тонкого картона или куска пластика (жесткая полоска из пластика). Важно, чтобы подвижная часть имела форму перевернутой буквы V. Жесткий пластик также можно согнуть таким образом, чтобы плечики смотрели вниз. После размещения подвижной части на острие штифта, следует убедиться, что она имеет полную свободу вращения по часовой и против часовой стрелки в горизонтальной плоскости, без проскальзывания или прилипания из-за трения со штифтом. Теперь прибор готов для проведения экспериментов.

Версориум первого рода изображен на Рис. 3.4. В части (a) мы видим базу для версориума (в данном случае иголка в пробке из под бутылки). Подвижная часть показана на Рис. 3.4 (b). В этом случае это стальная скрепка, вид сверху и сбоку, с небольшим углублением в центре и согнутыми вниз плечиками. Полностью собранный версориум, где центр скрепки покоится на кончике штифта, показан на Рис. 3.4 (c).

3.2.2 Версориум второго рода

Второй способ приготовления версориума состоит в присоединени булавки к горизонтальной подвижной части версориума. Мы будем называть эту подвижную часть „шляпой“, ее можно приготовить из пластиковой или металлической полоски. Булавка надежно закреплена в центре шляпы, остие булавки при этом смотрит вниз. Булавка вращается вместе со шляпкой. Эта

[8] [Ass08a] и [Ass08b].

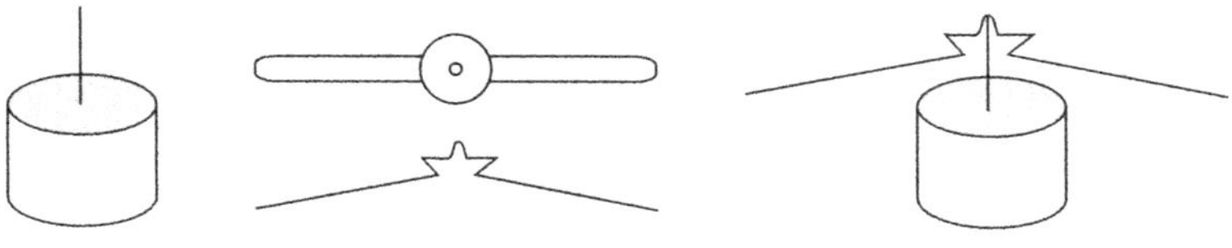

(a) (b) (c)

Рис. 3.4: Версориум первого рода. (a) Основание версориума. (b) Стальная скрепка, вид сверху и сбоку. (c) Собранный версориум.

система затем размещается на небольшой горизонтальной плоской поверхности, которая неподвижно закреплена по отношению к земле, как головка гвоздя, например, торчащего из деревянной доски или пробки. На Рис. 3.5 мы видим изображение версориум такого рода. (a) Его основание в данном случае — гвоздь, забитый в деревянную доску. (b) Подвижная часть версориума в данном случае — полоска из пластика или металла с прикрепленной к ее центру булавкой, острием вниз. (c) Собранный версориум; острие булавки покоится на горизонтальной поверхности головки гвоздя, забитого наполовину в деревянную доску.

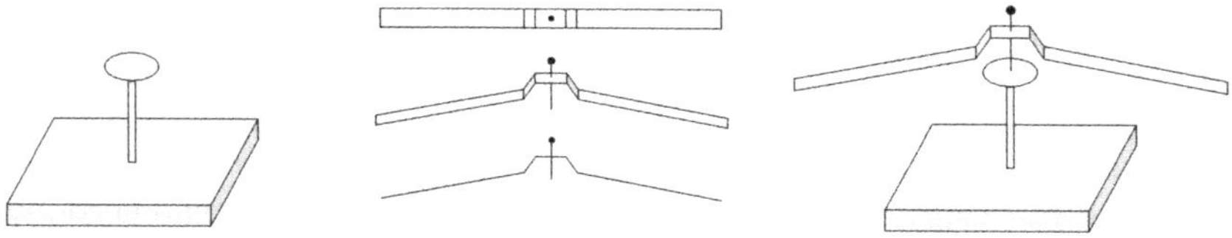

(a) (b) (c)

Рис. 3.5: Версориум второго рода с жестко прикрепленной к подвижной части версориума булавкой. (a) Неподвижное основание версориума. (b) Шляпа версориума (пластиковая или металлическая полоска) с прикрепленной к ней булавкой. (c) Собранный версориум.

Чтобы предотвратить соскальзывание версориума, центр тяжести шляпы с булавкой следует разместить ниже кончика булавки. Центр тяжести булавки находится в точке A между ее головкой H и кончиком T (Рис. 3.6 (a)). Как правило, эта точка A находится ближе к H, чем к T, хотя здесь она изображена близко к центру булавки. Центр тяжести шляпы находится в точке B на ее вертикальной оси симметрии между ее верхней и нижней частями (Рис. 3.6 (b)).

Центр тяжести всей подвижной части (шляпа и булавка) этого вида версориума находится в точке C, между A, центр тяжести булавки, и B, центр тяжести шляпы. Как показано на Рис. 3.7, есть три возможных варианта.

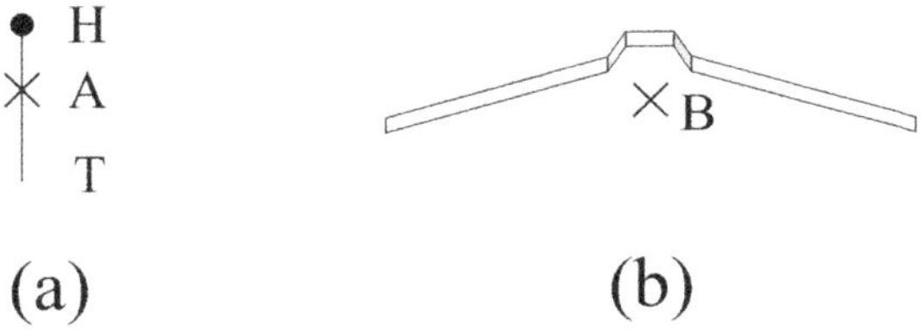

Рис. 3.6: (a) Центр тяжести булавки находится в точке A. (b) Точка B – положение центра тяжести шляпы.

(a) Если булавка имеет тот же вес, что и шляпа, то C будет посередине между A и B. (в) Если булавка тяжелее шляпы, C будет ближе к A. (c) Если булавка легче шляпы, C будет ближе к B.

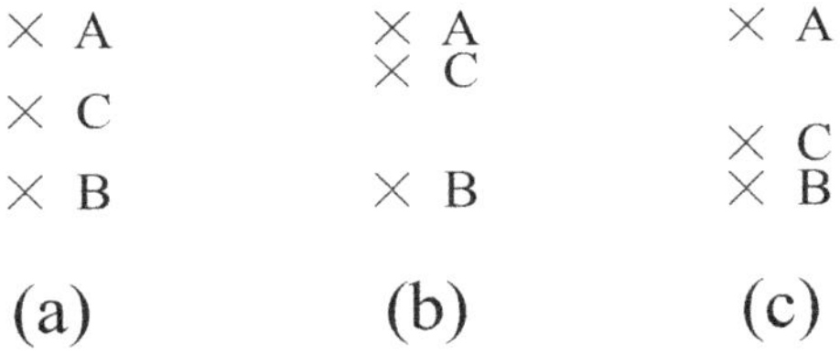

Рис. 3.7: Положение центра тяжести C подвижной части версориума. (a) Булавка и шляпа с одинаковым весом. (b) Булавка тяжелее шляпы. (c) Булавка легче шляпы.

Если C находится выше, чем кончик T булавки, версориум будет соскакивать с гвоздя и невозможно будет сбалансировать его над гвоздем. Причина в том, что в этой конфигурации подвижная часть версориума будет в неустойчивом равновесии. На Рис. 3.8 (a) мы проиллюстрируем это положение неустойчивого равновесия, где центральная точка C (из Рис. 3.7) представлена символом $\times$. В этом случае $\times$ расположен выше T, в крайнем верхнем положении. Предположим, что подвижная часть слегка отклоняется от этой нестабильного положения, то есть подвижная часть опускается немного, поварачиваясь по или против часовой стрелки в вертикальной плоскости вокруг кончика T булавки, снижая тем самым одно плечо и поднимая другое. В этом случае центр тяжести $\times$ подвижной части опустится ниже исходного положения. Центр тяжести любой системы стремится опуститься как можно ниже, когда такая возможность существует. Следовательно, версориум продолжит вращаться в направлении по часовой или против часовой стрелки, в результате подвижная часть упадет.

Единственный способ сбалансировать подвижную часть над гвоздем версориума состоит в том, чтобы разместить точку C под кончиком T булавки. Это показано на Рис. 3.8 (b), где символом $\times$ обозначено положение центра тяжести подвижной части версориума (булавка вместе с шляпой). Конфигурация находится в состоянии устойчивого равновесия, когда $\times$ занимет самое низкое положение, то есть ниже кончика T булавки. В такой конфигурации, любое движение версориума по часовой или против часовой стрелки вокруг кончика T булавки, будет повышать центр тяжести $\times$ по сравнению с его исходным положением. Система вернется в исходное положение за счет восстанавливающего момента силы притяжения к Земле.

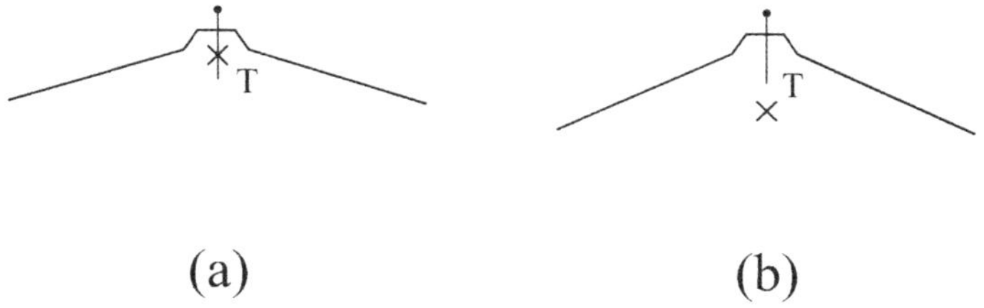

Рис. 3.8: Символ $\times$ обозначает центр тяжести C подвижной части версориума (булавка с шляпой). (a) Версориум второго рода в неустойчивом равновесии ($\times$ расположен над кончиком T булавки). (b) Версориум в устойчивом равновесии ($\times$ расположен под кончиком T).

Иногда трудно получить конфигурацию устойчивого равновесия с легкой подвижной частью, изготовленной из пластиковой соломки. Чтобы избежать эту проблему, мы можем использовать одну соломку внутри другой соломки или пластиковую полоску, изготовленную из плотного и более тяжелого материала, с целью уравновесить вес булавки. Другой альтернативой является сокращение тяжелой верхней части булавки (включая голову) с помощью плоскогубцев, оставив только нижнюю часть (включая кончик). Вы можете также отогнуть плечи шляпки версориума вниз, чтобы снизить центр тяжести, или просто использовать шляпки подлиннее. Другой альтернативой является замена булавки небольшим гвоздем, проходящим через центр мобильной части, или приклеенным к ее центру клеем или пластилином. Когда система готова, следует убедиться, что шляпка может свободно вращаться в обоих направлениях в горизонтальной плоскости вокруг вертикальной оси, без соскальзывания. Если шляпка скользит вбок, можно сбалансировать ее, опустив одно плечо, или увеличив длину соответствующего плеча. Прибор готов для проведения экспериментов.

3.2.3 Версориум третьего рода

Третий способ приготовления версориума, пожалуй, самый простой. Для мобильной части мы выбираем полоску из металла, дерева или другого подходящего материала, и прикрепляем хлопчатобумажную или шелковую нить к ее центру. Полоска должна оставаться в горизонтальном положении в состоянии покоя, и должна быть закреплена в центре. Затем следует привязать верхний конец нити к какому-то объекту, который закреплен неподвижно по отношению к земле. Подвижная часть, прикрепленная к нижнему концу нити, может свободно вращаться по горизонтали в обоих направлениях вокруг вертикальной нити. Рис. 3.9 иллюстрирует этот тип версориума с подвижной частью на вертикальной нити, которая свисает с карандаша и проходит через центр тяжести подвижной части. *Перпендикуло* Фракасторо, вероятно, был версориум такого рода.

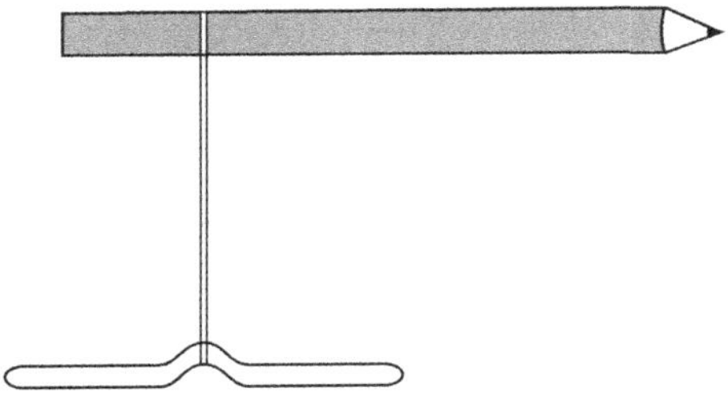

Рис. 3.9: Версориум третьего рода.

Версориум третьего рода имеет свойство, которое отличает его от других двух видов. Подвижная часть версориума первого или второго рода может только наклоняться или поворачиваться вокруг своего центра, который остается в состоянии покоя относительно земли. Версориум третьего типа, с другой стороны, может не только вращаться вокруг вертикальной оси, но может также перемещаться целиком как маятник, когда притягивается другим телом. Это имеет преимущество с точки зрения универсальности его движения. Тем не менее, иногда это усложняет анализ явлений, которые мы хотим описать или наблюдать. В следующих экспериментах мы для начала используем только версориумы первого или второго рода.

При фиксированном внешнем моменте, подвижная часть версориума будет поворачиваться тем легче, чем меньше ее вес. Это означает, что легкий версориум имеет более высокую чувствительность, чем тяжелый.

Хотя Гильберт строил только металлические версориумы, они могут быть приготовлены из различных материалов: металл, пластик, тонкий картон, соломка, дерево и т.д. Первоначально мы будем работать только с металлическими версориумами, которые мы будем называть просто версориумы. Когда крутящаяся игла изготовлена из пластика, бумаги или другого неметаллического материала, мы будем называть систему пластиковый версориум, бумажный версориум, либо другим соответствующим именем. Таким образом, мы можем отличать эти версориумы от версориума, которым пользовался Гильберт.

3.3 Эксперименты с версориумом

Эксперимент 3.1

Мы подносим нейтральный пластик к металлическому версориуму, не касаясь его. Ничего не происходит (Рис. 3.10).

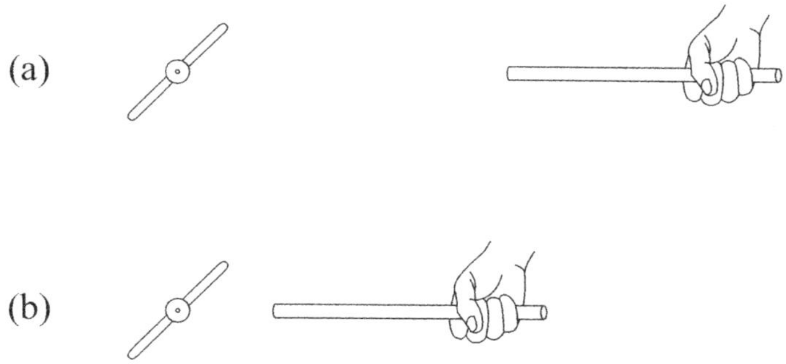

Рис. 3.10: (a) Металлический версориум указывает в произвольном направлении, когда он находится далеко от нейтрального куска пластика. (b) Версориум остается в покое, когда нейтральный пластик поместили рядом с ним.

Мы натираем другой кусок пластика и повторяем эксперимент. В этом случае мы видим, что металлический версориум меняет свою ориентацию под влиянием натертого пластика, указывая на него (Рис. 3.11). То же самое происходит с деревянным версориумом и бумажным версориумом.

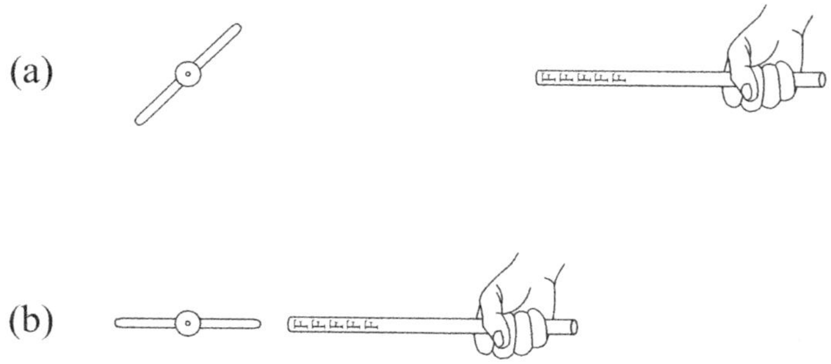

Рис. 3.11: (a) Металлический версориум указывает в произвольном направлении, когда он находится далеко от натертого куска пластика. (b) Когда пластик находится рядом, версориум ориентируется к нему, указывая все время в направлении пластика.

Этот эксперимент показывает, что натертый пластик влияет на близлежащие тела, как мы видели это в эксперименте 2.1. Но есть два существенных отличия между этими двумя экспериментами. Первое отличие заключается в том, что в эксперименте 2.1 куски бумаги двигались. В данном же эксперименте версориум меняет только направление, а его центр остается в состоянии покоя над штифтом. Второе отличие заключается в том, что привести в движение версориум легче, чем кусочки бумаги. То есть некоторые натертые объекты не могут привлечь легкие тела к себе. Тем не менее, эти же объекты могут перемещать или вращать металлические версориумы. Версориум является лучшим детектором слабой электризации, в сравнении с кусками бумаги или соломкой. Гильберт использовал эту повышенную чувствительность, чтобы обнаружить много новых электрических веществ, т.е. тел, которые после трения могут привлечь или поворачивать другие вещества, помещенные рядом с ними.

Гильберт описал версориум следующим образом:[9]

> Теперь, чтобы четко понять из опыта, как такое притяжение происходит, и что это за вещества, которые таким образом привлекают другие тела (а в случае многих из этих электрических веществ, хотя тела под их влиянием склоняются к ним, но изза слабости привлечения они лишь слегка приподнимаются, но не прыгают на них), сделайте себе иглу-вертушку (электроскоп — *версориум*) из любого рода металла, три или четыре пальца длиной, довольно легкую и насаженную на острие наподобие магнитной стрелки. Поднесите близко к одному ее концу кусок янтаря или драгоценного каменя, слегка натертый, полированный и блестящий: инструмент сразу начинает поворачиваться.

Слово *электроскоп* в этой цитате было введено Моттилей в его английском переводе работы Гильберта. Оно не появляется в оригинальном латинском тексте, где используется только слово *версориум.*[10] Слово *электроскоп* не появляются и в переводе Томпсона книги Гильберта.[11] Моттилей использовал слово „электроскоп“ для обозначения инструмента, который, благодаря своей ориентации, был в состоянии обнаружить объекты, ведущие себя как янтарь после трения. *Электроскоп* это общее название любого устройства, обладающего достаточной чувствительностью, чтобы обнаружить силу или крутящий момент электрического происхождения. Однако в этой книге мы оставляем имя электроскоп специально для инструмента, который обсуждается в разделе 6.1.

Мы имеем теперь второй критерий для определения, является ли пластик, или любой другой материал, *электрически нейтральным.* Первый критерий был представлен в эксперименте 2.1, а именно, отсутствие притяжения легких тел. Вторым критерием является отсутствие поворота металлического версориума, когда этот материал помещается рядом с одним из плеч. В следующих экспериментах нам необходимо иметь одну нейтральную пластиковую соломку или линейку, которая не привлекает легкие тела, и не поворачивает металлические версориумы. Эта соломка или линейка никогда не должна подвергаться трению, так как она будет использована в качестве нашего стандарта электрически нейтрального состояния.

Фракасторо не описал, как он изобрел перпендикуло, который появился до версориума Гильберта. Мы можем только догадываться, как он сделал

[9] [Gil78, стр. 27—28].

[10] [Gil00, стр. 48—49 и Глоссарий] и [Hea67].

[11] [Gil00, стр. vj и 48—49] и [Hea67].

это. Основной целью его книги было изучение магнетизма. Он также хотел понять принципиальное различие между притяжением янтаря и притяжением естественного магнита. Возможно, он потер кусок янтяря, чтобы провести электрический эксперимент, и случайно заметил, что он способен также вращать стрелку компаса. Поскольку янтарь не обладает магнитными свойствами, натертый или нет, он должен был заключить, что поворот стрелки компаса был обусловлен электрическим притяжением, аналогичным притяжению легких тел натертым янтарем. После чего могла возникнуть идея приготовить металлические иглы по аналогии с магнитными стрелками, только ненамагниченные. Они вращались бы в направлении натертого кусочка янтаря, но не в сторону магнита (при условии, что иглы сделаны из меди или серебра, а не из железа или стали). Он мог таким образом создать первый искусственный инструмент для изучения электричества.

Эксперимент 3.2

Мы подносим магнит близко к версориуму. Мы видим, что только версориумы, изготовленные из стали, железа, никеля или других ферромагнитных материалов, поворачиваются к магниту. Версориумы, изготовленные из других материалов, не подвержены влиянию магнита. Мы также видим, что некоторые металлы, как медь и алюминий, не подвержены влиянию магнита. То же самое имеет место для большинства веществ (бумага, пластик, дерево и т.д.)

Этот эксперимент позволяет отличить магнитное взаимодействие от электрического, как мы делали это раньше с экспериментами 2.6 и 2.7, но теперь с большей точностью.

3.4 Можно ли приготовить карту распределения электрической силы?

Можно ли картографировать электрическую силу, действующую на натертое пластиковое тело? Можем ли мы представить зримо, в каком именно направлении длинная натертая соломка будет привлекать листок помещеной рядом бумаги? В этом разделе мы ответим на эти вопросы.

В следующих экспериментах мы можем использовать либо несколько версориумов одновременно, либо один версориум, который размещается поочередно в разных точках вокруг натертого тела для каждого эксперимента. На следующих рисунках представлен случай с использованием нескольких версориумов одновременно. Лучше всего использовать небольшие версориумы с небольшими скрепками поверх булавок. Эти булавки можно приклепить к нескольким пробкам, или же к доске из пенопласта в качестве общего для всех основания. Мы начнем работу с использованием только металлических версориумов.

Эксперимент 3.3

Мы подносим нейтральную соломку к версориумам, ничего не происходит. Мы натираем кончик другой пластиковой соломки, и размещаем ее так, что натертый кончик находится на той же высоте, что и плоскости, образованные несколькими версориумами на столе. Заметим, что они повернулись и указывают в направлении к натертому кончику соломки (Рис. 3.12). На этом рисунке центральный круг с буквой F указывает на натертый кончик соломки. Влияние натертой соломки простирается примерно на 10 см. Более отдаленные версориумы не испытывают видимого влияния соломки, пока мы не поднесем их ближе.

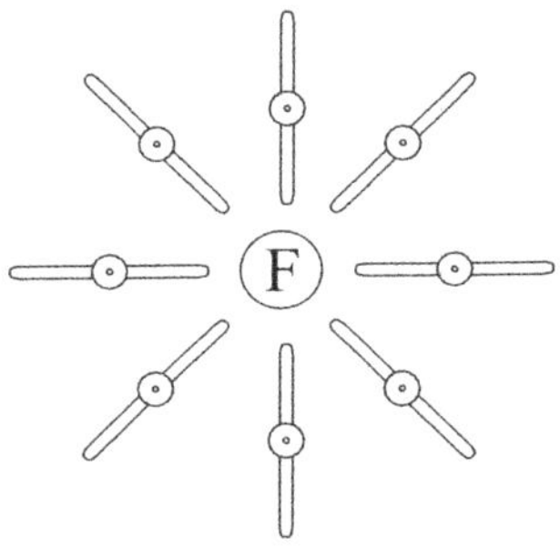

Рис. 3.12: Расположенные близко версориумы ориентируются на натертый кончик пластика.

Ориентации, указанные версориумами, представляют направления электрической силы, действующей со стороны натертого пластика. То есть, если есть кусочки бумаги в местах расположения версориумов, и если сила притяжения натертой соломки является достаточно сильной, ориентации версориумов указывают направления движения кусков бумаги в связи с присутствием натертого пластика. Это означает, что они будут радиально притягиваться в направлении к натертому кончику.

Версориумы в этом эксперименте выполняют функцию железных опилок вокруг постоянного магнита, указывая направления магнитных сил, действующих со стороны магнита на другие магнитные полюса, или на маленькие куски железа.

Эксперимент 3.4

Аналогичные эксперименты можно провести для различных конфигураций. Например, можно натереть пластиковую соломку вдоль ее длины, и поставить ее в вертикальном положении на подставке из пластилина. Расположенные рядом версориумы будет указывать в сторону соломки.

Можно также держать натертую соломку в горизонтальном положении, закрепив ее на концах. Окончательная конфигурация версориумов в этом случае выглядит как показано на Рис. 3.13. Большинство версориумов будет указывать в сторону натертого пластика, в то время как версориумы, которые находятся ближе к ее кончикам, будут указывать на эти кончики.

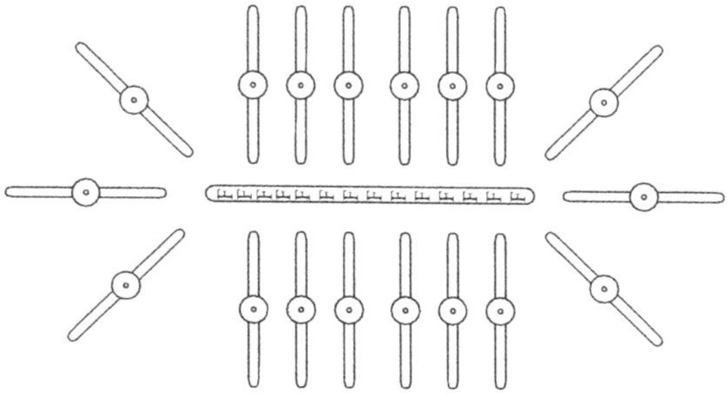

Рис. 3.13: Ориентация версориумов в сторону горизонтально расположенной соломки, которая была натерта по всей ее длине.

Эксперимент 3.5

Теперь повторим эти эксперименты с использованием двух натертых соломинок, стоящих вертикально. Конфигурация версориумов для этого случая показана на Рис.3.14. Круги с буквами F обозначают натертые участки соломки, которые находятся на том же уровне, что и версориумы. Эта конфигурация указывает на векторную сумму моментов сил, действующих со стороны каждой пластиковой соломки на версориумы. Сложение векторов по правилу параллелограмма дает результирующий момент.

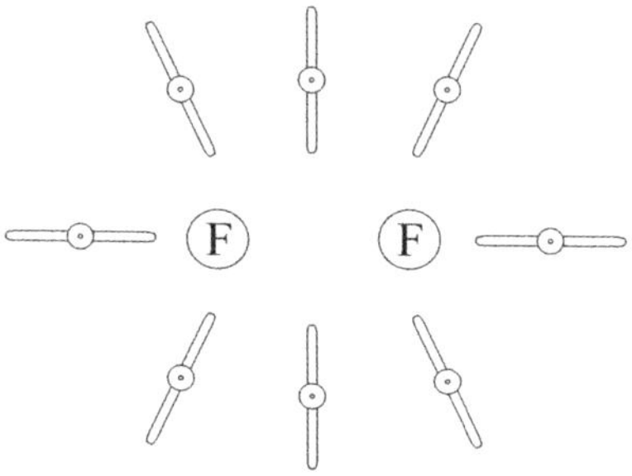

Рис. 3.14: Ориентация версориумов под воздействием двух натертых пластиковых соломок.

Исторический интерес представляет тот факт, что Гильберт не использовал версориум с целью картографирования электрической силы, как мы делаем это здесь. Но он использовал намагниченные стрелки компаса с целью картографирования магнитной силы магнита. На Рис. 3.15 мы показываем результаты, полученные им для цилиндрических и сферических магнитов.[12] Сферический магнит ориентирует компасы аналогично ориентации компасов на поверхности Земли, которые указывают на северный

[12][Gil78, стр. 10 и 82].

и южный магнитные полюса. Другими словами, малый сферический магнит имеет два полюса, которые представляют собой точки на поверхности сферы, вблизи которых стрелки компасов принимают перпендикулярное к поверхности сферы положение, указывая в направлении к центру сферы. Можно нанести магнитные меридианы на поверхность этой сферы. Они представляют собой окружности, соединяющие эти два полюса, центры которых совпадают с центром сферы. Магнитный экватор это большой круг, плоскость которого перпендикулярна прямой линии, проходящей через полюса. Центр магнитного экватора совпадает с центром сферы. Гильберт использовал эту аналогию между поведением маленьких компасов возле небольшого намагниченного шара и поведением нормальных компасов на поверхности Земли в качестве аргумента, что Земля по сути является огромным магнитом. С помощью этой модели ему удалось объяснить ориентацию обычных компасов, которые широко используются в наземной навигации.

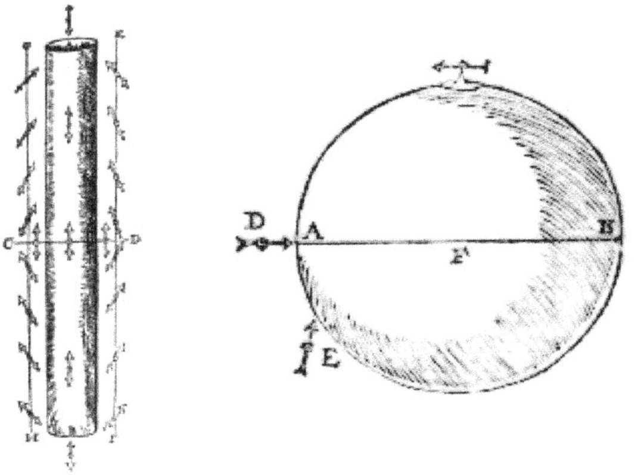

Рис. 3.15: Картографирование магнитной силы Гильбертом с помощью намагниченных игл, размещенных рядом с цилиндрическим и сферическим магнитами. Полюса сферического магнита расположены в точках A и B.

3.5 Есть ли действие и противодействие в электростатике?

До сих пор мы видели только, как натертый янтарь, или натертый пластик, притягивает легкие объекты и поворачивает версориум. Здесь мы будем анализировать обратный процесс.

Эксперимент 3.6

Нейтральную пластиковую соломку приводим в контакт со стенкой и отпускаем ее. Она падает на землю (Рис. 3.16 (a)). Мы натираем другую соломку по всей длине посредством бумаги или волос. Затем приводим ее в контакт со стенкой и отпускаем. Мы видим, что она прилипает к стене и не падает под действием силы гравитационного притяжения Земли (Рис. 3.16 (b)). Тот же эффект можно наблюдать, если привести ее в контакт с оконным стеклом, металлической мебелью или школьной доской. Она может прилипнуть даже к потолку!

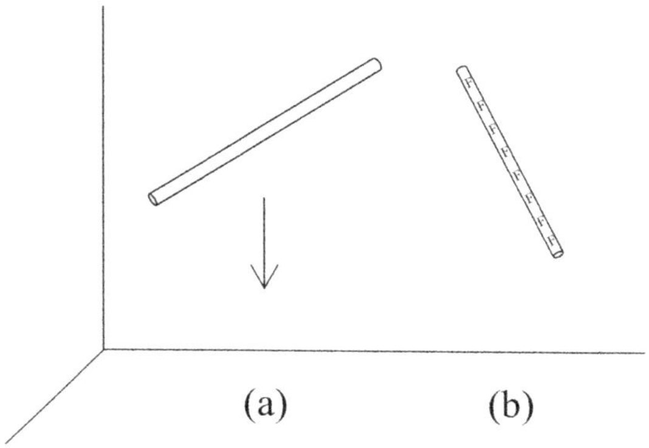

Рис. 3.16: (a) Нейтральная пластиковая соломка падает на землю после высвобождения. (b) Пластиковая соломка, натертая по всей длине, не падает после высвобождения и держится на стене.

Этот эксперимент также можно использовать, чтобы убедиться, что соломка хорошо наэлектризована. Если она прилипает к стене после трения, она хорошо наэлектризована. Если она скользит или падает на землю вскоре после высвобождения, значит она слабо наэлектризована. Большинство экспериментов в этой книге будет работать, если мы будем пользоваться хорошо наэлектризованной пластиковой соломкой. Этот тест со стенкой можно использовать, чтобы обнаружить материалы, которые могут удерживать большое количество электричества, а также для нахождения наиболее эффективных способов электризации трением. Например, в каком случае мы получим больше электризации: натирая соломку волосами, листом бумаги или полиэтиленовым пакетом? Этот тест со стенкой дает очень полезный, практичный и простой способ проверить электризацию пластиковой соломки.

Иногда натертая соломка не прилипает к стене, даже после продолжительного и энергичного трения. Это происходит, как правило, с плотными, тяжелыми соломками. В этом случае, вес соломки превосходит электрическую силу и силу трения между натертой соломкой и стенкой. В результате соломка падает на землю. В подобном случае, следует заменить соломку на более тонкую и легкую.

Тот же тест можно провести с куском пакета из пластика, вместо соломки. Нейтральный кусок полиэтиленового пакета падает на землю после контакта со стенкой и высвобождения. С другой стороны, натертый кусок пластикового пакета прилипает к стенке и долго держится на ней.

Эксперимент 3.7

Такой же эксперимент можно провести с надутым резиновым шаром. Когда мы касаемся стенки шаром и отпускаем его, шар падает на землю. Теперь мы трем шар о волосы. Мы касаемся стенки натертым участком воздушного шара и отпускаем его. Если он хорошо наэлектризован, он прилипнет к стене после высвобождения. Чтобы этот эксперимент был успешным, шар следует потереть энергично на большом участке его поверхности.

Все это очень простые эксперименты, но результаты довольно интересные. Иногда соломка может оставаться на стене в течение нескольких минут, или даже часа. Эксперименты показывают, что натертая соломка притягивается к стене и потолку. Натертая соломка притягивается различными веществами: материал стены, стекло, металл, дерево и т.д.

Эксперимент 3.8

Теперь мы проведем несколько экспериментов с пластиковым версориумом второго рода. Мы начнем с нейтрального версориума, который свободно вращается в обоих направлениях вокруг вертикальной оси, проходящей через его центр. Мы подносим несколько объектов близко к одному из плеч версориума. Объектом может служит палец, металлическая ложка или проволока, деревянный шампур для шашлыков, лист бумаги или кусок ткани. Каждое тело подносится близко к версориуму отдельно от всех остальных. Версориум не реагирует, то есть его ориентация не меняется (Рис. 3.17).

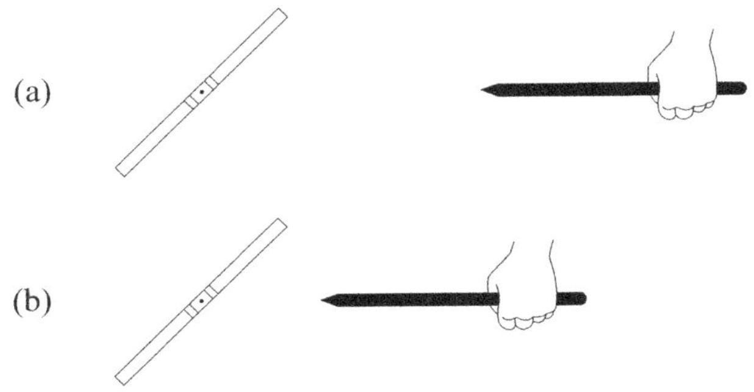

Рис. 3.17: Нейтральный пластиковый версориум не поворачивается, когда палец или кусок металла (дерева, бумаги или ткани) подносится близко к одному из его плеч.

Теперь мы натираем одно из плеч пластикового версориума листом бумаги или тканью, и подносим палец (кусок дерева, кусок металла) близко к натертому плечу. В этот раз мы видим, что натертое плечо версориума разворачивается в сторону приближающегося объекта, как показано на Рис. 3.18.

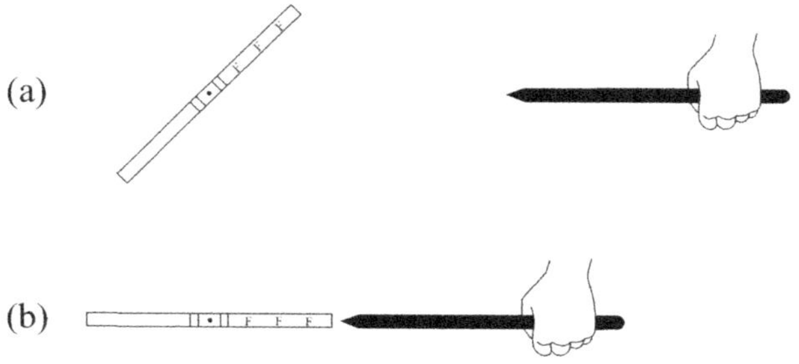

Рис. 3.18: (a) Пластиковый версориум указывает в произвольном направлении, когда он находится далеко от деревянного шампура. (b) Натертое плечо пластикового версориума ориентируется на расположенный рядом деревянный шампур.

Этот эксперимент показывает эффект, обратный тому, что мы наблюдали в эксперименте 3.1. Раньше натертый кусок пластика поворачивал металлический версориум. Теперь мы видим, что палец (кусок дерева или металла) ориентирует натертый пластиковый версориум.

В некоторых случаях, пластиковый версориум, который не был специально подвергнуть трению, притягивается пальцем или листом бумаги. Как мы уже упоминали, это связано с тем, что иногда просто обработка пластикового версориума может привести к его электризации. Это признак того, что пластиковый версориум на самом деле не является нейтральным; скорее всего, он приобрел некоторый остаточный электрический заряд в процессе работы сним. Действительно нейтральные пластиковые версориумы — это те версориумы, которые и не притягиваются и не поварачиваются этими объектами.

Эксперимент 3.9

В эксперименте 3.8 мы наблюдали, как поворачивается пластиковый версориум, но его центр оставался при этом в неподвижном состоянии. Лучшим способом наблюдения притяжения металлом натертого пластикового тела является работа с третьим видом версориума (см. раздел 3.1), но теперь приготовленный из пластика — то есть пластиковая полоска, подвешенная в ее середине шелковой или нейлоновой нитью. Чем легче полоска, тем легче она будет двигаться как целое. С другой стороны, она не должна быть слишком короткой, так как мы должны натереть ее волосами, листом бумаги или тканью. Пластиковая соломка прекрасно работает как версориум такого рода, благодаря ее большой длине и малому весу. Если поднести руку, лист бумаги или металлическую пластину близко к такому нейтральному версориуму, ничего заметного не происходит.

Теперь трем половину пластикового версориума (то есть одно лишь плечо), висящего на шелковой или нейлоновой нити. Повторно мы подносим руку близко к версориуму. Можно также поднести листок бумаги, деревянный шампур или металлическую пластину близко к версориуму. Теперь уже натертый пластиковый версориум не только поворачивается к этому приближающемуся объекту, но как целое движется к нему. То есть на него действует как результирующий крутящий момент, так и результирующая сила, что и ведет к его притяжению приближающимся объектом.

Этот эксперимент является в определенном смысле обратным по отношению к экспериментам 2.1, 2.3 и 2.4. Здесь мы наблюдаем бумагу или металлическую пластину, которая притягивает натертый кусок пластика. В случае с экспериментами 2.1, 2.3 и 2.4, невозможно было наблюдать или обнаружить подобное действие, поскольку пластиковая соломка (линейка, расческа) была гораздо тяжелее, чем листочки бумаги и другие мелкие предметы. Кроме того, рука человека не достаточно чувствительна, чтобы обнаружить небольшое усилие, оказываемое кусочками бумаги на пластиковую соломку или расческу. В экспериментах 3.8 и 3.9 у нас есть инструмент с гораздо большей чувствительностью. Это связано с тем, что вес пробного тела (в данном случае пластическая полоса версориума) уравновешивается реакцией опоры. Поскольку вес пластикового версориума сбалансирован другой силой, то гораздо легче увидеть или обнаружить его вращение или боковое движение под влиянием внешнего воздействия.

Эксперимент 3.10

Тот факт, что электрически заряженное тело притягивается находящимися рядом телами (палец, кусок дерева или кусок металла), был использован Стивеном Греем (1666—1736) в 1720 году для поисков новых электрических материалов (то есть материалов, которые ведут себя как янтарь).

Грей натирал определенные вещества, пропуская между пальцами. Затем он проверял, притягивают ли палец или другие твердые тела эти вещества на близком от них расстоянии. Мы цититрум здесь его работу с описанием экспериментов, которые можно легко воспроизвести:[13]

> Наблюдая неоднократно в электрических экспериментах, проведенных с [натертой] стеклянной трубкой и пушистым пером, привязаным к концу маленькой палочки, что после притяжения его волокон к трубе и последующего удаления [трубки], большинство из них тянулось к палке, как будто оно [пушистое перо] было электрическим телом, как если бы какое-то электричество передалось палке или перу; это навело меня на мысль, не может ли притяжение пера к моим пальцам произвести такой же эффект через приобретение какого-то количества электричества. Это удалось подтвердить при первой же попытке — маленькие пушистые волокна пера около его ствола притягивались к моему пальцу при приближении к нему: [...] Затем я решил проверить, не могут ли волосы обладать тем же свойством, взяв один волосок из моего парика, и пропустив его 3 или 4 раза между моими

[13] [Grab, стр. 104—106].

пальцами, или, точнее, между большим и указательным пальцами, и вскоре нашел, что он притягивается к моему пальцу на расстоянии полдюйма [1,3 см]; [...].

Добившись такого успеха в этих [экспериментах], я перешел к большим количествам этих же материалов, в виде кусков риббанда как грубого, так и тонкого шелка нескольких цветов, и обнаружил, что, взяв кусок того или другого длиной около половины ярда [45 см], и, удерживая конец в одной руке, и пропуская его между большим и указательным пальцами другой руки, он приобретает электричество, так что, если поднести руку близко к нижнему его концу, наблюдается притяжение на расстоянии 5 или 6 дюймов [13 или 15 см]; но в некоторых случаях электричество было гораздо слабее, чем в других случаях, по причине, я предположил, что риббанд возможно впитал в себя некоторые водные частицы из влажного воздуха, в чем я убедился, когда случай подвернулся для этого; ибо когда я хорошо подогревал риббанд на костре, он всегда сильно проявлял электрическое свойство.

3.6 Фабри и Бойль открывают электрическое взаимодействие

Эксперименты 3.6 — 3.10 имеют очень важное значение. Они показывают, что существует взаимодействие между натертым пластиком и объектами вокруг него. Натертый пластик притягивает эти объекты, а они в свою очередь притягивают натертый пластик. Гильберт не проводил эксперименты с натертым версориумом из янтаря или любого другого электрического вещества (т.е. вещества, которое ведет себя как янтарь). Этот факт, возможно, способствовал его ошибочному убеждению, что не было никакого взаимного действия между натертым янтарем и окружающими предметами. Такую же ошибочную точку зрения приняли Джироламо Кардано (1501—1576) до Гильберта, а также Н. Кабио (1596—1650) после Гильберта. Тем не менее, все они были хорошо осведомлены о взаимных действиях между двумя магнитами, или между магнитом и куском железа. Для того чтобы охарактеризовать это взаимное магнитное действие, Гильберт ввел термины *соитие* или *слияние*, а для электрического воздействия он употреблял термин *притяжение*.[14]

Теперь мы знаем, что электрическое действие тоже носит взаимный характер, поэтому оно может быть охарактеризовано выражением *электрическое взаимодействие*. Электрическое взаимодействие относится как к результирующей силе воздействия одного объекта на другой (заставляя их двигаться относительно земли), и результирующему крутящему моменту, оказываемому одним объектом на другой (заставляя их поворачиваться

[14][Gil78, стр. 26 и 34] и [Hei99, стр. 174—182].

относительно земли). Когда мы говорим об электрической силе, следует помнить, что не только объект A привлекает объект B; но также объект B привлекает объект A в противоположном направлении. Кроме того, если объект A действует с электрическим моментом на объект B; объект B будет действовать с противоположным крутящим моментом на объект A. Если объект A стремится повернуться по часовой стрелке под влиянием объекта B, то B будет, как правило, поворачиваться в направлении против часовой стрелки под влиянием A.

Первыми, кто обнаружил, что электрическое действие есть взаимное действие между натертым янтарем и объектами вокруг него, были Оноре Фабри (1607—1688) в 1660 (Рис. 3.19) и Роберт Бойль (1627—1691) в 1675 году (Рис. 3.20).[15]

Рис. 3.19: Оноре Фабри (1607—1688).

Рис. 3.20: Роберт Бойль (1627—1691).

[15] [Hei99, стр. 195—205].

Фабри стал член-корреспондентом Академии дель Сименто в 1660 году. Среди членов Академии были Г. А. Борелли (1608—1671), Винченцо Вивиани (1622—1703) — ученик Галилея (1564—1642) — и Ф. Реди (1626—1697/8). Она была основана в 1657 году и просуществовала 10 лет. Работы Академии, получившие название *Саги* или *Очерки*, были опубликованы в 1667 году. Исследования электричества, проведенные в этой Академии, начались в 1660 году. Среди ее докладов мы находим следующие комментарии:[16]

> Обычно принято считать, что *янтарь* привлекает тельца к себе; но действие на самом деле *взаимное*, принадлежащее в равной степени как к *янтарю*, так и к перемещаемым телам, к которым он сам притягивается.

Согласно Хейлброну, академики установили это с помощью подвешенного на нити или размещенного на опоре куска натертого янтаря. Янтарь тогда, согласно академикам, „слегка склонялся к тем тельцам, которые также *пропорционально* реагировали и легко подчинялись его вызову“. В том же году Магалотти (1637—1712) опроверг воззрения Кабио; Кабио отвергал взаимный характер электрических взаимодействий. Магалотти говорил:[17] „Его взгляды опровергаются опытом, ибо *ambra versoria* следует всем телам, представленным ему“. Согласно Хейлброну, Магалотти получил эту информацию от Фабри. Предыдущие доклады Академии дель Сименто также принадлежали Фабри, согласно Хейлброну. Существует рукопись, содержащая черновики раздела эссе по электричеству, в письме Фабри, где упоминается, что „кусок свободно подвешенного натертого сургуча тянется к другим телам“.[18] Из этих утверждений ясно, что эти эксперименты Фабри были несколько похожи на те, что представлены в разделе 3.5, где мы использовали натертый пластик вместо натертого янтаря или натертого воска.

Бойль представил свои результаты по изучению взаимного действия между натертым янтарем и близлежащими объектами в 1675 году. Он, возможно, узнал об этом из сообщений Фабри, или возможно он обнаружил этот факт самостоятельно. По его мнению, янтарь излучает материальное испарение, которое является причиной притяжения легких тел, возможно, в силу того, что испарение является липким и эластичным.

Что касается притяжения, оказываемого янтарем, он написал следующее:[19]

> То, что нет особого родства между электриком и телами, на которые он воздействует, определяющего электрическое притяжение, кажется более вероятным, поскольку янтарь, например, привлекает не только определенного рода тела, как в случае с магнитом и железом, но и те тела, где он изобилует; однако, насколько я

[16] [Hei99, стр. 201]
[17] [Hei99, стр. 201].
[18] [Hei99, стр. 202].
[19] [Boy00, стр. 515].

могу судить, он притягивает вообще все тела без разбору, находящиеся на достаточно близком расстоянии от него (как мой отборный кусок янтаря притягивает не только песок и минеральные порошки, но и опилки из стали и меди, и даже кованое золото) / при условии, что они малы или достаточно легкие, за исключением, пожалуй, огня.

В другом месте мы находим критически важный уровень понимания:[20]

Мы нашли экспериментально, что энергичный и хорошо возбужденный кусок янтаря будет притягивать, не только порошок янтаря, но также более крупные его фрагменты. И, как во многих случаях одна вещь ведет к другому, так же этот опыт ведет к другому, что, в случае его успеха, вероятно, можно будет утверждать, что в электрическом притяжении не только *испарения* испускаются электрическими телами, но эти *миазмы* распространяются на тела, которые подвержены притяжению, причем таким образом, что промежуточные вязкие строки, которые, вероятно, состоят из этих липучих *миазм*, когда их агитация прекращается, сжимаются или вынуждены сокращаться с обеих концов, наподобие сильно растянутой пружины лютне, когда ее отпускают и разрешают ей сократиться до меньших размеров. Но выдвинуть такую гипотезу было гораздо легче, чем провести эксперименты для ее проверки. Ибо мы обнаружили, что совсем нелегко подвесит электрик, большой и достаточно энергичный, таким образом, чтобы его можно было в повешенном состоянии возбудить и расположить так удачно, что мизерная сила, с которой он притягивает тельца, была в состоянии привести в движение само тело целиком. Но после нескольких бесплодных попыток с другими электриками, я воспользовался очень энергичным куском полированного янтаря, ранее упомянутого, и когда мы с помощью немного воска подвесили его на шелковой нити, нам удалось очень хорошо отогнать один из его тупых краев к своего рода большой пин-подушке покрытой прядью грубой черной шерсти, а затем поднесли электрик, как быстро мы могли, чтобы зафиксировать, несмотря на то, что он висел на конце свободно подвешенной нити. К этому способу трения на краю янтаря мы прибегли по более чем одной причине; ибо, если бы мы терли плоскую сторону, янтарь не мог подойти к телу, которым его терли, без внесения изменений места во всем электрике, и, что еще хуже, без того, чтобы он (против природы тяжелых тел) несколько поднялся вверх; в то время как янтарь, в силу того, что он подвешен, в частях уравновешеных друг другом; чтобы заставить возбужденный край подходить к другому телу, этот край не обязательно должен подниматься, но только переместиться

[20] [Boy00, стр. 516].

горизонтально, каковое движение веса электрика (которого нить удерживала от перемещения вниз) может быть осуществлено с малым, или даже без всякого сопротивления. И в соответствии с этим мы нашли, что, если, как только хорошо натертый и подвешенный электрик достиг равновесия самостоятельно, мы приложили к натертому краю, но не касаясь его, упомянутую выше подушку, которая, по причине ее грубой *застройки* и пористости, была пригодна для впитания электрических / *испарений*, край явно отталкивался в сторону от фиксированной подушки, и если ее медленно удалять, он неотступно следовал бы за ней; и когда это тело больше не удерживало его, он вернется в положение, которое он занимал раньше. И эта сила притяжения к подушке, благодаря действию своих собственных паров, была настолько живучей в нашем энергичном куске янтаря, что однажды зарядив его, я был в состоянии заставить его следовать подушку не меньше, чем десять или одиннадцать раз.

Эксперименты Фабри и Бойля показали, что не только натертый янтарь ориентирует и привлекает легкие объекты, другие объекты также ориентируют и привлекают натертый янтарь и натертый сургуч. Их эксперименты диаметрально противоположны наблюдениям Фракасторо, которые мы видели в разделе 3.1. Фракасторо подвесил небольшие кусочки янтаря и серебра на своем перпендикуло и отметил, что они привлекали другой кусок поднесенного к ним натертого янтаря, как показано на Рис. 3.2. Фабри и Бойл, с другой стороны, отмечали, что натертый янтарь, подвешенный на нити, притягивался и ориентировался другими объектами, помещенными рядом с ним, как показано на Рис. 3.21.

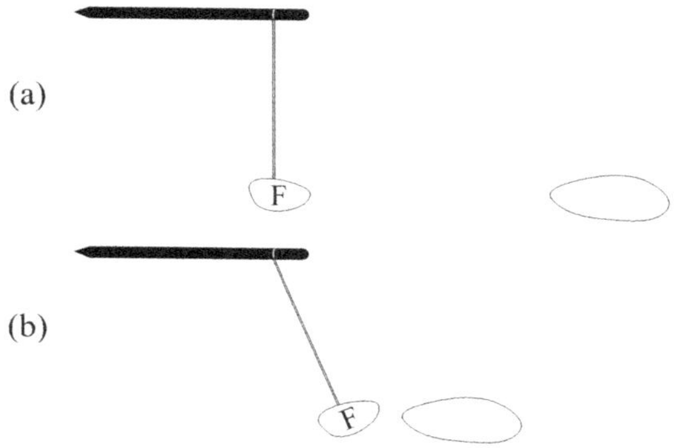

Рис. 3.21: (a) Натертый кусок янтаря, обозначенный буквой F, висит вертикально, когда он находится далеко от любого нейтрального объекта. (b) Натертый кусок янтаря F притягивается близко поднесенным нейтральным телом.

Это очень важное физическое открытие. Оно показывает, что есть действие и противодействие в электростатике. То есть, существует электрическое взаимодействие между натертым объектом и близлежащими объектами. Натертый объект оказывает усилие и крутящий момент на соседние нейтральные объекты. И эти объекты, в свою очередь, оказывают противоположную силу и противоположный вращающий момент на натертый объект.

В 1660 и 1675 Фабри и Бойл пришли к экспериментальному выводу, что в электричестве существует действие и противодействие. Это были только качественные доказательства, как в описанных в данном разделе экспериментах. Они не мерили силу, исходящую от янтаря, или противоположную силу, действующую со стороны окружающих тел.

3.7 Ньютон и электричество

Как мы видели в разделе 3.6, между 1660 и 1675 годами Фабри и Бойл обнаружили, что электрические действия носят взаимный характер. Несколько лет спустя, в 1687 году Исаак Ньютон (1642—1727) (Рис. 3.22), принял принцип действия и противодействия в качестве одного из фундаментальных во всей физике.

Рис. 3.22: Исаак Ньютон (1642—1727). Это самый известный портрет Ньютона. Его нарисовал Годфри Кнеллер (1646—1723) в 1689 году. Ньютон изображен здесь без парика, на пике своей научной карьеры, через два года после публикации *Начал*.

Эта третья аксиома, или третий закон движения, приводится в его знаменитой книге *Математические начала натуральной философии*, которая известна также под латинским названием, *Principia*. Третья аксиома, или третий закон движения, формулируется в книге следующим образом:[21]

[21] [New52a, стр. 14].

> Для каждого действия есть всегда противоположная по направлению и равная по величине реакция: или, взаимные действия двух тел друг на друга всегда равны и направлены в противоположные стороны.

Важно отметить, что Ньютон считал, что эта аксиома должна иметь место для всех известных видов взаимодействий: гравитационного, электрического, магнитного, упругого, контактных сил, трения, столкновения и т.д. Кроме того, для Ньютона этот принцип имел как качественный смысл, так и очень точный количественный аспект, а именно, что для каждого действия есть всегда реакция равной интенсивности. Кроме того, они действуют вдоль прямой, соединяющей два тела, и направлены в соответствующие стороны. Под действием и реакцией Ньютон подразумевал взаимные силы между этими двумя телами, которые оцениваются в количественном отношении изменением линейного импульса каждого тела в единицу времени. То, что мы называем линейным импульсом, Ньютон называл количеством движения, так как он пропорционален массе тела, умноженной на его скорость по отношению к абсолютному пространству. Этот фундаментальный труд Ньютона знаменует собой новую эпоху в физике — эпоху, в которой наука достигла высочайшей степени точности.

В *Началах* Ньютона описаны столкновения и контактные силы в качестве примеров взаимодействий, которые удовлетворяют принципу действия и противодействия. Что касается действия на расстоянии, он ссылался на примеры гравитации и магнетизма, характеризуя последний в следующих словах:[22]

> Что касается притяжений, я даю краткую демонстрацию следующим образом. Предположим, появилось какое-то препятствие, мешающее соединению произвольных двух тел A, B, которые притягивают друг друга; затем, если одно тело, скажем A, притягивает второе тело B с меньшей силой, чем тело B притягивает первое тело A, препятствие будет испытывать большее давление со стороны тела A, чем со стороны тела B, и, следовательно, они не будут оставаться в равновесии: большее давление возьмет верх и вынудит систему из двух тел, вместе с препятствием, двигаться в направлении к телу B; а в свободном пространстве, устремится *в бесконечность* с постоянно нарастающей скоростью; это абсурдно и противоречит первому закону. Ибо, по первому закону, система должна оставаться в своем состоянии покоя или двигаться равномерно вперед по прямой линии; и, следовательно, тела должны в равной степени давить на препятствие, и в равной степени притягивать друг друга. Я проделал эксперимент с магнитом и железом. Если разместить их в отдельных посудинах впритык, и позволить им свободно плавать в стоячей воде, ни одна из них не будет двигать другую; но, благодаря

[22][New52a, стр. 22].

одинаковому притяжению, каждая будет выдерживать давление другой, и будут покоится в непрерывном состоянии равновесия.

В Вопросе 8 своей книги *Оптика*, Ньютон описал опыты по электричеству:[23]

> Не все ли фиксированные тела, при нагревании выше определенной степени, начинают излучать свет и сверкать; и не является ли это излучение результатом вибрирующих движений их частей? И не все ли тела, которые изобилуют наземными веществами, в особенности сернистыми, излучают свет всякий раз, когда эти составляющие достаточно возбуждены; вне зависимости от способа возбуждения, будь то тепло, или за счет трения или удара, или гниения, или каким-либо животным движением, или по любой другой причине? [...] Так же шар из стекла приблизительно 8 или 10 дюймов в диаметре, вмонтированный в раму, где он может быстро вращаться вокруг своей оси, начнет светиться при вращении, когда он трется о ладони приложенной к нему руки. И если в то же время поместить лист белой бумаги или белой ткани, или кончик пальца на расстоянии около четверти дюйма или полдюйма от той части стекла, где его движение наиболее интенсивное, электрический пар, который возбуждается трением между стеклом и ладонью руки, придет (устремившись к белой бумаге, ткани или пальцу) в такое состояние повышенной агитации, что начнет излучать свет, и вынудит белую бумагу, ткань или палец светиться ясно, как светлячок; и в спешном потоке из стекла иногда толкать палец так сильно, что можно ощутить давление непосредственно. Те же самые вещи были обнаружены путем трения длинного и большого цилиндра из стекла или янтаря о лист бумаги, держа его в руке, и продолжая тереть, пока стекло не станет теплым.

Электричество также упоминается в Вопросе 31, где Ньютон подчеркивает взаимные действия на расстоянии между телами:[24]

> Не имеют ли малые частицы тел некую энергию, свойства или силы, с помощью которых они действуют на расстоянии, не только на лучи света при отражении, преломлении и отклонении их, но и друг на друга в производстве большинства явлений природы? Ибо хорошо известно, что тела действуют друг на друга с помощью притяжения гравитации, магнетизма и электричества; и эти случаи показывают тенор и курс течения событий в природе, и делают вполне вероятным, что существуют другие виды притяжения, более мощные, чем эти. Ибо в природе все очень созвучно и самосогласованно. Я не рассматриваю здесь возможные

[23] [New52b, стр. 516—517].

[24] [New52b, стр. 531].

механизмы этих притяжений. То, что я называю притяжением может осуществляться обменом импульса, либо иным неизвестным мне способом. Я использую это слово здесь для обозначения вообще любой силы, благодаря которой тела стремятся друг к другу, вне всякой зависимости от ее истинной причины. Ибо мы должны выяснить, исходя из наблюдений за явлениями природы, какие тела притягиваются друг к другу, и каковы законы и свойства притяжения, прежде чем мы можем приступить к исследованию причин, лежащих в основе притяжения. Притяжения, характерные для гравитации, магнетизма и электричества, распространяются на значительные расстояния, и поэтому их можно обнаружить невооруженным глазом, но, возможно, существуют другие [силы], которые действуют на столь незначительных расстояниях, что до сих пор скрыты для наблюдения; и, возможно, электрическое притяжение действует на таких малых расстояниях, даже в отсутствие возбуждения посредством трения.

Он также упоминал, электрические притяжения в *Началах*. Например, в книге III:[25]

Предложение 7. Теорема 7

Что есть сила тяжести, присущая всем телам, пропорциональная количествам вещества, которые они содержат.

[...]

Кор. I. Поэтому сила тяжести по отношению к любой планете в целом есть совокупность сил тяжести по отношению ко всем ее частям. Магнитные и электрические притяжения дают нам примеры этого; ибо притяжение к целому возникает из притяжений к его частям. [...]

В Общей Схолии в конце книги он также упомянул электричество, еще раз подчеркивая взаимность действия между телами:[26]

А теперь мы можем добавить нечто касательно некоего тончайшего духа, который пронизывает и спрятан в глубине всех привычных нам тел; силой и действием которого частицы тел притягивают друг друга на близких расстояниях, и прилипают если между телами нет разрывов; а электрические тела действуют на больших расстояниях, как отталкивая, так и привлекая соседние тельца; а свет излучается, отражается, преломляется, изгибается, а также нагревает тела; и все органы чувств возбуждаются,

[25] [New52a, стр. 281—282].

[26] [New52a, стр. 372].

> и члены тел животных двигаются по команде воли, а именно, посредством вибраций этого духа, взаимно распространяющихся вдоль твердых волокон нервов, от внешних органов чувств к мозгу, и от мозга к мышцам. Но это такие вещи, которые не могут быть объяснены в нескольких словах, и мы не располагаем той полнотой экспериментальных знаний, которая требуется для точного определения и демонстрации законов, согласно которым этот электрический и упругий дух действует.

Эти цитаты показывают, что Ньютон придавал электричеству основополагающую роль в явлениях природы.

Глава 4

Электрическое притяжение и отталкивание

4.1 Существует ли электрическое отталкивание?

Все эксперименты, описанные до сих пор в этой книге, имели дело с притяжением между телами. Но электрические явления характеризуются также отталкиванием.

Эксперимент 4.1

Есть очень простой способ наблюдения электрического отталкивания с помощью полосы из полиэтиленового пакета. Надо вырезать полосу 2 см шириной и от 10 до 20 см длиной. Затем повесить ее на горизонтальную опору (деревянный шампур, карандаш или палец). Две половинки нейтральной полосы изначально висят вертикально, параллельно друг другу, как показано на Рис. 4.1 (a). Теперь мы трем обе половинки одним и тем же материалом (например, пропуская каждую половину через пальцы, или трением с помощью листа бумаги). После освобождения они отталкивают друг друга, в результате чего половинки приподнимаются (Рис. 4.1 (b)).

Этот эффект можно наблюдать также с двумя кусочками пластиковой соломки, каждый около 5 см длиной. Один конец каждой соломки привязан к концу шелковой или нейлоновой нити длиной 10 или 20 см. Нить подвешена через ее центр на горизонтальной опоре таким образом, что обе нейтральные соломки изначально висят бок о бок в вертикальном положении, с направленными вниз свободными концами. Если натереть две соломки одним и тем же материалом, они начинают отталкивать друг друга после освобождения, двигаясь в противоположные стороны. Чем тоньше горизонтальная опора, тем заметнее эффект.

Третий вариант использует надутые резиновые шары. Два воздушных шара на нитях висят первоначально так, что они соприкасаются друг с

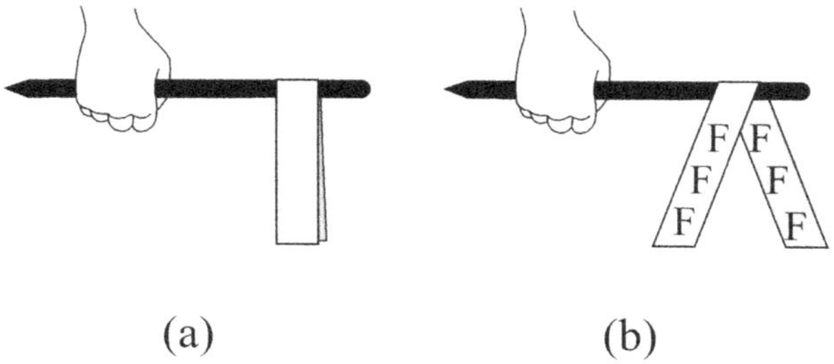

Рис. 4.1: (a) Нейтральная пластиковая полоса свисает вертикально с горизонтальной деревянной шпаги. (b) Отталкивание между двумя половинами натертой пластиковой полоски.

другом. Если шары потереть о волосы, они начинают отталкивать друг друга. Они отходят друг от друга и больше не соприкасаются.

Во всех этих случаях мы наблюдаем отталкивание тел, изготовленных из одного и того же материала (две пластиковые полоски, две соломки или два резиновых шара), которые были натерты одним и тем же веществом. Это новое явление, которое мы не наблюдали в предыдущих экспериментах.

Эксперимент 4.2

С помощью двух пластиковых версориумов мы можем наблюдать электрическую ориентацию под влиянием отталкивания. Мы трем одно плечо каждого версориума одним и тем же веществом — например, листом бумаги или нашими волосами. Два версориума размещены бок о бок, параллельно друг другу, с натертыми плечами, указывающими в одном и том же направлении. После освобождения, натертые плечи отталкивают друг друга. В результате этого отталкивания, версориумы разворачиваются относительно их вертикальных осей таким образом, что в конце процесса натертые плечи обретают равновесное положение на максимально возможном удалении друг от друга (Рис. 4.2).

Этот эффект заметнее, если два версориума изначально расположены очень близко друг к другу. Для того чтобы предотвратить контакт между двумя плечами, которые не были натерты, после того как версориумы повернулись, один из версориумов можно разместить немного выше другого таким образом, что после того как вступает в силу отталкивание, одно плечо версориума будет выше другого.

Кроме того, следует отметить, что версориумы вращаются в противоположных направлениях после их высвобождения. В то время как один вращается по часовой стрелке, другой вращается против часовой стрелки. Это означает, что крутящий момент, оказываемый версориумом A на версориум B, направлен противоположно крутящему моменту, оказываемому версориумом B на версориум A.

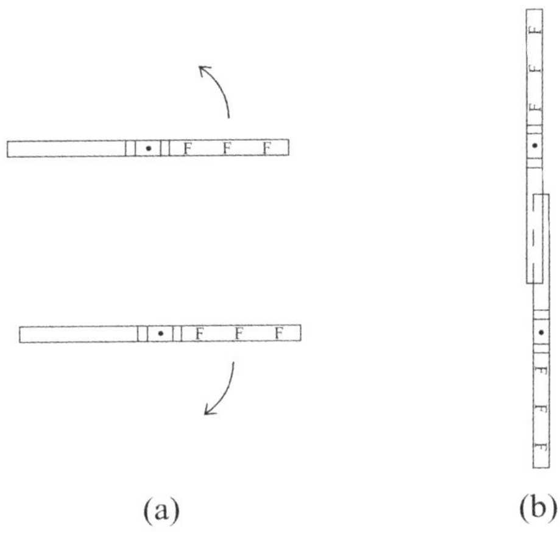

Рис. 4.2: (a) Отталкивание между натертыми плечами двух пластиковых версориумов, если смотреть сверху, расположеных бок о бок вдоль параллельных линий. (b) Конечная равновесная ориентация двух версориумов.

Чтобы легче было запомнить, какое именно плечо было натерто, можно отметить его каплей чернил, ручкой или небольшим надрезом.

Эксперимент 4.3

В качестве другого варианта эксперимента 4.2 можно потереть оба плеча каждого версориума. Затем разместить их вдоль одной и то же прямой линии так, чтобы ближние концы почти касались друг друга. После высвобождения из состояния покоя, они вращаются в противоположных направлениях. После остановки, они примут параллельные друг другу ориентации, бок о бок, как показано на Рис. 4.3.

4.2 Эксперимент Герике с плавающим пуховым пером

Эксперимент 4.4

Мы проведем теперь новый эксперимент, аналогичный эксперименту, который имел большое историческое значение. Сначала нам надо выбрать специальный объект, в качестве которого подойдет, например, пуховое перо, одуванчик или несколько клочков хлопка. Важно, чтобы выбранный объект мог летать долго в воздухе, прежде чем упасть на землю, скажем, порядка 10 секунд при падении с высоты двух метров. Лучше, если он будет падать еще медленнее. С другой стороны, если он будет падать значительно быстрее, чем указано выше, невозможно будет наблюдать описанные ниже эффекты.

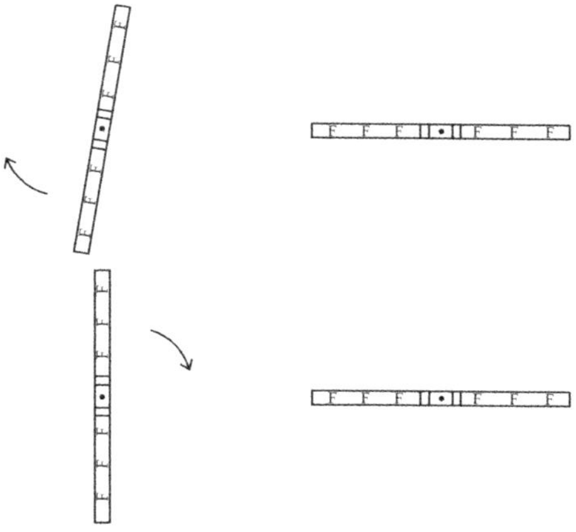

Рис. 4.3: (a) Отталкивание между двумя пластиковыми версориумами (вид сверху), которые были натерты по всей их длине, когда они размещены рядом и ориентированы в одном направлении. (b) Конечные равновесные ориентации двух версориумов.

Мы начинаем с трения пластиковой соломки о волосы. Чтобы определить насколько хорошо наэлектризовалась соломка, можно использовать тест со стенкой, описанный в эксперименте 3.6. Натертую соломку мы держим за один конец в одной руке. Другой рукой мы выпускаем перо, одуванчик или кусок ваты над соломкой, чуть выше ее. Объект притягивается соломкой и прилипает к ней. Если внимательно посмотреть на объект, мы можем заметить, что его волокна напряглись и вытянулись, как будто они хотят оторваться от соломки. Это происходит по той же самой причине, по которой объекты, используемые в эксперименте 4.1, отталкивают друг друга. Иногда объект на самом деле отскакивает вверх после контакта, покидая соломку. Если это не произойдет сразу, мы можем освободить объект, слегка потрепав соломку, или сдув его потихонечьку. После того, как объект освободится от соломки и начнет падать, мы можем перенести натертую соломку под падающий объект. В результате объект отталкивается от соломки и движется вверх. Иногда это происходит не сразу, так как объект должен коснуться натертой соломки два или три раза, отскакивая после каждого прикосновения, прежде чем он явно начнет отталкиваться от нее. Чем сильнее соломка наэлектризована, тем сильнее объект будет отталкиваться после соприкосновения с ней. С этого момента мы будем предполагать, что объект уже парит в воздухе, отталкиваясь от натертой соломки под ним, как это показано на Рис. 4.4.

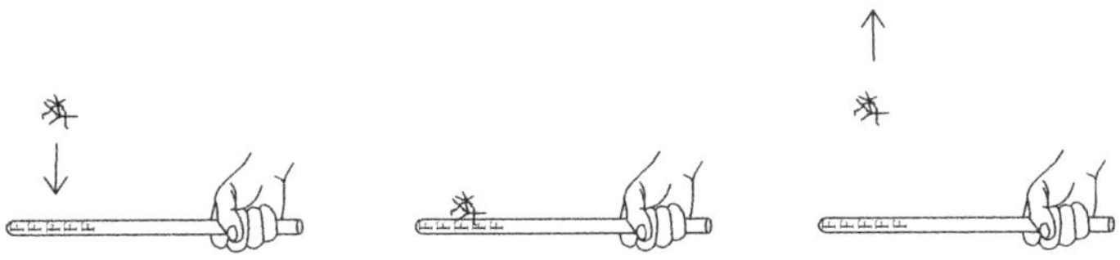

(a) (b) (c)

Рис. 4.4: (a) Кусок хлопка вначале притягивается натертой пластиковой соломкой. (b) Хлопок касается натертой части соломки. (c) После контакта хлопок отталкивается от соломки. Затем его можно держать в парящем состоянии над соломкой, несмотря на гравитационное притяжение Земли!

Рис. 4.5 иллюстрирует аналогичный эксперимент с одуванчиком. Одуванчик падает, естественно, очень медленно, поэтому он подходит для этого эксперимента. Его легко поддерживать в парящем состоянии над натертой волосами пластиковой соломкой.

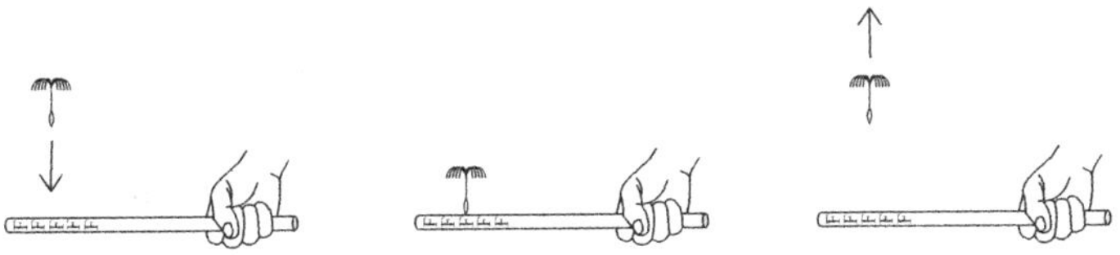

(a) (b) (c)

Рис. 4.5: Эксперимент 4.4 легко проводить с одуванчиком, плавающим над натертой волосами пластиковой соломкой.

Медленно перемещая натертую соломку под объектом, мы можем переместить этот объект в любое место внутри помещения. Если объект приблизится к нашему телу или любому другому предмету в комнате, он притягивается к нашему телу или предмету и прилипает к нему. Чтобы не допустить этого, мы используем натертую соломку как орудие для удаления объекта подальше от этих предметов. Таким способом можно легко держать объект на плаву в течение некоторого времени на расстоянии от 10 до 20 см выше соломки в зависимости от того, насколько хорошо наэлектризована соломка. Чтобы сохранить объект в парящем в воздухе состоянии, натертую соломку следует всегда держать под ним, подстраивая в случае необходимости ее движения под движения объекта. Как правило, эту процедуру легче проводить с одуванчиком. Когда одуванчик впервые запущен в воздух над натертой соломкой, он притягивается к соломке, касается ее и тут же отскакивает от нее. Это очень простой эксперимент, но чрезвычайно интересный. Ни один человек не сможет забыть впечатление, полученное от проведения этого эксперимента.

Эксперимент, аналогичный этому, сыграл огромную роль в истории развития электричества. Он был проведен впервые Отто фон Герике (1602—1686) (Рис. 4.6).[1]

Рис. 4.6: Отто фон Герике (1602—1686).

Он появился в его книге *Новые (так называемые) Магдебургские эксперименты*, опубликованной в 1672 году на латинском языке. Согласно предисловию этой работы, книга была фактически завершена в 1663 году. В определенный период его жизни Герике был мэром Магдебурга. В этой книге он описал воздушный насос, который он изобрел на основе открытия упругих свойств воздуха. В 1657 году он использовал его для проведения знаменитой теперь публичной демонстрации в Магдебурге огромных сил атмосферного давления.[2] Он использовал полый шар из двух медных полушарий, которые были плотно прижаты друг к другу. Воздух удалили из сферы с помощью его насоса. После удаления воздуха, две группы лошадей, по восемь в каждой, тянули полушария в разные стороны, и лишь с большим трудом им удалось оторвать их друг от друга. С другой стороны, когда воздух проникал обратно в сферу, один человек мог это сделать с легкостью.

Однако здесь нас интересует другой эксперимент Герике. Его иллюстрация с описанием этого эксперимента представлена на Рис. 4.7.

Здесь мы приводим цитату из его знаменитой книги:[3]

> *Эксперимент, в котором эти вышеупомянутые важные свойства можно навести посредством трения серного шара*
>
> Если кто-то хочет провести этот эксперимент, он должен взять стеклянную сферу, так называемый пузырек, размером с голову ребенка, и заполнить ее серным порошком, приготовленным в

[1] [Hei99, стр. 215—218].
[2] [Kra81].
[3] [Gue94, Книга 4, Глава 15, стр. 227—231].

Рис. 4.7: Опыт Герике, где он держит перо в парящем состоянии над натертым серным шаром, и его электрическая машина.

ступке. Затем, посредством подогрева, он должен расплавить порошок. После охлаждения, он должен разбить стеклянную сферу, извлечь оттуда шар, и хранить его в сухом месте с низкой влажностью.

[...]

Раздел 2.

Чтобы продемонстрировать сохранение способности, присутствующей в этом шаре, следует установить его жезлом через его сердцевину на две опоры, *ab*, на подставке с обозначением *abcd*. Он должен быть на высоте в одну ладонь от основания, и всякого рода клочки или кусочки листьев, золота, серебра, бумаги, хмеля и других мельчайших частиц должны быть разбросаны под ним. Затем следует коснуться сферу сухой рукой и потереть ее два или три раза. На этом этапе она притянет вышеуказанные фрагменты к себе. Если покрутить теперь шар вокруг своей оси, эти кусочки останутся на нем и будут крутиться вместе с ним. Теперь мы можем визуально представить себе, как сфера нашей Земли удерживает и сохраняет всех животных и прочих тел на своей поверхности, и переносит их в своем каждодневном двадцати-четырех часовом вращательном движении.

[...]

Раздел 3.

Можно наглядно продемонстрировать наличие выталкивающей силы в этом шаре, если удалить его от вышеупомянутой подставки, и держа в одной руке, потереть его уже описанным способом. Тогда он не только привлекает, но и отталкивает от себя маленькие тела упомянутого выше типа (в зависимости от влажности и других характеристик погоды на данный момент). После того, как он коснулся этих тел, он не привлекает их снова, пока они не коснутся какого-то другого тела. Этот эффект особенно хорошо виден для очень мягких и легких перьев, A, (потому что они падают на Землю медленнее, чем другие клочки и кусочки). Таким образом, когда перья поддерживаются наверху силой отталкивания от этого шара, они могут плавать в воздухе в течение довольно длительного времени, и их можно носить по всей комнате вместе с глобусом.

[...]

Эксперимент 4.4 аналогичен опыту Герике, но вместо серного шара используется пластиковая соломка. Тем не менее следует подчеркнуть, что сам Герике не считал отталкивание пера или, как он выразился, „выталкивающую силу“ шара сугубо электрическим явлением. Для Герике это свойство серного шара было подобно выталкивающей силе, которую демонстрирует Земля в определенных условиях, т.е. оно подобно силе Архимеда. В результате, в настоящее время считается, что Герике не открыл и не распознал подлинное электрическое отталкивание.

Устройство Герике рассматривается некоторыми авторами как первая электрическая машина, то есть первый прибор, с помощью которого можно наэлектризовать различные объекты. Но сам Герике, вероятно, не согласился бы с подобным утверждением. Для Герике серный мяч был подобием Земли. Некоторые „добродетели“, присущие этому мячу в форме притяжения и отталкивания, как бы имитируют аналогичные свойства нашей планеты. Таким образом, для Герике эти свойства не были чем-то, что имеет действительно электрическую природу. Подробный анализ этого вопроса можно найти в работах Роллера и Роллера, Крафта и Хейлброна.[4]

Первый инструмент, построенный специально для электризации тел, был предложен Хоуксби (примерно 1666—1713) (Рис. 4.8).[5] Кривошипно-шатунный механизм и шкив поворачивают маленькое колесо, которое вращает стеклянный шар. Хоуксби натирал внешнюю поверхность вращающегося шара листом бумаги или голыми руками. Такой инструмент называют по-разному: *электрическая машина*, *электростатическая машина*, *трибоэлектрический генератор* или *электрический генератор трения*.

Эксперименты, аналогичные экспериментам Герике, проводились Греем и Фрэнсисом Хоуксби в 1708 году. В опытах Грея и Хоуксби перо притягивалось, а затем отталкивалось натертым флинтгласом — это особый вид содержащего свинец стекла.[6] Позже мы увидим, что этот эксперимент сыграл решающую роль в великом открытии, сделанном Дюфе. Статья Грея 1708 года не была опубликована вплоть до 1954 года.[7] Грей не цитиру-

[4][RR57, стр. 565—568], [Kra81] и [Hei99, стр. 215—216].

[5][Hau09, Plate VII], [RR57, стр. 565—568], [Hom67], [Hom81, стр. xiv-xv, 14, 42, 77 и 78n], [Que], [Hei81d] и [Hei99, стр. 230—234].

[6][Chi54], [Haub], [RR57, стр. 570 и 584—585], [Hom81, стр. 13] и [Hei99, стр. 235—236].

[7][Chi54].

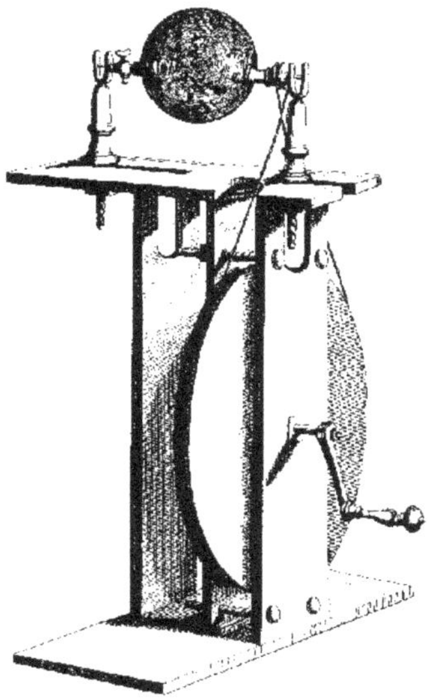

Рис. 4.8: Электрическая машина Хоуксби.

ет книгу Герике, но вполне возможно, что он был знаком с его работой, хотя это трудно проверить. Хоуксби видел оригинальную статью Грея и сыграл определенную роль в подавлении ее публикации.[8] Хоуксби опубликовал аналогичные эксперименты с плавающими перьями без упоминания имени Грея.

В своей работе 1708 года Грей описал двенадцать экспериментов с использованием стеклянной трубки длиной от 70 до 80 см и диаметром от 2 до 3 см. Он натирал трубку голыми руками. Здесь мы цитируем только первые четыре эксперимента:[9]

> Эксперимент 1-й. Выпущенное из пальцев пуховое перо приблизилось к [натертой] стеклянной [трубке] на расстояние более 30 дюймов [76 см], некоторые из самых маленьких волокон ответили тогда на движение руки, в то время как трение стекла делалось на расстоянии более 50 дюймов [1,3 м]. [Иллюстрация этого эксперимента дается на Рис. 4.9 и 4.10.]

> Эксперимент 2-й. Если, когда перо приблизится к стеклу, держать его примерно на расстоянии 6 или 8 дюймов [15 или 20 см] от объекта типа поверхности стенки, края стола, ручки стула и т.п., оно притянется к этому объекту, а затем обратно к стеклу, и так 10 или 15 раз, не переставая летать к объекту на все

[8] [Hei81c] и [Hei99, стр. 236].
[9] [Chi54, стр. 34—35].

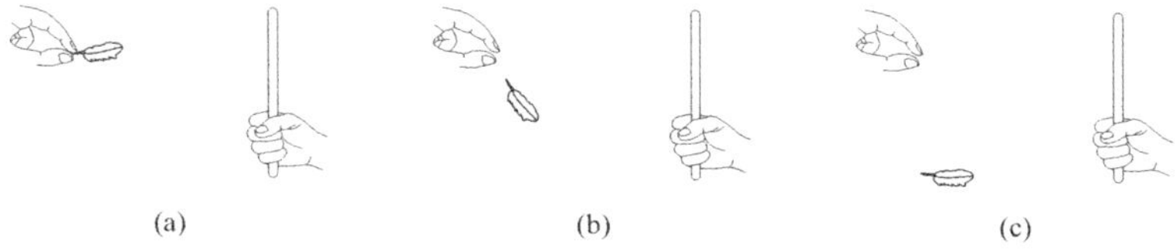

Рис. 4.9: Пуховое перо освобождается вблизи ненатертой стеклянной трубки. Оно падает на землю.

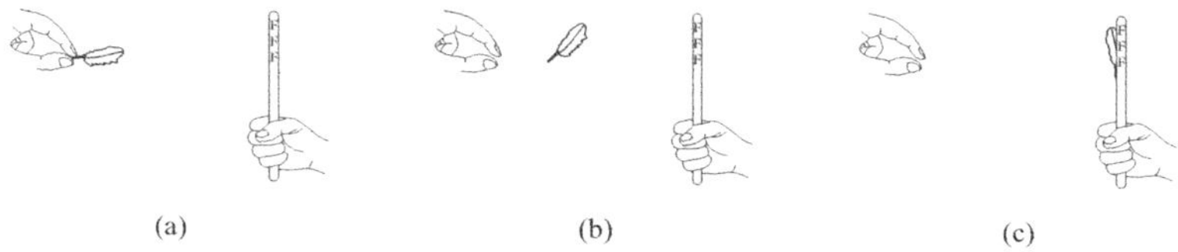

Рис. 4.10: Эксперимент Грея, показывающий притяжение пухового пера натертым стеклом.

большее расстояние, но затем перестает возвращаться обратно. [Иллюстрация этого эксперимента дается на Рис. 4.11.]

Эксперимент 3-й. Когда перо находится на стекле, и некоторые его волокна вытянуты к нему, а другие тянутся от него в виде двух конусов, расходящихся в направлении от стекла, если, когда перо находится в этом положении, зажать его волокна между большим и указательным пальцами, они притянутся обратно так быстро, что немедленно прилипнут к стеклу и, как будто помня о нанесенном им увечье, они в дальнейшем всячески будут избегать ваши пальцы, но это бывает не всегда так, как описано.

Эксперимент 4-й. Когда перо притянулось к стеклу и отразилось от него, если вы будете преследовать его стеклом, оно будет бежать от него, и невозможно будет заставить его прикоснуться к нему, пока не подогнать его близко к стене в комнате или к какому-либо другому твердому предмету, к которому он притянется и добровольно вернется обратно к стеклу, повторяя свои отражения, как описано во втором эксперименте, так что я иногда носил перо по комнате на расстояния 5 или 6 дюймов [13 или 15 см], не касаясь его, и мог переместить его вверх, вниз, с наклоном, или горизонтально по прямой линии или окружности, в соответствии с движением стекла, и если, когда перо плавало в воздухе, я натирал стекло, перо удалялось еще дальше от него, и все же реагируя на движения моей руки вибрирующим движением, которое не связано с колебаниями воздуха.

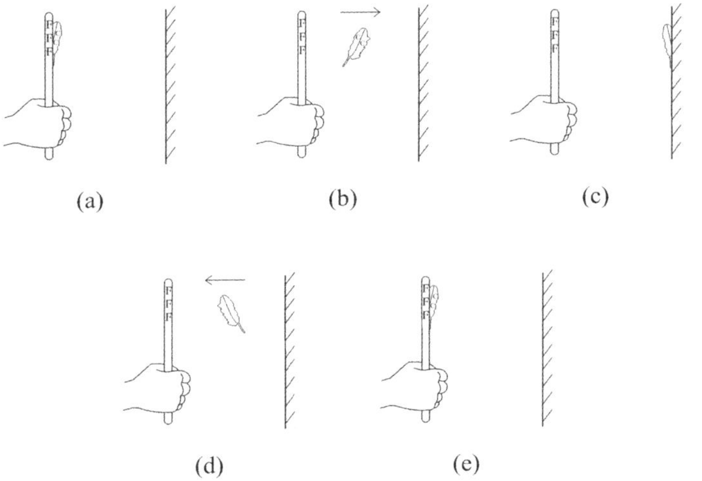

Рис. 4.11: Эксперимент Грея, показывающий осцилляции пухового пера между натертым стеклом и стенкой.

4.3 Дюфе признает электрическое отталкивание как самостоятельное явление

Эксперименты, описанные в этих разделах привносят что-то новое и чрезвычайно важное. До сих пор мы наблюдали только притяжение или отсутствие притяжения между натертым телом и окружающими легкими предметами. Теперь мы видим, что есть также электрическое *отталкивание*.

Хотя некоторые исследователи наблюдали неоднократно электрическое отталкивание, его обычно интерпретировали как вторичный эффект. Иногда это явление интерпретировалось только как *кажущееся* отталкивание. Мы приводим здесь несколько альтернативных объяснений. (a) Некоторые люди полагали, что такое поведение было вызвано потоком воздуха, который уносил легкие тела от натертого тела. (b) Другая интерпретация заключалась в том, что это *кажущееся* отталкивание есть на самом деле притяжение, оказываемое другими окружающими телами на легкие предметы. То есть, согласно этой интерпретации, это не натертый янтарь начинал отталкивать легкие предметы, а легкие предметы фактически притягивались другими близлежащими телами, которые каким-то образом приобрели некоторое электричество. Если бы это было так, лекое тело могло отойти от натертого янтаря, если оно испытывало меньшее притяжение от янтаря, чем от окружающих тел. (c) Другая интерпретация, которая иногда выдвигалась для наблюдаемого отталкивания, проводила аналогию с соударением. То есть тело первоначально притягивается к натертому янтарю, сталкивается с ним, а затем отскакивает на расстояние. Этот отскок истолковывался как механическое действие, а не как подлинное электрическое отталкивание.

Только с публикацией работ Шарля Франсуа Дюфе в 1733 и 1734 годах, отталкивание было признано в качестве законного и характерного явления электрических взаимодействий.[10] Есть хорошая биография Дюфе (Рис. 4.12), написанная Хейлброном.[11] Следуя первоначальным работам Грея, Дюфе удалось опубликовать несколько замечательных научных статей с фундаментальными открытиями по электричеству.[12]

Рис. 4.12: Дюфе (1698—1739).

Здесь мы приводим слова Дюфе, описывающие как он пришел к выводу, что электрическое отталкивание есть реальное явление (курсив наш).[13] Интересно отметить, что сам Дюфе изначально не считал отталкивание реальным явлением, но позже экспериментальные свидетельста вынудили его изменить свое мнение:[14]

---

[10] [Hei99, стр. 5 и 255—258].

[11] [Hei81b].

[12] [DF33a], [DF33c], [DF33d], [DF33b], [DF], [DF34a], [DF34b], [DF37b] и [DF37a].

[13] [DF33b, стр. 457—458].

[14] *"De l'Attraction & Répulsion des Corps Électriques.*

Nous avons toûjours considéré jusqu'a présent la vertu électrique en général, & sous ce mot on a entendu non seulement la vertu qu'ont les corps électriques d'attirer, mais aussi celle de repousser les corps qu'ils ont attirés. Cette repulsion n'est pas toûjours constante, & elle est sujette à des variétés qui m'ont engagé à l'examiner avec soin, & je crois avoir découvert quelques principles très-simples qu'on n'avoit point encore supçonnés, & qui rendent raison de toutes ces varietés, ensorte que je ne connois jusqu'à présent aucune expérience qui ne s'y accorde très-naturellement.

J'avois observé que les corps légers n'etoient ordinairement repoussés par le tube que lorsque l'on en approchoit quelque corps d'un volume un peu considérable, & cela me faisoit penser que ces derniers corps étoient rendus électriques par l'approche du tube, & qu'alors ils attiroient à leur tour le duvet, ou la feuille d'or, & qu'ainsi il étoit toûjours attiré, soit par le tube, soit par les corps voisins, mais qu'il n'y avoit jamais de répulsion réelle.

Une expérience que M. de Reaumur m'indiqua, s'oppsoit à cette explication; elle consiste à

О притяжении и отталкивании электрических тел.

До сегодняшнего дня мы всегда рассматривали электрическую силу в целом, и под этим словом мы понимали не только способность тел электрически притягивать другие тела, но также способность отталкивать тела, которые они притягивают. Это отталкивание не всегда постоянно, и оно подвержено изменениям, что заставило меня рассмотреть этот вопрос внимательно, и я считаю, что обнаружил некоторые очень простые принципы, о которых еще никто не подозревал, и которые объясняют все эти вариации таким образом, что я не знаю пока ни одного опыта, который естественным образом противоречил бы [этим принципам].

Я заметил, что легкие тела, как правило, только отталкивались [натертой стеклянной] трубкой, когда мы подносим к [этим легким телам] любые [другие] тела, имеющие значительный объем, и это заставило меня предположить, что эти последние [большие] тела были электризованы приближением трубки, и что таким способом это [легкое тело] всегда притягивалось, либо трубкой, или окружающими [большими] телами *таким образом, что никогда и не было реального отталкивания.*

Однако, эксперимент, на который обратил мое внимание г-н де Реомюр [René Antoine Ferchault de Réaumur, (1683—1757)], противоречил этому объяснению. Он состоит в размещении пороха вблизи края карты, поднесении к этому порошку трубки электризованного испанского воска, и наблюдению, что она притягивает обратно любые зерна за пределами карты. В этом случае не может быть подозрений, что зерна были притянуты другим близлежащим телом.

Другой эксперимент, такой же простой как этот, и даже более чувствительный, *убедил меня в ложности моей гипотезы.* При размещении золотых листиков на кристалл, и поднесении [натертой стеклянной] трубки снизу, золотые листья выталкиваются вверх, и не падают обратно на кристалл. Конечно, мы не можем объяснить это движение [вверх] притяжением соседнего тела. То же самое происходит с цветной проволочной сеткой и с другими

---

poser au bord d'une carte un petit monceau de poudre à mettre sur l'écriture, on approche de ce monceau un bâton de cire d'Espagne rendu électrique, & on voit très-clairement qu'il chasse au de-là de la carte des particules de poudre, sans qu'on puisse supçonner qu'elles soient attirées par aucun corps voisin.

Une autre expérience aussi simple, & encore plus sensible, *acheva de me prouver que ma conjecture étoit fausse.* Si l'on met des feuilles d'or sur une glace, & que l'on approche le tube par dessous, les feuilles sont chassées en haut sans retomber sur le glace, & on ne peut certainement expliquer ce mouvement par l'attraction d'aucun corps voisin. La même chose arrive à travers la gaze de couleur, & les autres corps qui laissent passer les écoulements électriques, en forte qu'on ne peut pas douter qu'il n'y ait une répulsion réelle dans l'action des corps électriques."

телами, которые допускают прохождение электрических потоков таким образом, что мы не можем сомневаться в том, что реальное отталкивание существует в действии электрических тел.

4.4 Электрический маятник

Чтобы обнаружить другие электрические явления более четко, нам нужны определенные инструменты. Теперь мы построим *электрический маятник*, который иногда называют *электростатическим маятником*. Проще всего это можно сделать, подвесив шелковую нить к горизонтальной опоре, например, к пластиковой соломке. Вы можете использовать также тонкую нить из синтетического полиамида, например, нейлона или полиэстера. *Важно отметить, что эта нить не должна быть изготовлена из хлопка или льна, типа швейной нити.* Мы привязываем листок бумаги или алюминиевой фольги к нижнему свободному концу нити. Этот кусок бумаги может быть в форме диска, квадрата, треугольника и т.д., с диаметром или наибольшей длиной порядка 1 или 2 см. В настоящее время его форма не будет иметь значения. Бумажка не должна быть мятой или прикреплена к нити липкой лентой. Скотч может скрыть от наблюдения некоторые явления, которые будут описаны здесь. Лучше всего сделать отверстие в листе бумаги с помощью штыря, продеть нить через это отверстие, и сделать узелочек на конце нити (Рис. 4.13). Обычно алюминиевая фольга работает лучше, чем обычная бумага. В разделе 6.5 мы введем основные компоненты электрического маятника, как этот, после того, как мы проведем несколько экспериментов с ним.

Рис. 4.13: Простой способ приготовления электрического маятника.

Другой простой метод основан на использовании фиксированных пластиковых соломок. Сначала мы делаем опору для всей системы. Это может быть, например, просто кусок пластилина с воткнутым в него гвоздем или скрепкой. Гвоздь следует поместить внутрь соломки для поддержания его в вертикальном положении, так что толщину и длину гвоздя следует подобрать соответствующим образом.

Очень простую опору можно приготовить из тонкого пластикового стаканчика для кофе. Мы делаем небольшое отверстие на дне стаканчика, и продеваем обе ножки скрепки через него. Стакан стоит открытой частью вверх. Мы заполняем его тестом из влажного гипса или влажного белого цемента. Застывание происходит в этом положении, после чего мы переворачиваем стакан так, чтобы скрепка указывала вверх (Рис. 4.14). Поскольку этот вид опоры будет использован также для приготовления других электрических приборов, имеет смысл подготовить несколько штук сразу. Некоторые эксперименты могут потребовать до 10 опор.

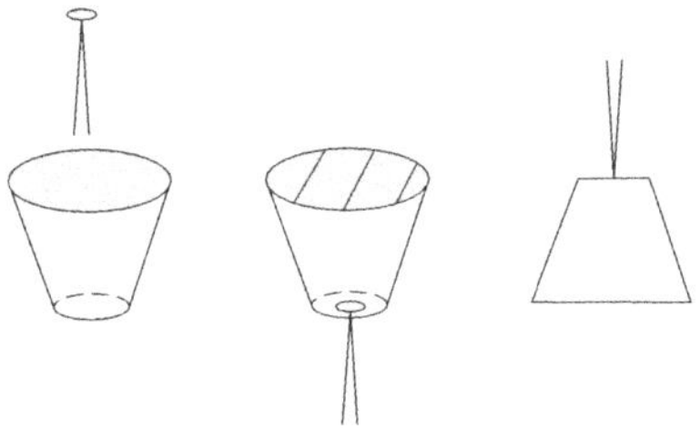

Рис. 4.14: Опора электрического маятника, изготовленная из тонкого пластикового стаканчика для кофе, скрепки и гипсового теста.

После этой процедуры мы размещаем соломку в форме перевернутой буквы L на опору. В качестве другого варианта можно использовать две соломки; одну из них размещаем вертикально на опоре, а другую горизонтально. Вторую соломку крепим к первой соломке с помощью другой скрепки. Ножки этой второй скрепки образуют угол в 90° — одна нога по вертикали, а другая по горизонтали.

На свободном конце горизонтальной соломки мы прикрепляем шелковую нить с бумажным диском в нижней ее части. Наш электрический маятник готов (Рис. 4.15).

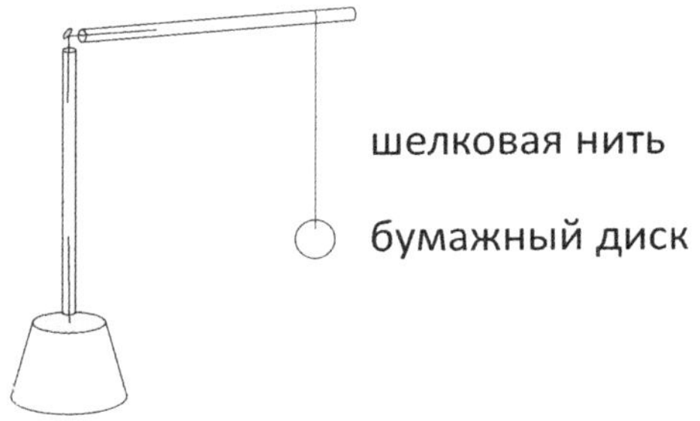

Рис. 4.15: Электрический маятник с основанием.

Эксперимент 4.5

Мы монтируем электрический маятник с бумажным диском на конце. Ждем, пока маятник не придет в состоянии покоя, в котором шелковая нить с бумажным диском висит вертикально вниз. Теперь берем нейтральную пластиковую соломку, то есть соломку, которая не притягивает легкие кусочки бумаги на столе, как описано в эксперименте 2.1 (Рис. 2.1). Мы подносим эту нейтральную пластиковую соломку близко к бумажному диску электрического маятника. Ничего не происходит. Маятник покоится в вертикальном положении.

Мы натираем другую соломку бумажным листом, волосами или куском ткани. Натертую соломку медленно подносим к маятнику. Мы замечаем, что бумажный диск начинает двигаться по направлению к натертой части соломки. При этом мы следим за тем, чтобы они не соприкоснулись. В этой ситуации шелковая нить маятника остается под углом к вертикали, причем бумажный диск занимает близкое к натертой части пластиковой соломки положение (Рис. 4.16).

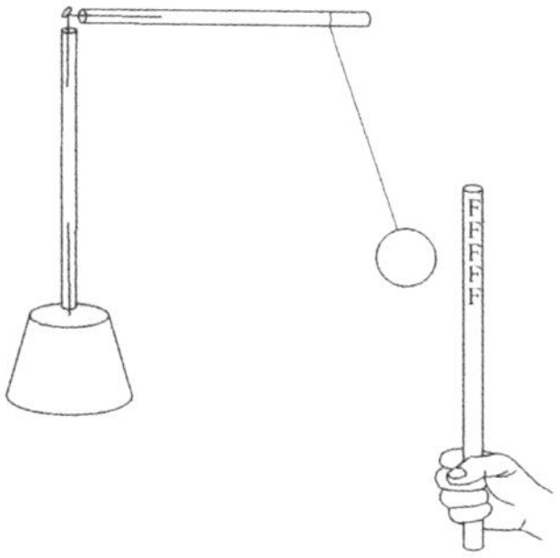

Рис. 4.16: Натертый пластик притягивает бумажный диск расположенного рядом электрического маятника.

Этот эксперимент аналогичен эксперименту 2.1, показывающему притяжение между натертой соломкой и маятником. Теперь у нас есть третий критерий для определения, является ли тело *электрически нейтральным*. Первый критерий был представлен в эксперименте 2.1: тело не должно подбирать лежащие внизу легкие тела. Второй критерий основан на эксперименте 3.1: тело не должно ориентировать металлический версориум. Третий критерий показан здесь: нить сохраняет вертикальное положение рядом с электрическим маятником. *Заряженное тело*, напротив, тянет легкие тела вверх, ориентирует версориумы, и изменяет угол отклонения нити электрического маятника.

Эксперимент 4.6

Мы можем заставить бумажный диск следовать за движением натертого пластика, перемещая пластик медленно туда и обратно перед маятником. Пока не следует подносить их очень близко друг к другу, с тем чтобы предотвратить контакт. В этом случае, когда пластик перемещается в направлении маятника, бумажный диск приближается к пластику, а когда пластик удаляется от маятника, нить с бумажным диском стремится вернуться в исходное вертикальное положение (Рис. 4.17).

Эксперимент 4.7

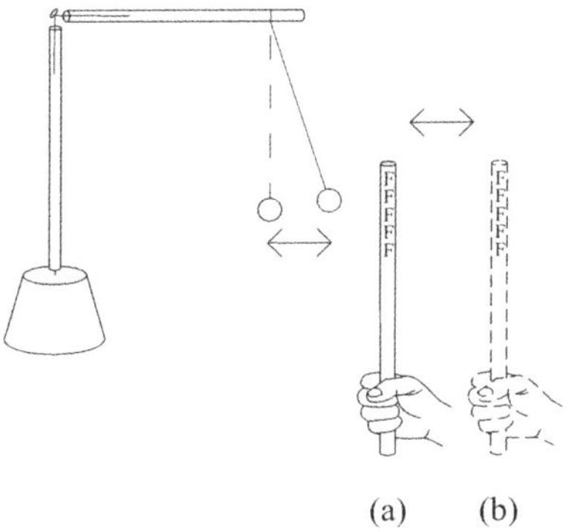

Рис. 4.17: Электрический маятник следует за движением натертого куска пластика. (а) Если соломка подносится близко к бумажному диску, диск перемещается к нему. (b) Когда соломка удаляется, маятник возвращается в вертикальное положение.

Мы повторяем эксперимент 4.5. Но теперь мы подносим натертый пластик ближе к бумажному диску, позволяя им вступить в контакт. Заметим, что маятник сначала притягивается, и вскоре после этого отталкивается от натертого пластика! В промежутке между притяжением и отталкиванием происходит что-то важное: *соприкосновение* бумажного диска и натертого пластика. После этого контакта бумага избегает натертую соломку при попытке свести их вместе (Рис. 4.18).

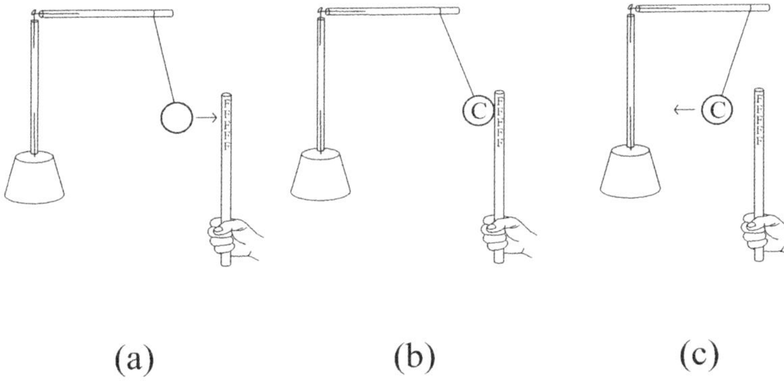

Рис. 4.18: (a) Бумажный диск изначально притягивается натертым пластиком, (b) трогает его, и потом (c) отталкивается от соломки. Буква С на бумжном диске означает контакт.

Иногда бумажный диск не сразу отскакивает от натертого пластика после контакта, оставаясь в контакте с ним в течение нескольких секунд. В таких случаях следует слегка постучать по соломке, чтобы освободить диск, после чего можно снова наблюдать отталкивание. Можно также потрясти соломку чуть-чуть, чтобы освободить диск, или сдуть его легонько. После освобождения, диск, как правило, отталкивается от натертого пластика. В некоторых случаях требуется 2 или 3 притяжения диска натертой соломкой, каждый раз доводя притяжение до контакта, прежде чем мы сможем наблюдать отталкивание между ними.

Это отталкивание после контакта с натертым телом возможно имело место для некоторых объектов в экспериментах 2.1, 2.3 и 2.4. Но в этих экспериментах легкие объекты — когда они больше не находятся в контакте с натертым пластиком — падают на землю из-за гравитационного притяжения Земли. И не легко отличить это притяжение Земли от возможного отталкивания, оказываемого на них натертым пластиком, который был размещен над ними. Преимущество электрического маятника состоит в том, что шелковая нить уравновешивает гравитационное притяжение бумажного диска Землей. Когда диск отталкивается от натертой соломки после контакта, натяжение шелковой нити не дает ему упасть на землю. Это значительно облегчает наблюдение отталкивания между натертым пластиком и бумажным диском после контакта.

В любом случае, проведя эксперименты 2.1, 2.3 и 2.4 еще раз, мы можем отличить электрическое отталкивание после контакта от действующего одновременно с ним гравитационного притяжения, если мы проанализируем тщательно все детали этих экспериментов.

Эксперимент 4.8

Мы повторно проводим теперь эксперимент 4.7. Первоначально маятник притягивает натертый пластик, касается его и начинает отталкиваться после освобождения. Мы затем удаляем натертый пластик, и диск возвращается в вертикальное положение. Теперь мы подносим нейтральную деревянную шпажку (или лист бумаги, или наш палец) близко к бумажному диску. Это нужно делать очень медленно с тем, чтобы предотвратить контакт. Мы наблюдаем, что нить склоняется к шпажке, свидетельствуя о притяжении бумажного диска шпажкой (Рис. 4.19).

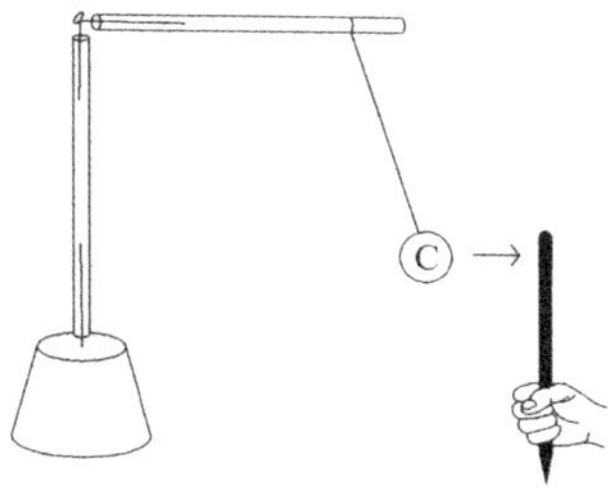

Рис. 4.19: Электрический маятник, который отталкивался натертой соломкой после их соприкосновения, теперь притягивается нейтральной деревянной шпажкой.

Как мы видели в разделе 3.5, это притяжение означает, что маятник электрически зарядился в эксперименте 4.7. Мы использовали букву F для обозначения электризации нейтрального пластика через *трение*. Мы видим теперь, что бумажный диск заряжается простым *соприкосновением* с натертым куском пластика. Этот процесс зарядки будет обозначаться буквой C. Именно это означает эта буква на Рис. 4.19 и 4.18.

Определения: Мы говорим, что в эксперименте 4.7 бумажный диск маятника *приобрел электрический заряд при контакте с другим заряженным телом*, *зарядился при контакте* или *электризовался при контакте*. Этот процесс называется *заряжением посредством контакта*, *переносом заряда контактом* или *электризацией контактом*.

Вместо слова *контакт*, люди иногда используют более обобщенный термин. Например, *электризация сообщением* или *электризация переносом зарядов*. На то есть причина. Физический контакт между натертым пластиком и бумажным диском не всегда обязателен для того, чтобы электризовать бумажный диск. Иногда возникает электрический разряд (т.е. искра) в воздухе, если натертый пластик поднести к бумажному диску очень близко. Тогда происходит перенос заряда между натертым пластиком и бумажным диском. В этом случае бумажный диск, первоначально разряженный, приобретает электрический заряд и начинает отталкиваться от натертого пластика. В этой книге мы не будем иметь дело с явлениями электрических разрядов в воздухе.

4.5 Разряд заземлением

Эксперимент 4.9

Чтобы повторить эксперимент 4.8 с тем же маятником, мы должны сначала прикоснуться к бумажному диску пальцами. Не обязательно держать бумажный диск — короткое касание достаточно. После этого, когда мы подносим другой палец (или лист бумаги, или деревянную шпажку) близко к бумажному диску, мы видим, что бумажный диск не реагирует, и нить остается в вертикальном положении. Бумажный диск больше не притягивается нейтральной шпажкой, пальцем или листом бумаги, как это было в эксперименте 4.8; смотри Рис. 4.20.

Определения: Мы говорим, что бумажный диск *потерял свой электрический заряд при контакте* с пальцем, или что он *разрядился при контакте*, *электрически разрядился*, или просто *разрядился*. Этот процесс называется *разрядкой при контакте или заземлением*. Он также называется *электрическим заземлением*, или просто *заземлением*. Происхождение и смысл этих названий состоит в том, что заряженное тело разряжается через тело человека, которое, как правило, находится в электрическом контакте с землей.

После разрядки, если поднести пластик близко к маятнику, он больше не отталкивается, как это имело место в конце эксперимента 4.7. Теперь мы

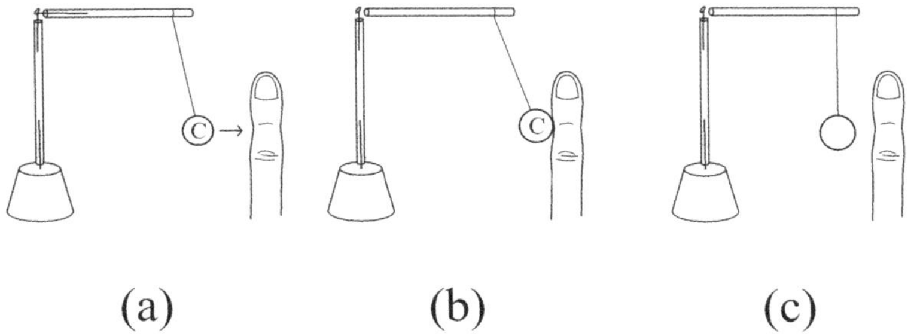

Рис. 4.20: (a) Заряженный электрический маятник притягивается пальцем. (b) Если они соприкасаются друг с другом, маятник разряжается. (c) После разрядки, маятник больше не притягивается находящимся рядом пальцу.

наблюдаем то же самое поведение, что и в начале эксперимента 4.7. То есть маятник первоначально притягивается к натертому пластику, касается его и только после этого отталкивается от него.

Всякий раз когда мы трогаем бумажный диск пальцами, мы можем повторить всю процедуру сначала. То есть маятник возвращается в исходное нейтральное состояние.

Назовем натертый пластик в экспериментах 4.7 и 4.9 телом A. Бумажный диск будем называть телом B. А руку, которая трогает диск, будем называть телом C. Именно в 1729 году Грей обнаружил, что тело B, электризованное соприкосновением с натертым веществом A, разряжается при контакте с рукой C. Одно из его описаний эффекта заземления мы находим в его работе 1731 года. Он зарядил длинную стеклянную трубку трением, которая затем использовалась для электризации другого тела посредством контакта. Здесь мы приводим цитату из этой его работы (курсив наш):[15]

> [...] ибо ряд экспериментов показывает, что если какое-либо тело [C] *трогает* другое [тело B, электризованное при контакте с телом A], которое притягивает, его притяжение исчезает пока это тело [C , которое коснулось заряженного тела B] не удалено, а другое [тело B, которое было первоначально электризовано и которое было разряжено при контакте с телом C] снова не возбудится [натертой стеклянной] трубкой [A].

В 1733 году Дюфе начал использовать эту процедуру систематически. Он натирал стеклянную трубку и использовал ее для электризации деревянного мяча:[16,17]

[15] [Grah, стр. 35].

[16] [DF33d, стр. 247].

[17] J'avois de plus le soin de toucher la boule avec la main après chaque station qu'on avoit faite avec le tube, afin de lui ôter toute la vertu qu'elle auroit pû avoir conservée par l'approche du tube; cela la dépouille en effet de toute son électricité, ainsi que l'a remarqué M. Gray; [...]

> Кроме того, я принял все меры предосторожности, чтобы не коснуться [электризованный] мяч рукой после каждого эксперимента, проведенного нами с трубкой [то есть после каждой электризации мяча с помощью натертой стеклянной трубки], чтобы удалить [от мяча] всю [электрическую] способность, которую он мог приобрести с приближением [натертой стеклянной] трубки; по сути, это [процедура] удаляла все его электричество, как отмечал г-н Грей; [...]

Эксперимент 4.10

Теперь мы проведем эти эксперименты более подробно, чтобы увидеть все эффекты. Сперва мы подносим палец близко к незаряженному бумажному диску электрического маятника. Диск не двигается. Мы натираем соломку и подносим ее близко к диску. Диск притягивается, касается соломки и начинает отталкиваться от него, как показано на Рис. 4.18. Мы удаляем соломку, и нить маятника возвращается к вертикали.

Теперь мы медленно подносим палец близко к диску, не касаясь его. Диск притягивается пальцем, двигаясь к нему.

Если диск касается пальца, маятник немедленно возвращается в вертикальное положение. Когда мы снова подносим палец близко к диску, он не реагирует, поскольку он уже не притягивается пальцем. Маятник вернулся в свое исходное положение.

Мы можем натереть соломку еще раз и повторить всю эту серию экспериментов снова.

4.6 Электрический маятник Грея

Самое раннее известное нам описание электрического маятника было дано Греем в 1720 году. Он провел эксперимент, аналогичный эксперименту 4.5, но с использованием пухового пера вместо бумажного диска:[18]

> Пуховое перо привязано к концу тонкой нити шелка-сырца, другой конец нити привязан к небольшой палочке, которая прикреплена к подошве таким образом, чтобы палочка могла стоять вертикально на столе; взяли кусок оберточной бумаги, которую по вышеуказанной методике [то есть бумагу первоначально подогрели на огне, а затем натерли, протаскивая ее между пальцами] сильно наэлектризовали, которая при этом находилась рядом с пером, перо притянулось к бумаге, и я нес его вместе с бумагой, пока оно не приблизилось к перпендикуляру палки; затем, поднимая мою руку пока бумага не оказалась за пером, нить вытянулась вверх и встала вертикально в воздухе, как если бы это был кусок проволоки, хотя перо было в удалении от бумаги почти на дюйм [2,54 см].

[18][Grab, стр. 107].

Этот эксперимент показан на Рис. 4.21.

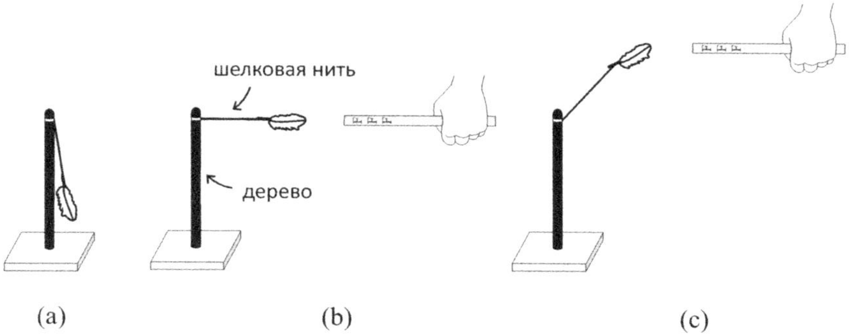

Рис. 4.21: Электрический маятник Грея.

4.7 Версориум Дюфе

Другой интересный способ наблюдать электрическое отталкивание опирается на созданный Дюфе версориум.[19] В его случае это был стеклянный версориум с полой металлической сферой в конце одной из его плеч. Здесь мы используем аналогичный пластиковый версориум, как описано в разделе 3.1, т.е. пластиковая шапко-образная полоса, с направленными немного вниз двумя ее плечами. К центру пластика прикреплена булавка острием вниз, которая покоится на головке забитого в доску гвоздя. Отличительная черта версориума Дюфе состоит в том, что одно из его плеч обернуто в алюминиевую фольгу. Есть два способа сбалансировать версориум, если это плечо начинает перетягивать из-за лишнего веса. Можно приклеить какой-то пластик к другому плечу. Или можно слегка укоротить то плечо, где алюминиевая фольга будет прикреплена, до начала эксперимента. Важно только, чтобы версориум, с одним из его плеч обернутым в алюминиевую фольгу (Рис. 4.22), был сбалансирован по горизонтали.

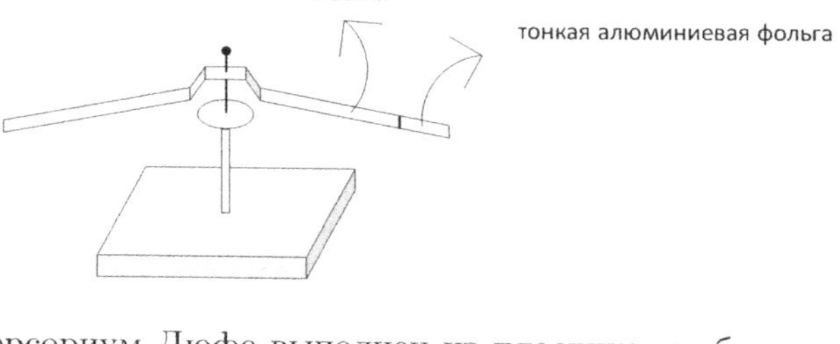

Рис. 4.22: Версориум Дюфе выполнен из пластика, с обернутым в алюминиевую фольгу кончиком одного из плеч.

[19][DF33b, стр. 473–474].

Прежде чем приступить к следующим экспериментам, следует прикоснуться к какому-то заземленному металлическому предмету, чтобы обеспечить полную электрическую нейтральность своего тела. Для выполнения экспериментов с этим версориумом, необходимо убедиться, что он изначально нейтрален. Это самый деликатный момент, связанный в основном с тем, что мы имеем дело с пластиком. Для обеспечения электрической нейтральности, мы трогаем алюминиевую фольгу пальцем, чтобы разрядить ее. Затем мы помещаем палец близко к разным частям пластикового версориума, не касаясь их. Если версориум остается в покое, никак не реагируя на присутствие нашего пальца, мы говорим, что он электрически нейтрален. Когда он реагирует на поднесенный близко палец, мы говорим, что он заряжен. Иногда мы непреднамеренно можем зарядить версориум трением от наших рук при его сборке, или в то время, когда мы оборачиваем кончик одного из его плеч алюминиевой фольгой. Если это произойдет, следует подождать несколько минут, пока он не разрядится естественным путем. Или можно очистить его мокрой салфеткой и подождать, пока он высохнет. Даже после этих процедур мы всегда должны убедиться, что он действительно нейтрален. В дальнейшем, прежде чем приступить к проведению следующих экспериментов, мы вегда будем считать, что версориум является нейтральным.

Эксперимент 4.11

Мы натираем пластиковую соломку и медленно подносим ее к алюминиевой фольге версориума Дюфе, не допуская контакта между ними. Мы наблюдаем, что версориум поворачивается вокруг своей вертикальной оси, останавливаясь в положении с алюминиевой фольгой напротив натертого пластика (Рис. 4.23). Когда мы перемещаем соломку, версориум следует за ней. Это аналогично эксперименту 3.1.

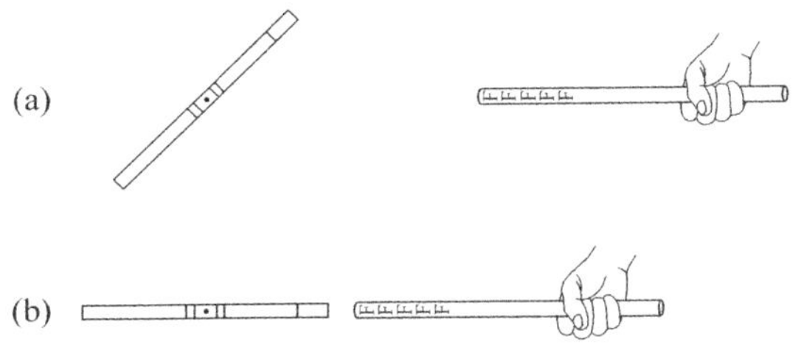

Рис. 4.23: Алюминиевая фольга версориума Дюфе притягивается расположенным близко к нему натертым пластиком.

Эксперимент 4.12

Мы повторяем эксперимент 4.11. Но теперь мы переносим натертую соломку ближе к алюминиевой фольге, позволяя им вступить в контакт. Заметим, что сперва она притягивается соломкой, но затем отталкивается от нее, указывая в направлении от соломки (Рис. 4.24). Между этим притяжением и отталкиванием происходит критическое событие — *контакт* между алюминиевой фольгой и натертым пластиком.

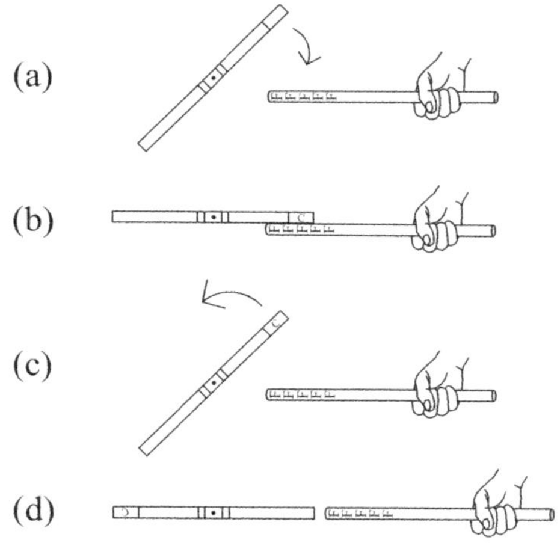

Рис. 4.24: (a) Алюминиевая фольга изначально притягивается натертым пластиком. (b) Алюминиевая фольга соприкасается с натертым участком соломки. (c) После контакта, алюминиевая фольга отталкивается от соломки. (d) Конечная равновесная ориентация версориума.

После контакта, алюминиевая фольга иногда прилипает к соломке, и не сразу отскакивает от нее. Если это произойдет, необходимо будет освободить алюминиевую фольгу, прежде чем можно наблюдать последующее за этим отталкивание. Чтобы добиться этого, следует постучать слегка по соломке, или стряхнуть алюминиевую фольгу с соломки. Как правило, это ведет к освобождению фольги от соломки. После освобождения, алюминиевая фольга начнет отталкиваться от натертой соломки, удаляясь от нее.

Эксперимент 4.13

Мы повторяем эксперимент 4.12. В конце эксперимента мы удаляем натертую соломку. Затем мы постепенно приближаем палец (или лист бумаги, или деревянную шпажку) к алюминиевой фольге, не допуская их соприкосновения. Заметим, что алюминиевая фольга притягивается пальцем, указывая на него и следуя за его движением (Рис. 4.25)!

Как мы видели в разделе 3.5, этот эксперимент показывает, что алюминиевая фольга версориума Дюфе получила заряд, когда она прикоснулась к натертому пластику.

Здесь следует напомнить следующее. Этот и некоторые другие эксперименты, описанные в этой книге, возможно не будут работать идеально, если воздух влажный, или если недавно шел дождь. Влажность воздуха затрудняет накопление электрического заряда и, тем самым, снижает размеры

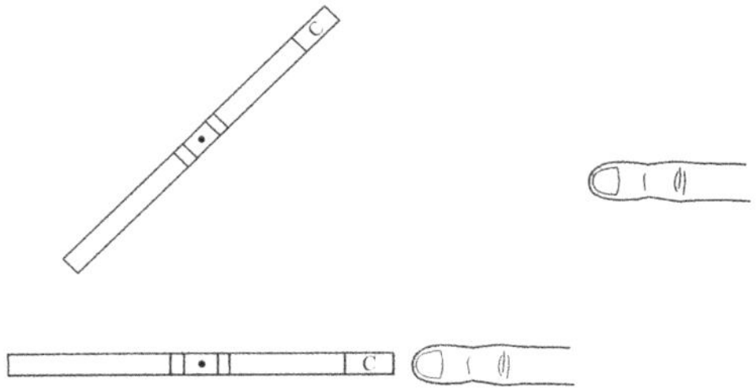

Рис. 4.25: Алюминиевая фольга, которая ранее прикоснулась к натертому куску пластика, теперь притягивается движущимся рядом с ней пальцем.

эффектов, которые мы хотим наблюдать. Электростатические эксперименты работают лучше в сухую погоду.

Эксперимент 4.14

Для того, чтобы повторить весь этот ряд экспериментов с одним и тем же версориумом Дюфе, мы должны сначала тронуть алюминиевую фольгу пальцем. После этого, когда мы снова подносим палец или лист бумаги близко к алюминиевой фольге, мы видим, что она больше не реагирует и остается в состоянии покоя. Она больше не притягивается пальцем, как это имело место ранее в эксперименте 4.13.

Когда мы приближаем натертую соломку к алюминиевой фольге снова, мы наблюдаем то же самое поведение, как и раньше, а именно: притяжение, контакт и отталкивание.

Притрагиваясь к алюминиевой фольге пальцем после каждого раза, мы можем повторять всю эту процедуру снова и снова, так как мы таким способом возвращаем версориум каждый раз в исходное состояние.

4.8 Механизм *ПКО*

Дюфе был первым, кто в 1733 году понял фундаментальный механизм, описанный в эксперименте 4.10: притяжение, контакт (или передача электричества посредством тесного сближения) и отталкивание. Хейлброн назвал это простое правило притяжения, передачи электричества через контакт и отталкивания *ПКО* (т.е. Притяжение, Контакт, Отталкивание).[20] Дюфе совершенно справедливо рассматривал это закономерное поведение как великое открытие. В конце концов, этот принцип объясняет широкий спектр электрических явлений.

Дюфе провел ранее несколько экспериментов и наблюдал поведение, которое позволило ему классифицировать или различать вещества по их электрическим свойствам. Когда он натирал тело и приближал его к маленьким кусочка вещества, он обратил внимание, что некоторые из этих

[20][Hei99, стр. 5 и 255—258].

веществ притягивались сильнее, чем другие вещества такого же веса. Он отметил, что легче всего притягивались именно те вещества, которые приобрели меньший заряд в результате трения. Пример такого поведения мы видели в разделах 2.4 и 2.7. Небольшие кусочки пластика или шелка, например, в значительно меньшей степени притягиваются натертым пластиком, чем мелкие кусочки металла или бумаги. С другой стороны, мы можем трением электризовать пластик и шелк гораздо легче, чем бумагу или металл.

Во времена Дюфе тела, которые обладали свойством притягивать легкие вещества, если их потереть, обычно называли *электрическими*. Электрическое тело рассматривалось хорошим или плохим в зависимости от большей или меньшей силы, с которой оно привлекало легкие тела после трения. После этого введения, мы можем процитировать собственные слова Дюфе, описывающие принцип *ПКО*:[21,22]

> Затем, подумав о том, что тела, которые менее электрические сами по себе, более энергично притягиваются [заряженными телами], чем другие [тела, которые легче электризуются трением], я предположил, что, возможно, электрические тела будут притягивать все тела, которые не являются [электрическими, то есть он представлял себе, что наэлектризованные трением тела будут притягивать все тела, которые мы не можем электризовать трением], и будут отталкивать все тела, которые становятся [электризованными] благодаря их приближению [то есть, в результате приближения или контакта с заряженным телом], и посредством передачи [электрической] способности.
>
> [...]

Дюфе далее описывает проведенные им эксперименты, которые были аналогичны экспериментам Герике, Грей и Хоуксби. (См. эксперимент 4.4). То есть он мог заставить парить в воздухе золотой листик, который был запущен над натертой стеклянной трубкой. Лист вначале притягивался трубкой, касался ее, а потом отталкивался от нее и парил над ней. Дальше он пишет: (курсив наш)[23,24]

---

[21] [DF33b, стр. 458].

[22] "Enfin ayant refléchi sur ce que les corps les moins électriques par eux-mêmes étoient plus vivement attirés que les autres, j'ai imaginé que le corps électrique attiroit peut-être tous ceux que ne le sont point, & repoussoit tous ceux que le sont devenus par son approche, & par la communication de sa vertu.

[...]

[23] [DF33b, стр. 459—460].

[24] L'explication de tous ces faits est bien simple, en supposant le principe que je viens d'avancer; car, dans le premiére expérience, losqu'on laisse tomber la feuille sur le tube, il attire vivement cette feuille qui n'est nullement électrique, mais dès qu'elle a touché le tube, ou qu'elle l'a seulement approché, elle est renduë électrique elle-même, & par conséquent elle en est repoussée, & s'en tient toûjours éloignée, jusqu'à ce que le petit tourbillon électrique qu'elle avoit contracté soit dissipé, ou du moins considérablement diminué; nétant plus repoussée alors, elle retombe sur le tube où elle reprend un nouveau tourbillon, & par conséquent de nouvelles forces pour l'éviter, ce qui continuëra tant que le tube conservera sa vertu."

> Все эти факты можно очень легко объяснить, предположив *принцип*, который я только что привел; ибо в первом эксперименте, когда [золотой] листик запустили над [натертой стеклянной] трубкой, она сильно притягивает этот листик, который вовсе не электрический, но после того, как он коснулся трубки, или просто приблизился к трубке, он отталкивается от нее и держится подальше от него до тех пор, пока небольшой электрический вихрь, который он приобрел, не исчерпан или, по крайней мере, значительно не уменьшился; затем, не испытывая более отталкивания, он падает снова на трубку, где он приобретает новый вихрь [новый электрический заряд] и, следовательно, новые силы, чтобы держаться подальше от трубки [и этот процесс] продолжается, пока трубка сохраняет свою [электрическую] способность.

Вот еще одно описание этого *принципа*:[25]

> При проведении эксперимента, на который ссылается Отто Герике, в его коллекции экспериментов *de Spatio Vacuo* [1672], состоящего в приведении мяча из серы в электрическое состояние, в котором он начинает отталкивать пуховое перо, я понял, что те же самые эффекты могут быть произведены не только [натертой] трубкой, но всеми электрическими телами без исключения; и я обнаружил очень простой принцип, который объясняет большую часть иррегулярностей и — если я могу использовать этот термин — капризов, которые, кажется, сопровождают большинство экспериментов по электричеству. Этот принцип состоит в том, что электрические тела притягивают все те, которые не являются таковыми, и отталкивают их, как только они становятся электрическими в результате приближения или контакта с электрическим телом. Таким образом золотой листик сначала притягивается [натертой стеклянной] трубкой; и приобретает электричество при приближении к ней; в результате чего сразу же отталкивается от нее. После этого он повторно не притягивается к ней, пока не потеряет обретенное электрическое свойство. Но если, находясь в этом состоянии в воздухе, случайно коснется другого тела на миг, он тут же теряет электричество; и впоследствие этого вновь притягивается трубкой, которая, после того, как дает ему новую порцию электричества, отталкивает его во второй раз; что продолжается до тех пор, пока трубка сохраняет свое электричество. Применение этого принципа к различным экспериментам по электричеству приводит к поразительному прояснению огромного количества неясных и запутанных фактов.

[25] [DF, стр. 262—263].

Эксперимент 4.15

Мы можем вызвать колебания электрического маятника с помощью любопытного эксперимента. Мы размещаем четыре пальца левой руки рядом с бумажным диском, не касаясь его. Рука будет оставаться в этом положении в течение всего эксперимента. Мы трем пластиковую соломку и приближаем ее медленно к бумажному диску. После того, как диск коснется ее, соломка должна оставаться в покое.

Заметим, что маятник сначала притягивает натертый пластик, касается его, отталкивается от него, движется по направлению к руке, касается ее и снова притягивается соломкой. Весь процесс повторяется в течение нескольких быстрых колебаний бумаги, которая поочередно касается натертый пластик с одной стороны и руку — с другой. Мы можем увеличить количество этих колебаний путем поворота соломки вокруг своей оси в ходе эксперимента, либо путем перемещения соломки вертикально вдоль ее длины в ходе колебаний (Рис. 4.26).

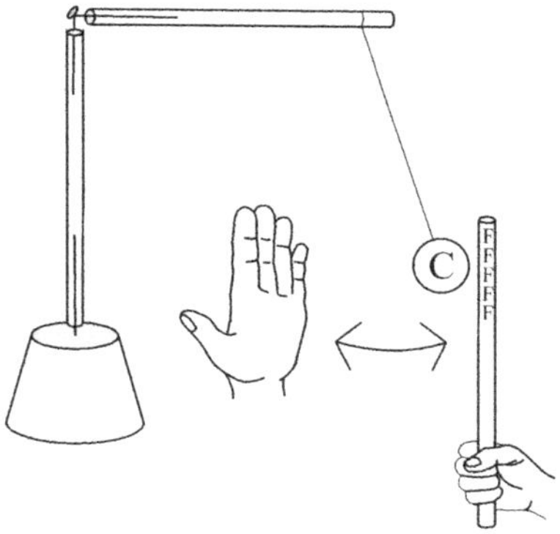

Рис. 4.26: Маятник колеблется между натертой пластиковой соломкой и рукой, касаясь каждую из них.

Можно описать все, что происходит в этом эксперименте, с помощью механизма *ПКО*. Этот эксперимент аналогичен эксперименту Грея с парящим пером, которое колеблется в воздухе между натертой стеклянной трубкой и твердым предметом (например, стеной или стулом). См. раздел 4.1.

Эксперимент 4.16

Теперь мы помещаем бок о бок два электрических маятника, наподобие того, который мы использовали в эксперименте 4.7. Когда оба маятника нейтральны, нити остаются в вертикальном положении. Мы можем обеспечить электрическую нейтральность, прикоснувшись руками к бумажным дискам обоих маятников.

Мы натираем пластиковую соломку и подносим ее близко к каждому бумажному диску, позволяя им прикоснуться к соломке и оттолкнуться от нее. Затем мы удаляем соломку. После этого мы сближаем маятники, которые были заряжены в результате контакта. Заметим, что они отталкивают друг друга. Обе нити отклоняются от вертикали, удаляясь друг от друга (Рис. 4.27).

(a)

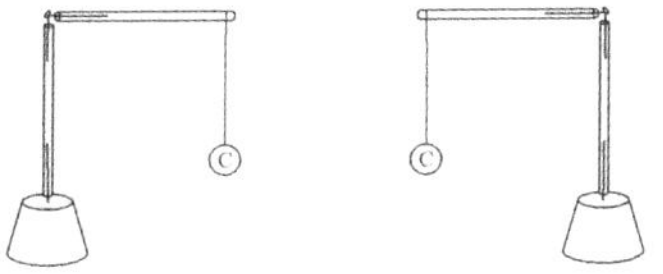

(b)

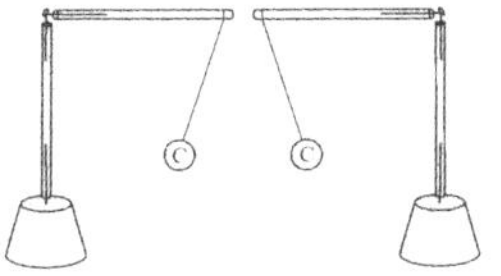

Рис. 4.27: (a) Заряженные маятники висят вертикально, когда они находятся далеко друг от друга. (b) Близко расположенные заряженные маятники отталкивают друг друга.

В некороых случаях необходимо использовать очень тонкие шелковые нити для того, чтобы увидеть это боковое расхождение. Когда нити очень плотные и тяжелые, их вес уменьшает угол расхождения. Кроме того, короткие нити ведут к большим углам расхождения между ними, в сравнении с длинными нитями, при одном и том же конечном расстоянии между бумажными дисками. Следовательно, лучше работать с короткими нитями, т.к. это облегчает наблюдение эффекта отталкивания.

В этом эксперименте мы видим отталкивание между двумя маятниками, которые получили заряд через контакт с одним заряженным телом.

Этот эксперимент также иллюстрирует действие и противодействие между двумя заряженными телами — тема, которую мы обсуждали ранее в разделе 3.5.

Эксперимент 4.17

Аналогичный эксперимент можно провести с двумя небольшими мятыми шарами алюминиевой фольги вместо бумажных дисков. Каждый шар может быть изготовлен из квадрата или круга с размерами в диапазоне от 2 до 3 см. Мятые шары следует привязать к концам двух шелковых нитей одинаковой длины, которые висят как маятники. Мы заряжаем оба шара посредством контакта с натертым пластиком, который затем удаляем подальше. После этой процедуры, они отталкивают друг друга, если они расположены рядом. Чем короче нити, тем больше будет угол расхождения нитей при фиксированном расстоянии между верхними концами нитей.

4.9 Маятниковая нить Грея

Наряду с электрическим маятником, можно приготовить другой инструмент, который называется „маятниковая нить". Этот прибор был предложен Стивеном Греем в 1729 году как средство для проверки электрического состояния тела.[26]

Это просто-напросто хлопковая или льняная нить, свисающая с деревянной палочки (Рис. 4.28). Электрический маятник делается с шелковой или нейлоновой нитью. Здесь же важно использовать нить из хлопка или льна. Палку можно поддерживать рукой или же прикрепить ее к подходящей опоре.

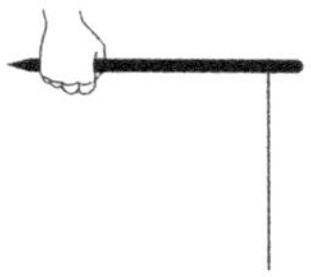

Рис. 4.28: Маятниковая нить Грея.

Эксперимент 4.18

Мы подносим нейтральный кусок пластика близко к маятниковой нити. Ничего не происходит, и нить остается в вертикальном положении. Теперь мы подносим натертый кусок пластика к маятниковой нити. Нить отклоняется в сторону пластика (Рис. 4.29).

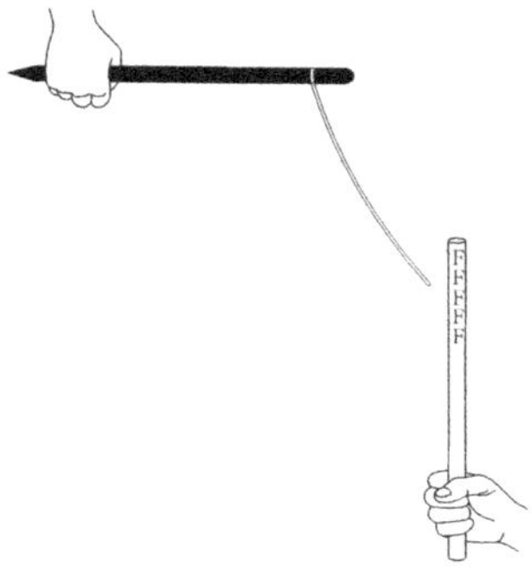

Рис. 4.29: Притяжение маятниковой нити натертым пластиком.

В этом состоит основная функция маятниковой нити — она позволяет определить, заряжен близлежащий объект или нет. Маятниковая нить Грея это просто вертикальная нить, подвешенная за верхний конец, а нижний конец может свободно перемещаться в любом направлении. Нить из

[26] [Grad], [Graf] и [Grai].

хлопка или льна, на нижнем конце которой нет ни пера, ни какого-либо другого предмета. Чтобы проверить, заряжено тело или нет, Грей просто подносил нить близко к этому телу. Если нить притягивалась телом, склоняясь к нему, это означало, что объект был электрически заряжен. До этого, привычная процедура для определения электрического состояния тела заключалась в наблюдении, притягивает ли оно находящиеся рядом легкие предметы, как в эксперименте 2.1. Грей нашел другой метод — отклонение нити в его маятнике. Он специально отмечал, что этот новый метод обладает большей чувствительностью, чем старый:[27]

> Наблюдение эффекта притяжения лучше всего проводить, поддерживая притягивающее тело в одной руке, а тонкую белую нить, привязанную к палке, в другой [руке]; таким путем можно распознать притяжения с гораздо меньшей интенсивностью, чем путем использования [листочков из] латуни.

Эксперимент 4.19

Теперь мы позволяем маятниковой нити прикоснуться к натертому пластику. Заметим, что она прилипает к нему (Рис. 4.30).

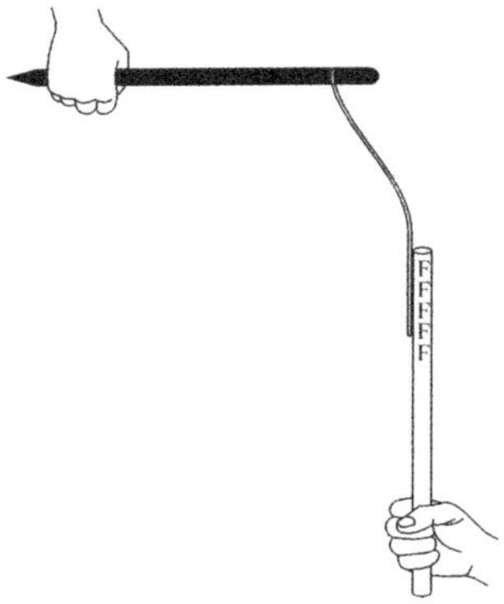

Рис. 4.30: Подвесная нить Грея прилипает к натертому пластику после контакта.

Здесь мы наблюдаем поведение, отличное от поведения в эксперименте 4.7. В этом раннем эксперименте, электрический маятник отталкивался после контакта с натертым пластиком. Это означает, что электрический маятник и маятниковая нить — различные инструменты, которые ведут себя по разному в одних и тех же условиях. Подвесная нить это не просто электрический маятник без бумажного диска.

[27][Graf, стр. 289].

4.10 Картографирование электрической силы

Мы можем использовать электрический маятник для картографирования электрической силы по аналогии с тем, как это мы делали с помощью версориума в разделе 3.4. Для этого нам потребуется индикатор электрической силы. Это по существу электрический маятник, в котором мы заменяем бумажный диск маленькой стрелкой из бумаги, алюминиевой фольги или тонкого картона. Она должна указывать в горизонтальном направлении и подвешена в ее центре шелковой или нейлоновой нитью. Она может быть длиной от 2 до 5 см, с шириной вертикального вала от 0,2 до 0,5 см, максимальной шириной наконечника стрелки от 0,5 до 0,7 см. Это только приблизительные размеры и не имеют критического значения.

Удобно делать и крепить стрелку из пластиковой соломки.[28] Тонкая картонная стрелка, например, может быть первоначально длиной от 4 до 6 см, с шириной вала от 0,2 до 0,5 см, с максимальным размером наконечника стрелки от 0,5 до 0,7 см. Мы отрезаем пластиковую соломку длиной 3 — 5 см. Мажем клей на одной стороне стрелки и клеем нижнюю часть шелковой нити и соломку к этой стороне. Затем огибаем вал стрелки вокруг соломки, скрепляя их вместе. Стрелка должна занимать горизонтальное положение в свободно висячем состоянии. Если необходимо, мы можем укоротить соломку в нужном месте, чтобы привести стрелку в нужное горизонтальное положение. Нужно собрать несколько подобных индикаторов электрической силы (Рис. 4.31).

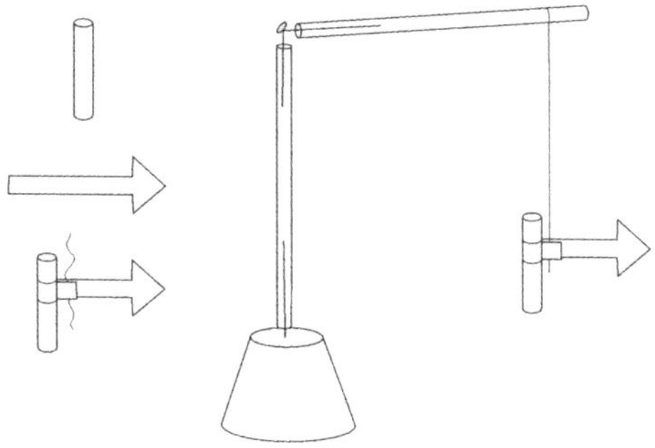

Рис. 4.31: Индикатор электрической силы.

Эксперимент 4.20

Мы повторяем теперь эксперимент 4.5. То есть мы натираем пластиковую соломку, которая устанавлена вертикально на соответствующей опоре. Мы затем приближаем ее медленно к индикатору электрического поля, первоначально предотвращая стрелку от соприкосновения с натертым пластиком. Заметим, что маятник притягивается натертым пластиком и нить

[28] [FM91].

склоняется к нему. Кроме того, кончик стрелки указывает по направлению к натертой соломке, независимо от положения стрелки по отношению к натертому пластику. Это показывает, что электрическая сила, исходящая от натертого пластика, указывает на нее, как мы видели в эксперименте 3.4.

Эксперимент 4.21

Теперь мы повторяем эксперимент 4.20, на этот раз позволяя стрелке и натертому пластику соприкоснуться. После контакта, маятник отталкивается от соломки и нить отклоняется в сторону от нее. Кроме того, кончик стрелки указывает в радиальном направлении от натертого пластика (Рис. 4.32).

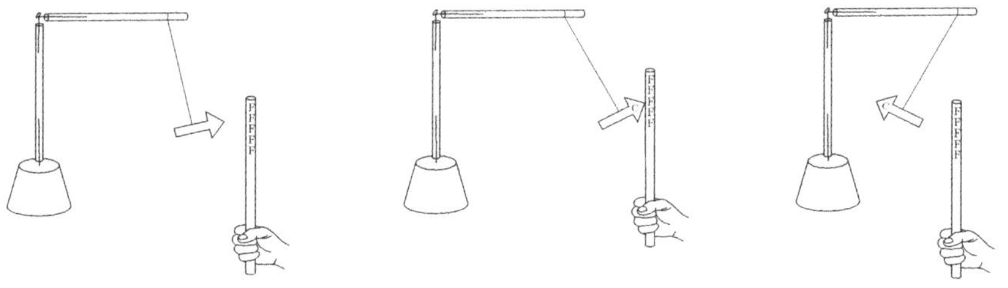

(a) (b) (c)

Рис. 4.32: (a) Первоначально стрелка показывает в сторону натертого пластика, так как пластик притягивает ее. (b) Стрелка приходит в контакт с соломкой. (c) После контакта, стрелка отталкивается соломкой, кончик стрелки указывает при этом в направлении от соломки.

Эксперимент 4.22

Теперь мы используем несколько индикаторов электрической силы, расположенных вокруг натертого пластика. Вначале мы следуем той же схеме, что и в эксперименте 4.20, а именно, не допускаем контакт между стрелками и соломкой. Заметим, что все они указывают в сторону натертого пластика (Рис. 4.33 (a)). Теперь мы позволяем натертой соломке и стрелкам войти в контакт. Заметим, что после контакта все они указывают в радиальном от соломки направлении (Рис. 4.33 (b)).

Основное отличие между экспериментами 4.20, 4.21 и 4.22 с одной стороны, и экспериментом 3.4 — с другой, сотоит в том, что теперь стрелки указывают не только направление силы (в данном случае радиальное направление), но также указывают, является ли сила притягивающей (стрелки указывают в сторону натертой соломки) или отталкивающей (стрелки указывают от натертой соломки).

Эксперимент 4.23

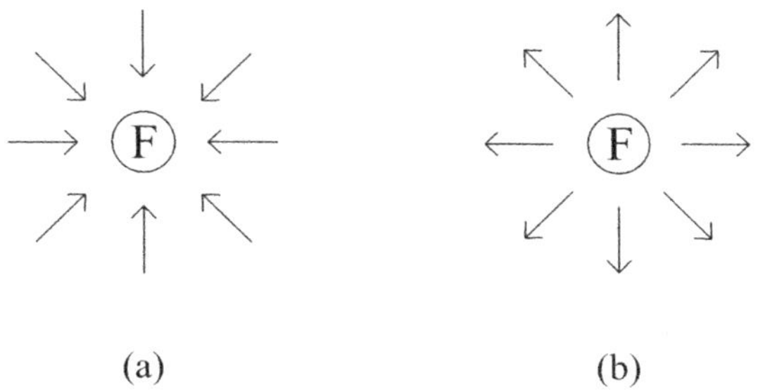

Рис. 4.33: (a) Перед контактом стрелки указывают к натертой соломке, будучи притянутыми к ней. (b) После контакта они указывают в направлении от пластика, отталкиваясь от него.

Такой же эксперимент можно повторить с натертой соломкой в горизонтальном положении. Перед контактом стрелки указывают в ее сторону, после контакта в сторону от нее, как показано на Рис. 4.34.

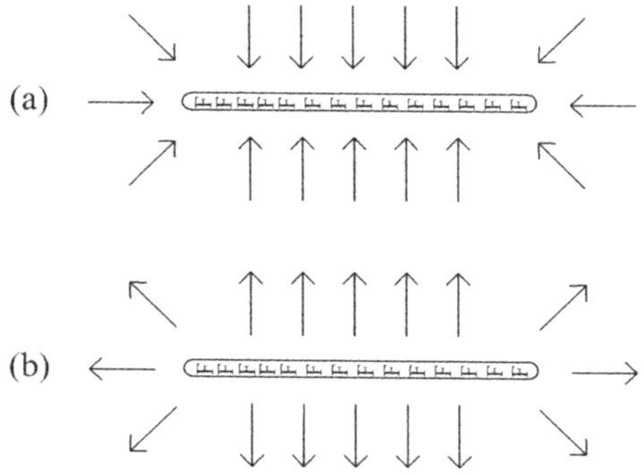

Рис. 4.34: (a) Стрелки, которые еще не прикоснулись к натертой соломке, притягиваются к ней. (b) После контакта они отталкиваются от нее.

Эксперимент 4.24

Теперь мы натираем две пластиковые соломки по всей длине одним и тем же материалом, как лист бумаги, например. Эти соломки расположены бок о бок вертикально на соответствующих опорах. Индикатор электрической силы подносится близко к соломке, не допуская контакта между ними. Заметим, что стрелка притягивается к обеим соломкам, склоняясь к ним. Ориентация нескольких стрелок в различных положениях вокруг соломинок представлена на Рис. 4.35 (a). Ориентация каждой стрелки является результатом влияния обеих соломок. Это соответствует векторному сложению сил или моментов, действующих со стороны каждой соломки. Это аналогично эксперименту 3.5.

Мы повторяем этот эксперимент, но теперь позволяя контакт между соломками и натертым пластиком. После контакта стрелки отталкиваются от соломок, как указано на Рис. 4.35 (b).

Рис. 4.35: Индикаторы электрической силы притягиваются, (a), и отталкиваются, (b), двумя натертыми пластиками.

Эти эксперименты указывают на векторную природу электрических сил, не зависимо от того, являются ли они притягивающими или отталкивающими. Преимущество картографирования со стрелками, по сравнению с картографированием с помощью версориумов, состоит в том, что стрелки указывают не только направление сил, но также на их характер — притяжение или отталкивание.

Эксперимент 4.25

Тот же эффект можно получить с помощью нескольких версориумов Дюфе, вместо простых металлических версориумов. Мы трем пластик и размещаем его так, чтобы натертый участок был на том же уровне, что и плоскость версориумов. Мы подносим натертый пластик близко к версориумам, избегая контакта. Версориумы поворачиваются вокруг своих осей. После достижения равновесия и остановки, алюминиевая фольга на каждом версориуме указывает в направлении натертого пластика (Рис. 4.36 (a)).

Теперь мы разрешаем контакт между натертым пластиком и алюминиевыми фольгами, пока они не начнут отталкиваться от пластика. Версориумы поворачиваются, и в новых положениях равновесия каждая алюминиевая фольга указывает в направлении от натертой соломки (Рис. 4.36 (b)).

С помощью версориумов Дюфе мы можем также получить картографии, аналогичные тем, что в экспериментах 4.23 и 4.24.

4.11 Хоуксби и картографирование электрических сил

Вероятно первым, кто составил карту электрических сил, был Хоуксби в 1706 году. Он использовал изобретенную им электрическую машину, ко-

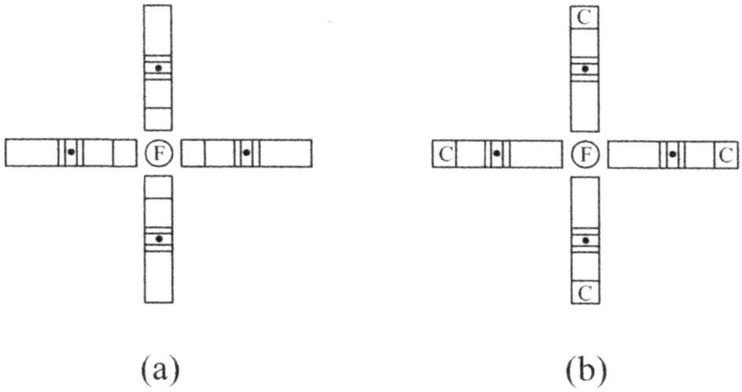

Рис. 4.36: (a) Алюминиевая фольга каждого версориума Дюфе притягивается натертым куском пластика. (b) После контакта, она отталкивается от заряженной соломки.

торую мы описали в разделе 4.2 (Рис. 4.8). Он заменил стеклянный шар цилиндрической стеклянной трубкой, поддерживаемой горизонтально или вертикально так, чтобы она могла вращаться с высокой скоростью вокруг своей оси. В процессе вращения она заряжалась трением от рук или листа бумаги. Вот описание его эксперимента:[29]

Продолжение экспериментов по притяжению стекла.

> Я приобрел стекло почти цилиндрической формы, длиной и диаметром около семи сантиметров [18 см], которое приводилось в движение [вращение вокруг своей оси симметрии] от машины новой конструкции; с расположенной горизонтально осью, которая в ранее проведенных экспериментах подобного рода была направлена в диаметрально противоположную сторону. [...]
>
> Теперь то, что дальше я должен добавить, произошло из наблюдения, что легкие тела всегда, казалось бы, в равной степени притягиваются, или тяготеют; так что я представил себе полукруг провода, который я мог прикрепить на фиксированном расстоянии [от оси цилиндра] вокруг верхней поверхности стекла на расстоянии 4 или 5 дюймов [10 или 13 см] от него. Вокруг этого провода была накручена нить, с помощью которой я мог с легкостью повесить [льняные, хлопковые или шерстяные] нити на почти равных расстояниях; нижние концы которых были на расстоянии менее, чем дюйм [2,54 см] от стекла, когда вынуждены приближаться к его центру, но в свободном состоянии выглядели так, как показано на рисунке 1 [Рис. 4.37].[30]
>
> И когда цилиндр крутился довольно быстро, эти нити выглядели в подвижном воздухе так, как показано на Рис. 2. Но когда

[29] [Haua, стр. 2332–2335].
[30] [Haua] и [RR57, стр. 568].

я прилагал мою руку к нижней части [крутящегося] стекла [для того, чтобы зарядить стекло за счет трения], то нити выстраивались так, как показано на Рис. 3. И все части, кажется, тяготеют, или притягиваются вдоль прямой линии к центру движущегося тела [то есть в направлении оси цилиндра], не испытывая никаких искажений или нарушений порядка расположения из-за ветра, вызванного в воздухе быстрым движением; и я мог путем сдвига [положения участка] трения, притягивать их вдоль линии к одному или другому концу цилиндра; но все еще указывающей к его оси. И если развернуть [полукруглую] проволоку с нитями, как я пытался, т.е. охватывая нижную часть цилиндра, как прежде верхнюю, она реагировала точно так же, как и прежде; все нити указывая на ось цилиндра: см. Рис. 4 [Рис. 4.37]. Я также приводил в движение тот же стеклянный цилиндр в перпендикулярном положении, в результате чего я имел возможность разместить обруч провода по горизонтали, как и раньше с нитями, и оставить только один маленький участок между ними, доступный прикосновению пальцами; и все же нити, когда цилиндр был раскручен и заряжен трением, приподнимали себя от первоначально висячего положения, делая круги в горизонтальной плоскости, с направленными, как и прежде, к оси их свободными концами. Теперь, выносить суждение, насколько хорошо этот эксперимент может служить для цели объяснения природы электричества, магнетизма или гравитации тел, выходит за пределы моей компетенции; но со всем смирением готов предоставить это тем ученым господам этого благородного общества, кто уже занимался подобными вопросами.

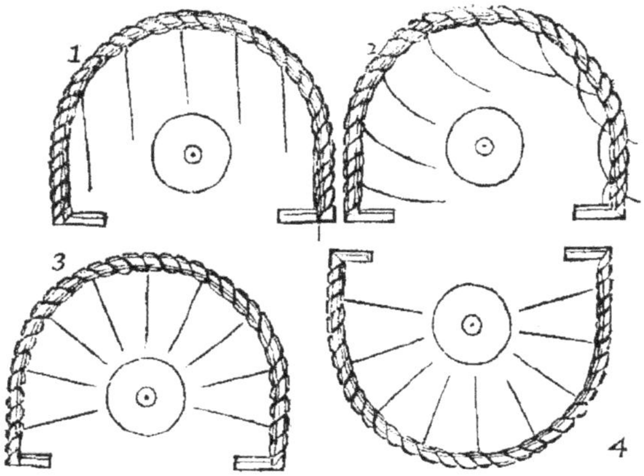

Рис. 4.37: Картографирование Хоуксби электрической силы. Вид с торца стеклянного цилиндра, показывающий положение нитей, когда цилиндр: (1) неподвижен и не электризован; (2) вращается и не электризован, потоки воздуха вокруг него тащат все нити в одном и том же направлении; (3) и (4), вращается и электризован, и в этом случае, несмотря на постоянное присутствие воздушных потоков, каждая нить выпрямляется и указывает на ось цилиндра.

Глава 5

Положительные и отрицательные заряды

5.1 Сколько типов заряда существует?

Теперь мы проводим некоторые эксперименты, аналогичные эксперименту 4.7. Мы используем следующие инструменты: два электрических маятника, обозначенных I и II, и металлический версориум. Кроме того, мы также будем использовать следующие материалы: две пластиковые соломки, две акриловые линейки, два стеклянных стаканчика, пару шелковых чулков и два куска ткани, изготовленных из акриловых нитей. Эти материалы, в той форме, к которой они используются в следующих экспериментах, описаны на Рис. 5.1. Вместо пары шелковых чулков, мы можем также использовать два куска ткани, изготовленных из синтетического полиамида.

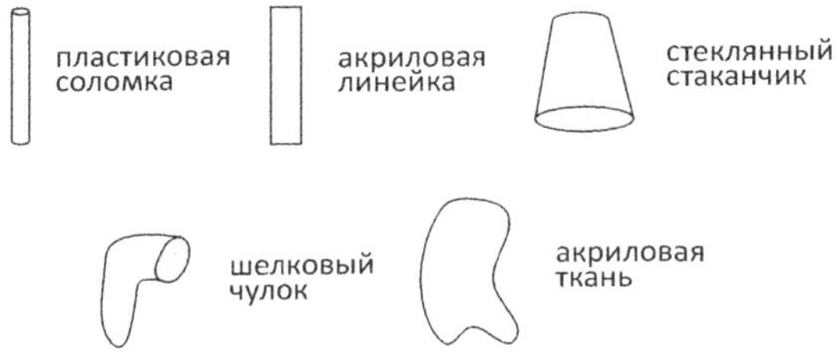

Рис. 5.1: Материалы, используемые в следующих экспериментах.

„Шерстянные“ катушки, которые обычно продаются в магазинах в наши дни, изготавлены из 100 % синтетических акриловых нитей. Мы будем считать, что мы используем ткань или блузку, изготовленную из этих акриловых нитей. Что касается чулков, они обязательно должны быть изготовлены из шелка или ткани из синтетического полиамида. В следующих рисунках мы будем ссылаться на один из этих чулков, или одну из этих синтетических полиамидных тканей как „шелковый чулок“.

Цель этих экспериментов — показать, что различные натертые материалы имеют различные электрические заряды. Перед началом каждого эксперимента мы должны коснуться версориум и бумажные диски электрических маятников пальцем, чтобы разрядить их. Это должно быть повторено до поднесения каждого из натертых объектов близко к маятникам. Версориум будет использоваться для проверки, являются ли тела нейтральными или заряженными. Одна соломка, один стаканчик, один чулок и одна линейка должны быть нейтральными, не оказывая влияния на версориум, и они не будут подвергаться трению в ходе эксперимента.

Для того, чтобы наэлектризовать стекло, оно, как правило, должно быть сухим. Кроме того, стекло следует предварительно подогреть перед тем как натерeь его, иначе оно разрядится через наши руки. Стекло может запотеть от обращения с ним руками, и этого следует избегать. Его можно подогреть на огне или в микроволновой печи перед каждым натиранием. Если выбранный стеклянный предмет не поддается зарядке трением, вы можете попробовать другие стеклянные предметы или другие виды стекла, пока вы не найдете подходящее заряжаемое стекло.

Натирание всех этих материалов будет производиться с помощью акриловой ткани. Для этого нужно обернуть пластиковую соломку (или акриловую линейку, или шелковый чулок) акриловой тканью и быстро вытянуть соломку. Можно также просто потереть стекло быстрыми движениями ткани по его поверхности.

Когда мы натираем объект шелковым чулком, это будет обозначено буквой S на теле. Когда этот объект мы трем акриловой тканью, это будет представлено буквой A. Мы будем наносить две буквы на бумажные диски, которые сначала прикоснулись к натертым телам, и затем начали отталкиваться от них. Первая будет обозначать вещество объекта, который соприкоснулся с бумажным диском. Вторая буква обозначает материал, которым объект натирали. Материал, из которого состоит объект, будет представлен буквами P, G, A и S. Они указывают, соответственно, пластик, стекло, акрил и шелк. Например, буквы PA на бумажном диске показывают, что он соприкоснулся с куском пластика, натертого акриловой тканью, а бумажный диск затем начал отталкиваатьcя от натертого пластика.

Сначала мы трогаем версориум и бумажные диски двух маятников пальцами. Мы подносим ненатертую соломку (или стекло, чулок, линейку или ткань) близко к версориуму, чтобы удостовериться в электрической нейтральности этих тел, судя по реакции версориума. Если какой-либо из этих ненатертых материалов ориентирует версориум, он должен быть заменен другим ненатертым материалом, который не будет ориентировать версориум и, следовательно, действительно является электрически нейтральным. В ходе эксперимента мы натираем соломку, стекло, чулок и линейку. Следующие эксперименты работают только тогда, когда эти объекты успешно заряжены трением. Чтобы убедиться, что этот механизм зарядки сработал, мы будем приближать каждый из этих объектов к версориуму перед тем, как подносить их близко к маятникам. Мы должны продолжить эксперименты только тогда, когда версориум ориентируется по направлению этих тел. Эта предосторожность особенно актуальна в случае стекла. Как упоминалось ранее, натертое стекло может легко потерять состояние электризации. Контакт с нашей рукой может легко разрядить его. С этого момента мы будем считать, что все натертые объекты были успешно заряжены.

Эксперимент 5.1

Пластиковая соломка, которая была натерта акриловой тканью, подносится близко к первому нейтральному маятнику. Маятник притягивается, касается соломки, а затем отталкивается от нее (Рис. 5.2 (a)). Мы удаляем пластик, и маятник возвращается в вертикальное положение. Мы трем шелковый чулок другим куском акриловой ткани. Мы подносим этот натертый чулок ко второму нейтральному маятнику. Он притягивается чулком, касается его, а затем оттолкивается от него (Рис. 5.2 (b)). После удаления чулка маятник возвращается в вертикальное положение.

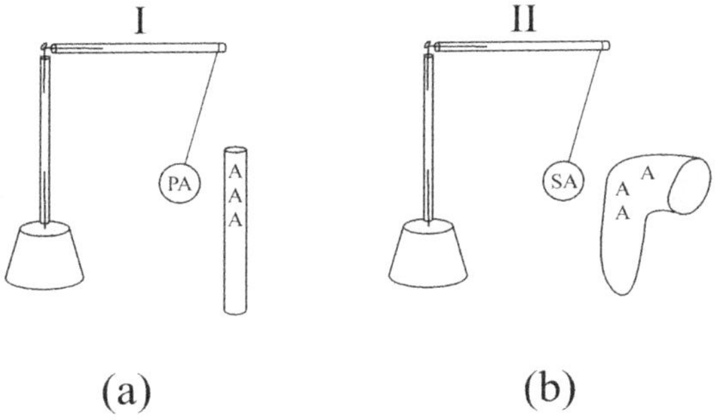

Рис. 5.2: После контакта маятники отталкиваются объектами, которые коснулись их. Буква A означает, что трение осуществлялось акриловой тканью; буквы PA означают, что пластик был натерт акриловой тканью; буквы SA означают, что шелковый чулок был натерт акриловой тканью.

Мы теперь медленно подносим натертый шелк к первому маятнику, не позволяя им соприкоснуться. Мы наблюдаем сильное притяжение между ними (Рис. 5.3 (a))! Когда мы медленно подносим натертую соломку близко ко второму маятнику, снова не давая им соприкоснуться, мы также наблюдаем сильное притяжение (Рис. 5.3 (b)).

Эксперимент 5.2

Стеклянный стаканчик нагревается и натирается акриловой тканью. Натертый участок стекла медленно подносится к первому маятнику, который был заряжен в результате контакта с соломкой в эксперименте 5.1, не допуская контакта между стеклом и бумажным диском маятника. Мы наблюдаем сильное притяжение между натертым стеклом и заряженным маятником

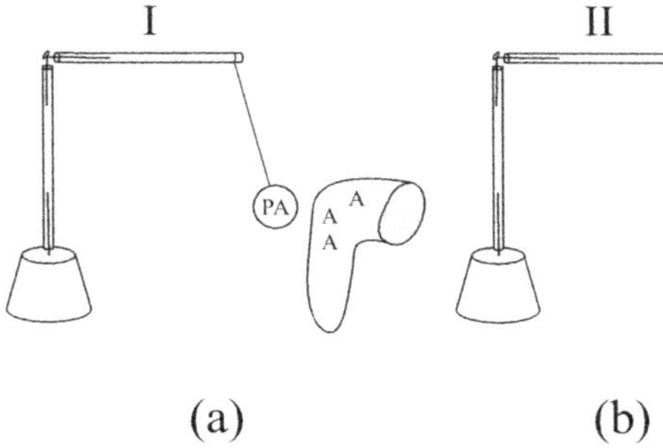

Рис. 5.3: (a) Первый маятник, заряженный при контакте с натертым акриловой тканью пластиком, притягивается натертым акриловой тканью шелковым чулком. (b) Второй маятник, заряженный при контакте с натертым акриловой тканью чулком, притягивается натертым акриловой тканью пластиком.

(Рис. 5.4 (a)). С другой стороны, когда натертый участок стекла постепенно подносится ко второму маятнику, который был заряжен при контакте с шелковым чулком в эксперименте 5.1 (нет контакта между стеклом и бумажным диском маятника), мы наблюдаем, что они отталкивают друг друга (Рис. 5.4 (b)). Таким образом, мы приходим к выводу, что заряженное стекло действует так же, как заряженный чулок, но не так, как заряженная соломка.

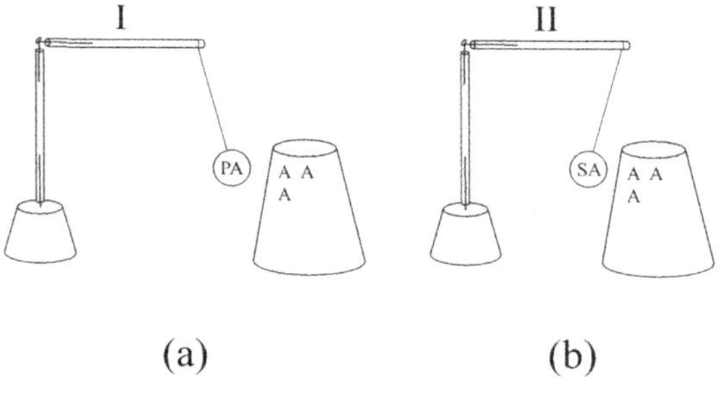

Рис. 5.4: (a) Первый маятник, заряженный при контакте с натертым акриловой тканью пластиком, притягивается натертым акриловой тканью стеклом. (b) Второй маятник, заряженный при контакте с натертым акриловой тканью шелковым чулком, отталкивается натертым акриловой тканью стеклянным стаканчиком.

Эксперимент 5.3

Мы натираем акриловую линейку акриловой тканью, и линейка медленно подносится к первому маятнику, который был заряжен в результате контакта с соломкой натертой акриловой тканью, предотвращая контакт между линейкой и маятником. Заметим, что они отталкивают друг друга (Рис. 5.5 (a)). С другой стороны, когда натертая линейка медленно подносится ко второму маятнику, который был заряжен в результате контакта с шелковым чулком, натертым акриловой тканью, они сильно притягиваются (Рис. 5.5 (b)). Таким образом, мы приходим к выводу, что заряженная линейка действует так же, как заряженная соломка, а не как заряженный чулок или заряженное стекло.

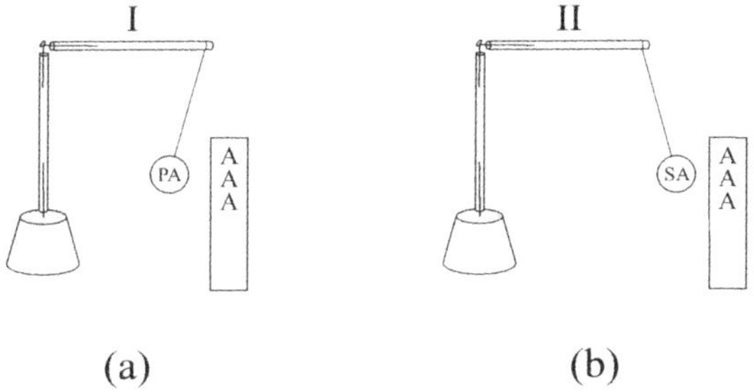

Рис. 5.5: (a) Первый маятник, заряженный при контакте с пластиком, натертым акриловой тканью, отталкивается акриловой линейкой, натертой акриловой тканью. (b) С другой стороны, второй маятник, заряженный при контакте с шелковым чулком, натертым акриловой тканью, притягивается акриловой линейкой, натертой акриловой тканью.

Этот эксперимент можно провести в обратном порядке, но результат будет тот же. Например, мы разряжаем маятники, трем акриловую лиейку акриловой тканью, и этой линейкой заряжаем первый маятник посредством контакта. Стеклянный стаканчик нагревается и натирается акриловой тканью, а второй маятник заряжается им посредством контакта. Когда линейка (или соломка), натертая акриловой тканью, медленно подносится близко к первому маятнику, не допуская контакта, происходит отталкивание. Когда эта линейка (или соломка) медленно подносится ко второму маятнику, не допуская опять контакта, происходит притяжение. С другой стороны, когда мы медленно подносим стекло (или шелк), натертое акриловой тканью, близко к первому заряженному маятнику, без контакта, происходит сильное притяжение. Медленное подношение стекла (или шелка), натертой акриловой тканью, ко второму заряженному маятнику, без контакта, ведет к отталкиванию.

Эти эксперименты можно повторить с использованием других материалов и получить аналогичные результаты. Всегда есть притяжение или отталкивание между телами, заряженными трением, и маятниками, заряженными посредством контакта. А заряженные тела можно разделить на две большие группы. В нашем примере, первая группа состоит из пластиковой соломки, натертой акриловой тканью, акриловой лиейки, натертой акриловой тканью, электрическкго маятника, заряженного при контакте с соломкой, натертой акриловой тканью или линейкой, натертой акриловой тканью. Вторая группа состоит из стекла, натертой акриловой тканью, шелкового чулка, натертого акриловой тканью, электрического маятника, заряженного при контакте со стеклом, натертым акриловой тканью или шелкового чулка, натертого акриловой тканью.

Экспериментальные наблюдения: Суть наблюдений состоит в следующем: объекты из первой группы отталкивают друг друга; объекты второй группы тоже отталкиваю друг друга, а любые два объекта из разных групп притягивают друг друга.

Определения: Объекты первой группы, как говорят, *отрицательно заряжены*, *отрицательны* или мы говорим, что они приобрели *отрицательный заряд*. Объекты второй группы, как говорят, *положительно заряжены*, *положительны* или мы говорим, что они приобрели *положительный заряд*. На следующих рисунках мы обозначаем это соглашение, соответственно, знаками "−"и "+".

Существует отталкивание между телами, имеющими заряды одного знака на Рис. 5.2 (a) и (b), 5.4 (b) и 5.5 (a). Существует притяжение между телами, заряженными разноименными зарядами на Рис. 5.3 (a) и (b), 5.4 (a) и 5.5 (b).

Эксперимент 5.4

Притяжения, описанные в эксперименте 5.1, отличаются от притяжений между заряженным маятником и нейтральным телом. Чтобы убедиться в этом, мы повторяем начало эксперимента, зарядив маятник I отрицательно посредством контакта с отрицательной пластиковой соломкой (натертой акриловой тканью), и зарядив маятник II положительно соприкосновением с положительным шелковым чулком (натертым акриловой тканью). Когда мы медленно подносим натертую соломку к маятнику II, не позволяя им соприкоснуться, мы наблюдаем притяжение гораздо большее, чем притяжение между этим маятником и нейтральной соломкой.

Интенсивность силы можно оценить с помощью трех следующих величин: (a) минимальное расстояние, (b) угол наклона при фиксированном расстоянии между соломкой и вертикалью, проходящей через точку подвеса нити маятника, и (в) угол наклона при фиксированном расстоянии между соломкой и диском маятника.

(a) Первая величина соответствует минимальному расстоянию, на котором притяжение начинает обнаруживать свое присутствие, что видно по реакции маятника к приближению соломки. Это минимальное расстояние больше в случае притяжения между противоположно заряженными телами, чем минимальное расстояние для притяжения между заряженным телом и нейтральным телом. (b) Вторая величина это угол наклона маятника относительно вертикали для фиксированного расстояния между телом и вертикалью, проходящей через точку подвеса маятника. Еще раз отметим, что этот угол больше в случае притяжения между противоположно заряженными телами, чем угол в случае притяжения между заряженным и нейтральным телами. (c) Третья величина это угол наклона маятника относительно вертикали, при фиксированном расстоянии между диском и соломкой.

Этот угол больше в случае притяжения между противоположно заряженными телами, чем угол в случае притяжения между заряженным телом и нейтральным телом (Рис. 5.6). Эти три величины явно свидетельствуют, что сила притяжения гораздо сильнее между противоположно заряженными телами, чем сила притяжения между заряженным телом и нейтральным телом. Таким образом, мы приходим к выводу, что интенсивность зависит от того, является объект, который подносится к маятнику, нейтральным или заряженным.

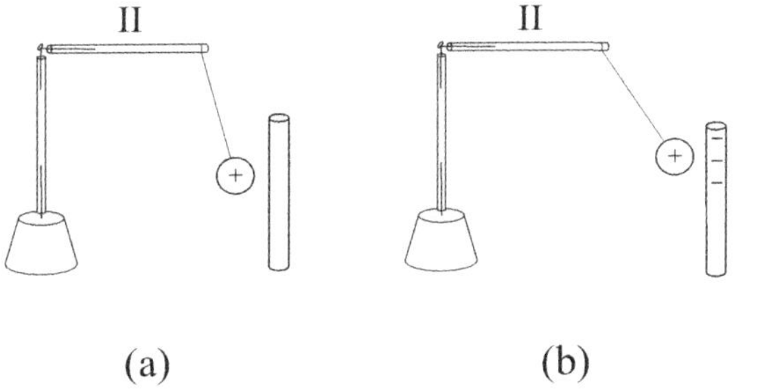

Рис. 5.6: Притяжение между положительным маятником и нейтральной соломкой, (a), меньше притяжения между положительным маятником и отрицательной соломкой, (b).

Точно так же, когда мы медленно подносим натертый чулок к отрицательно заряженному маятнику I, не допуская контакта, мы наблюдаем большее притяжение между ними, чем притяжение между нейтральным чулком и отрицательно заряженным маятником I (Рис. 5.7).

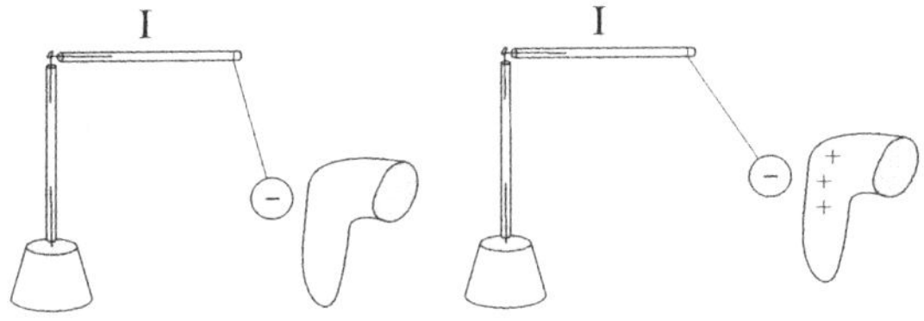

Рис. 5.7: Притяжение между нейтральным чулком и отрицательным маятником, (a), меньше притяжения между отрицательным маятником и положительным чулком, (b).

Эксперимент 5.5

Можно также наблюдать еще одно различие между нейтральными и заряженными телами. Предположим, маятник I заряжен отрицательно, а маятник II заряжен положительно, как в эксперименте 5.1. Когда отрицательно заряженное тело медленно подносится к маятнику I, наблюдается отталкивание, в то время как мы наблюдаем притяжение, когда это тело медленно приближается к маятнику II, Рис. 5.8 (a). Когда положительно заряженное тело медленно приближается к этим маятникам, происходит обратное. С другой стороны, когда мы подносим нейтральное тело близко к маятнику I или маятнику II, возникает притяжение. См. Рис. 5.8 (b). Иногда это притяжение настолько незначительно, что его трудно обнаружить.

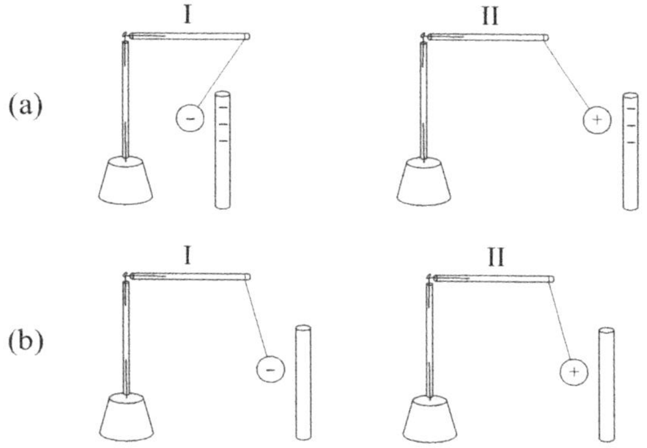

Рис. 5.8: (a) Отрицательное тело (натертая соломка) сильно отталкивает другое отрицательное тело (бумажный диск маятника I), и сильно притягивает положительное тело (бумажный диск маятника II). (b) Нейтральное тело (ненатертая соломка) притягивает положительные и отрицательные тела (бумажные диски маятников I и II). Кроме того, интенсивность этих сил в случае (a) выше, чем в случае (b).

Эксперимент 5.6

Теперь мы проведем некоторые эксперименты, аналогичные эксперименту 4.4. Их легче проводить, работая вдвоем. Нам потребуются две пластиковые соломки, два куска акриловой ткани (см. эксперимент 5.1) и два куска хлопка. Каждый кусок хлопка должен занимать около 10 секунд, чтобы упасть в воздухе с высоты двух метров. Удобно также использовать одуванчик вместо кусочков хлопка. Следует тщательно потереть две соломки акриловой тканью, чтобы зарядить их отрицательно. Каждый держит одну соломку горизонтально за один из ее концов. Другой рукой каждый запускает кусок хлопка в воздух немного выше своей соломки. Хлопок притягивается соломкой и прилипает к ней. Тогда волокна хлопка вытягиваются наружу, отталкиваясь от соломки. Иногда хлопок отскакивает вверх и начинает падать в воздухе. Если этого не произойдет сразу, следует аккуратно сдуть хлопок, чтобы освободить его от соломки. Затем мы можем держать его на плаву в воздухе, постоянно перемещая натертую соломку так, чтобы она все время оставалась чуть ниже хлопка. В этой ситуации хлопок и соломка отрицательно заряжены.

Теперь можно перейти к новому эксперименту. Оба поддерживают свои кусочки хлопка в парящем в воздухе состоянии над их натертыми соломками. Теперь каждый должен подвести свой кусок хлопка близко к куску хлопка другого, пытаясь привести их в контакт в воздухе. Однако, как сильно мы не старались, невозможно привести их в соприкосновение. Они никогда не приблизятся достаточно близко, чтобы вступить в контакт. Этот факт можно легко объяснить с помощью принципа *ПКО* Дюфе. Каждый парящий кусок хлопка отталкивается от соломки под ним, так как они оба имеют заряды одного знака (отрицательный в данном случае). Поскольку оба куска хлопка отрицательно заряжены, они отталкивают друг друга. В результате, как бы сильно мы не старались, мы не можем привести их в контакт (Рис. 5.9).

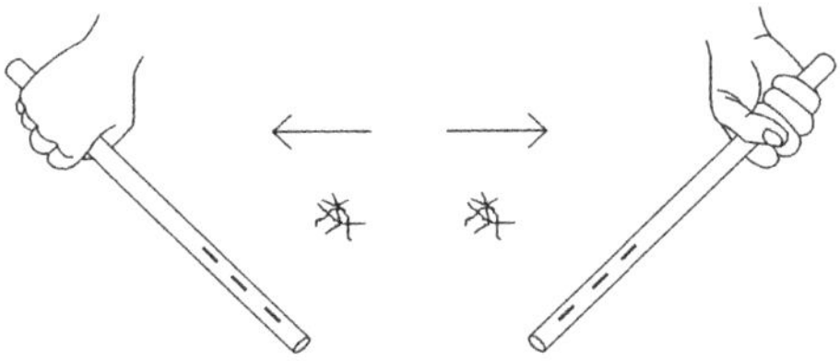

Рис. 5.9: Невозможно объединить два отрицательно заряженных куска хлопка.

Эксперимент 5.7

В этом эксперименте мы снова используем две пластиковые соломки, которые были отрицательно заряжены трением с акриловой тканью, как в эксперименте 5.6. Но теперь мы используем только один кусок ваты. Мы начинаем с парения в воздухе куска ваты выше соломки, которую натерли акриловой тканью через механизм *ПКО*, как в эксперименте 4.4. На следующем этапе мы приближаем вторую отрицательную соломку горизонтально к плавающему в воздухе куску хлопка. Мы наблюдаем, что вата удаляется от этой второй соломки, поскольку она тоже отталкивает ее (Рис. 5.10).

Эксперимент 5.8

Мы повторяем эксперимент 5.7, поддерживая вначале отрицательный кусочек ваты в парящем состоянии над отрицательно заряженной пластиковой соломкой. На этот раз мы подносим сбоку положительно заряженный стеклянный стакнчик (то есть предварительно нагретый и натертый акриловой тканью) близко к кусочку ваты. В этом случае кусок хлопка притягивается натертым стеклом, двигаясь к нему (Рис. 5.11). Лучше всего делать все это очень медленно, избегая контакта между хлопком и стеклом,

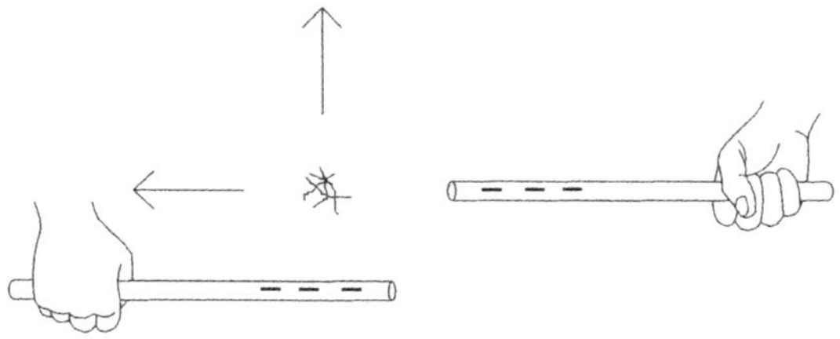

Рис. 5.10: Электрические силы, действующие на отрицательно заряженный кусок ваты.

чтобы не допустить передачу заряда (положительного на этот раз) куску ваты по механизму *ПКО*.

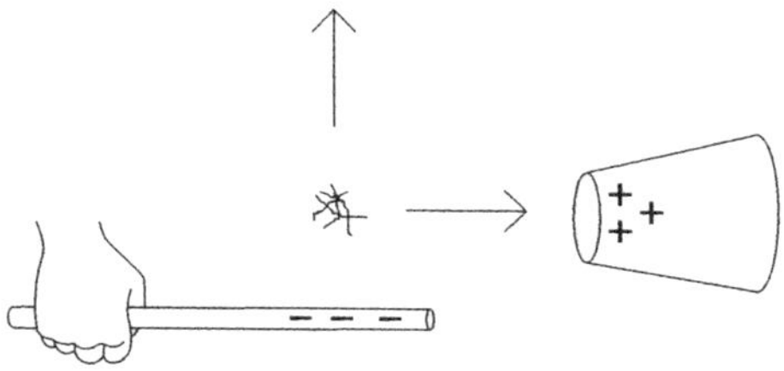

Рис. 5.11: Отрицательно заряженный кусок ваты притягивается положительно заряженным стеклом.

Эксперимент 5.9

Теперь мы используем кусочек ваты, два куска акриловой ткани, пластиковую соломку и стеклянный стаканчик. Этот эксперимент следует проводить вдвоем. С обретением достаточного опыта, его можно проводить и в одиночку. соломку и стеклянную чашку следует натереть акриловой тканью. Известно, что в этом случае соломка получит отрицательный, а стекло — положительный заряд. Чтобы получить сильный заряд на стекле, его следует предварительно подогреть, как упоминалось ранее.

Эти начальные приготовления идентичны подготовке к проведению эксперимента 4.4. То есть мы трем стекло акриловой тканью, и держим стекло за ненатертый участок. Над стеклом запускается кусок хлопка. Хлопок притягивается натертым участком стекла, касается его, затем волокна хлопка вытягиваются наружу. Иногда хлопок отскакивает от стекла через несколько секунд. Если этого не произойдет, следует подуть слегка на хлопок, чтобы освободить его от стекла. Переместив стекло ниже хлопка, мы можем держать хлопок над стеклом в парящем сотоянии. Иногда это происходит не сразу, так что вате может потребоваться несколько раз притянуться к стеклу, прежде чем она приобретет достаточное количество заряда для поддержания ее в парящем состоянии. Чем больше заряда на стекле, тем раньше оно будет в состоянии поддерживать парение хлопка в воздухе. Далее мы будем предполагать, что эта подготовительная часть эксперимента уже проделана. В данном случае, стекло и парящий над ним кусок ваты заряжены положительно (Рис. 5.12 (a)).

Пока хлопок парит над натертым стеклом, мы медленно подносим отрицательно заряженную пластиковую соломку к хлопку, приближаясь к нему сверху. В этом случае наблюдается притяжение хлопка соломкой, в отличие от того, что происходило в эксперименте 5.7. В идеале хлопок не должен касаться пластиковую соломку. То есть всякий раз когда хлопок движется к соломке, соломку следует отодвигать от него. После небольшой практики, мы можем легко поддерживать хлопок в парящем между стеклом снизу и соломкой сверху состоянии (Рис. 5.12 (b)).

В данном случае можно даже удалить стекло, и хлопок будет оставаться на плаву только за счет притяжения заряженной соломки над ним! Здесь мы имеем ситуацию, обратную эксперименту 4.4. В эксперименте 4.4 отрицательный хлопок поддерживался на плаву за счет отталкивания соломки под ним. Теперь же положительный хлопок парит за счет притяжения соломки над ним (Рис. 5.12 (c)). Чтобы держать хлопок в парящим под соломкой состоянии, необходимо постоянно перемещать соломку; она не может оставаться в покое относительно Земли, так как это равновесие неустойчиво. Когда соломка находится очень близко к хлопку, хлопок быстро притягивается и прилипает к ней, и эксперимент на этом завершается. С другой стороны, если соломка расположена на большом расстоянии над хлопком, хлопок начинает падать на землю. Кроме того, кусок хлопка стремится уклониться в ту или иную сторону вертикальной плоскости, проходящей через соломку. В результате, необходимо держать соломку в постоянном движении с тем, чтобы кусок хлопка мог следовать за ее движением, не прикасаясь однако к ней.

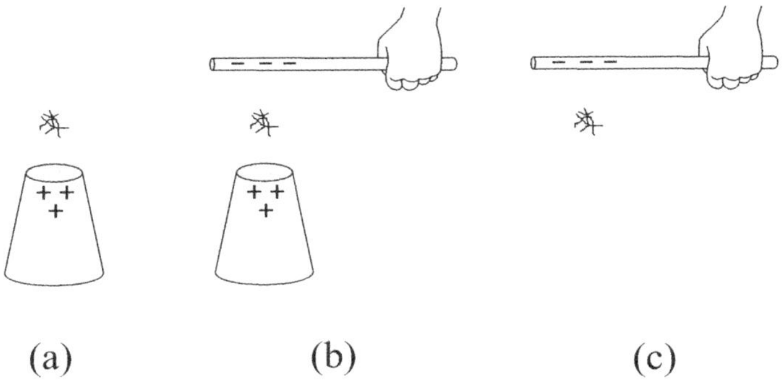

Рис. 5.12: (a) Положительный кусок хлопка можно поддерживать в парящем над положительным стеклом состоянии. (b) Он также может плавать между положительным стеклом снизу и отрицательной соломкой сверху. (c) Мы можем удалить стекло и парить кусочек хлопка под отрицательной соломкой.

Когда хлопок касается верхней соломки, он прилипает к ней. Иногда он падает через несколько секунд. Мы можем держать его парящим над соломкой, так как он вновь обретает заряд с тем же знаком, что и заряд на соломке. В некоторых случаях он сможет освободиться от соломки, только когда мы сдуем его. В любом случае, когда он снова начинает парить над соломкой, мы можем поменять ситуацию на обратную. Когда мы подносим положительный стаканчик к отрицательному хлопку сверху, хлопок будет парить между двумя телами: отрицательной соломкой снизу и положительным стеклом сверху.

В эксперименте 5.16 будет показано, как можно провести этот эксперимент легко с помощью двух наэлектризованных пластиковых соломок.

Эксперимент 5.10

Для проведения этого эксперимента требуется два человека, пластиковая соломка, стеклянный стаканчик, два куска акриловой ткани и два небольших куска хлопка. Один человек натирает стеклянный стаканчик акриловой тканью, а затем поддерживает один кусок ваты парящим над ним. В этом случае оба тела заряжены положительно (Рис. 5.13 (a)). Другой натирает соломку акриловой тканью, и затем начинает поддерживать другой кусок ваты в парящем над ней состоянии. В этом случае оба объекта заряжены отрицательно (Рис. 5.13 (b)).

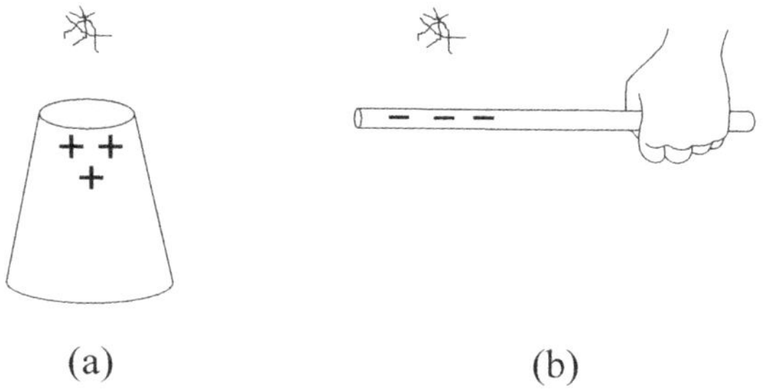

Рис. 5.13: (a) Положительный кусок ваты парит над положительным стеклом. (b) Отрицательный кусок хлопка парит над отрицательно заряженным пластиком.

После этого, каждый пытается направить свой кусочек ваты к кусочку ваты другого. В этом случае куски хлопка притягивают друг друга, прилипают и падают на землю (Рис. 5.14). Это прямо противоположно тому, что мы видели в эксперименте 5.6.

5.2 Дюфе обнаруживает два вида электричества

Первым, кто предположил существование двух видов электричества, был Дюфе в 1733 году, когда он проводил эксперименты, подобные тем, которые

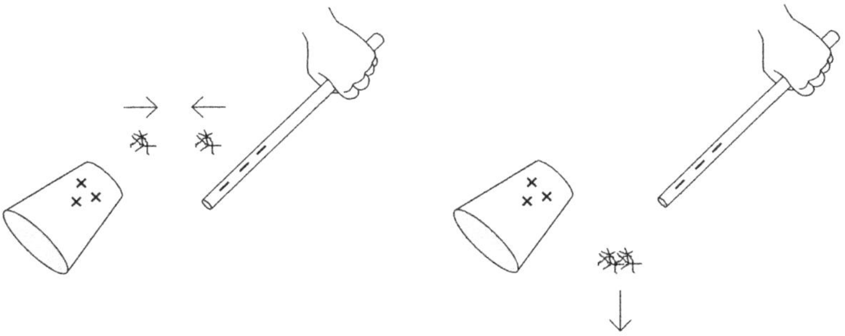

Рис. 5.14: (a) Положительный кусок ваты притягивается отрицательным. (b) После соприкосновения, они падают вместе на землю.

мы представили выше. До того времени было известно, что наэлектризованные тела притягивают легкие тела и притягиваются ими. Дюфе обнаружил другую закономерность, а именно, отталкивание между двумя заряженными телами. Это было новое свойство заряженных тел, как описано в разделе 4.1. Он также обнаружил механизм *ПКО*, то есть притяжение-контакт-отталкивание. Его открытие двух видов электричества произошло совершенно случайно. Оно возникло в результате любопытного экспериментального результата, который полностью противоречил его ожиданиям. Он начал с воспроизведения экспериментов с парящим пером, проделанных Герике, Грей и Хоуксби. См. эксперимент 4.4. Он наэлектризовал стеклянную трубку трением. Затем он запустил маленькие, тонкие золотые листочки над натертой трубкой. Они были притянуты трубкой, прилипли к ней, а затем отскочили от нее и, в результате, продолжали парить над ней. Здесь мы цитируем его слова, описывающие решающий момент этого великого открытия (курсив наш):[1]

[1][DF33b, стр. 464—465] и [RR57, стр. 586]: "[...] Il demeure donc pour constant, que les corps devenus électriques par communication, sont chassés par ceux qui les ont rendus électriques; mais le sont-ils de même par les autres corps électriques de tous les genres? & les corps électriques ne différent-ils entre-eux que par les divers degrés d'eléctricité? Cet examen m'a conduit à une autre vérité que je n'aurois jamais soupçonnée, & dont je crois que personne n'a encore eu la moindre idée.

J'ai commencé par soûtenir en l'air avec le même tube, deux feuilles d'or, & elles se sont toûjours éloignées l'une de l'autre, quelques efforts que j'aye faits pour les rapprocher, & cela devoit arriver de la sorte, puisque elles étoient toutes deux électriques; mais si-tôt que l'une des deux avoit touché la main ou quelque autre corps, elles se joignoient sur le champ l'une à l'autre, parce que celle-ci ayant perdu son électricité, l'autre l'attiroit & tendoit vers elle: tout cela s'accordoit parfaitement avec mon hypothése, mais ce qui me déconcerta prodigieusement, fut l'expérience suivante.

Ayant élevé en l'air une feuille d'or par le moyen du tube, j'en approchai un morceau de gomme copal frottée, & renduë électrique, la feuille fut s'y appliquer sur le champ, & y demeura; j'avouë que je m'attendois à un effet tout contraire, parce que selon mon

[...] Тогда очевидно, что тела, которые стали электрическими посредством передачи [то есть посредством механизма *ПКО*], отталкиваются теми телами, от которых они получили заряд. Но отталкиваются ли они также другими электризованными телами всех видов? И отличаются ли друг от друга наэлектризованные тела в каком-то отношении, кроме интенсивности их электризации? *Подробное рассмотрение этого вопроса привело меня к открытию, которое я никогда не смог бы предугадать*, и о котором, я полагаю, до сих пор никто не имел ни малейшего представления.

Я начал с эксперимента, где я поддерживал с помощью одной и той же [электризованной стеклянной] трубки два золотых листика [наэлектризованные механизмом *ПКО*] в воздухе в парящем состоянии, и они всегда держались в стороне друг от друга, независимо от того, как сильно я старался приблизить их, и это было вполне понятно, так как они оба были электрическими; но как только один из двух [листьев] касался руки или любого другого тела, листья тут же прилипали друг к другу, в связи с тем, что лист [который коснулся руки], потеряв свое электричество, притягивался другим [электризованным листиком] и двигался к нему. [Иллюстрация этого эксперимента дается на Рис. 5.15.] Все это было в согласии с моей гипотезой, *но то, что меня необыкновенно озадачило*, состояло в следующем эксперименте.

После того, как я подержал в воздухе золотой листочек с помощью [электризованной стеклянной] трубки, я приблизил к листу кусочек электризованного трением копала [свежая или ископаемая смола деревьев],[2] лист приложил себя сразу к нему [то есть, золотой листочек был притянут натертым копалом], и остался на нем. [Иллюстрация этого эксперимента дается на Рис. 5.16.] *Признаюсь, я ожидал совершенно противоположный эффект*, так как, в соответствии с моими рассуждениями, копал и золотой листик, оба будучи в состоянии электризации, должны были

---

raisonnement, la copal qui étoit électrique devoit repousser la feuille qui l'étoit aussi; je répétai l'expérience un grand nombre de fois, croyant que je ne présentois pas à la feuille l'endroi qui avoit été frotté, & qu'ainsi elle ne s'y portoit que comme elle auroit fait à mon doigt, ou à tout autre corps, mais ayant pris sur cela mes mesures, de façon à ne me laisser aucun doute, je fus bien convaincu que la copal attiroit la feuille d'or, quoiqu'elle fût repoussée par le tube: la même chose arrivoit en approchant de la feuille d'or un morceau d'ambre, ou de cire d'Espagne frotté.

Après plusieurs autres tentatives qui ne me satisfaisoient aucunement, j'approchai de la feuille d'or chassée par le tube, une boule de cristal de roche frottée & renduë électrique, elle repoussa cette feuille de même que le tube. Un autre tube que je fis présenter à la même feuille la chassa de même, enfin je ne pus pas douter que le verre & le cristal de roche, ne fassent précisement le contraire de la gomme copal, de l'ambre & de la cire d'Espagne, ensorte que la feuille repoussée par les uns, à cause de l'électricité qu'elle avoit contractée, étoit attirée par les autres; cela me fit penser qu'il y avoit peut-être deux genres d'électricité différents, & je fus bien confirmé dans cette idée par les expériences suivantes."

[2] См. Приложение А.

отталкиваться друг от друга. [То есть Дюфе ожидал увидеть отталкивание между двумя заряженными телами, как он всегда наблюдал.] Я повторил эксперимент много раз, полагая, что я не представил натертый участок стержня [копала] листочку, который, соответственно, притянулся к копалу, как это было бы с моим пальцем или с любым [неэлектризованным телом]; но, убедившись полностью на этот счет, я был полностью убежден, что копал притянет лист, который отталкивался [электризованной] трубкой. То же самое происходило при поднесении к золотому листику куска [натертого] янтаря или куска натертого испанского воска.

После нескольких попыток, которые вовсе не удовлетворили меня, я приблизил к золотому листочку, который отталкивался от трубки, электризованный трением мяч из горного хрусталя, и он [мяч] отталкивал этот листочек точно так же, как и трубка. Другая [электризованная стеклянная] труба при поднесении к листочку также отразила его, наконец, и я не мог уже сомневаться, что стекло и горный хрусталь, вели себя прямо противоположно копалу, янтарю и испанскому воску, в том смысле, что листочек отталкивался первой [натертой группой], вследствие приобретенного им электричества, и притягивался второй [натертой группой]; *это навело меня на мысль, что существует два разных вида электричества*, и я хорошо убедился в справедливости этой идеи с помощью следующих экспериментов.

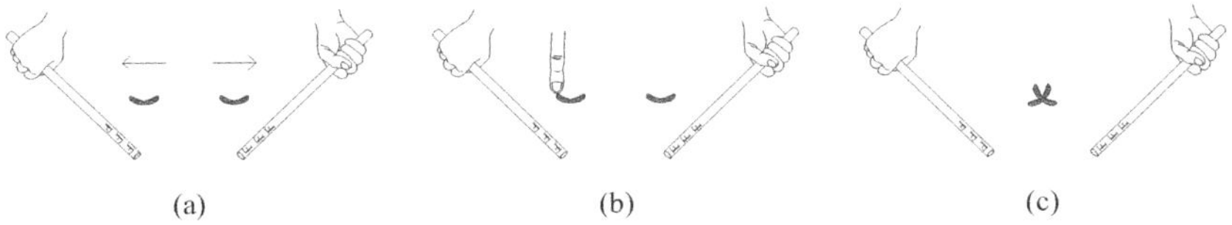

Рис. 5.15: (a) Две наэлектризованные золотые листики отталкиваются друг от друга и от наэлектризованных стеклянных трубок. (b) Рука соприкасается с одним из парящих листьев. (c) После контакта с рукой, листочки приближаются друг к другу.

Хейлброн дал другой английский перевод решающего параграфа из упомянутой выше статьи Дюфе, того самого параграфа с употреблением слова *признаться*:[3]

Признаться, я ожидал совершенно другой эффект, потому что в соответствии с моими рассуждениями, копал, будучи электрическим, должен был отталкивать листочек, который тоже был электрическим. Я повторил эксперимент много раз, полагая, что

[3] [Hei99, стр. 257].

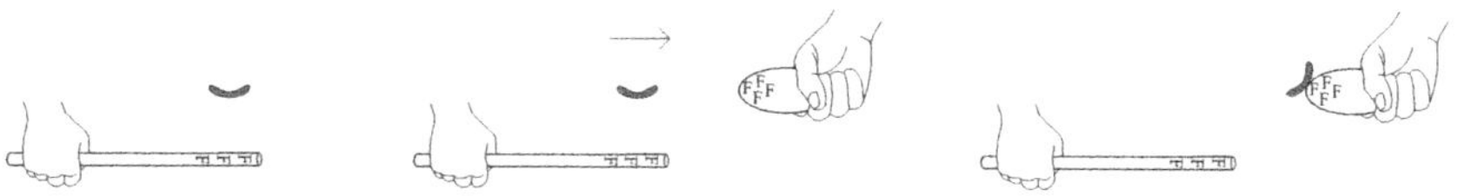

(a) (b) (c)

Рис. 5.16: (a) Наэлектризованный золотой листочек парит над натертым стеклом. (b) Натертый кусок копала тянется к парящему листочку. Листочек притягивается натертым копалом, стрелка показывает направление этой новой силы, действующей на него. (c) Листочек тянется к натертому копалу!

> я не направил натертый участок стержня к листочку, который, соответственно, притягивался к копалу, как он притянулся бы к любому [неэлектризованному] телу; но вполне удовлетворив себя на этот счет, я был полностью убежден, что копал привлечет листочек, который отталкивался трубкой.

Так как большинство веществ первой группы, с которыми он экспериментировал, были твердыми и прозрачными, как стекло, он назвал первый вид электричества *стекловидным электричеством*. А ввиду того, что большинство веществ второй группы, с которыми он работал, были битумными или смолистыми, он назвал этот второй вид электричества *смолистым электричеством*:[4]

> Итак, мы имеем два типа электричества совершенно разной природы, а именно, электричество прозрачных и твердых тел, как стекло, хрусталь и т.д., и электричество битумных и смолистых тел, как янтарь, смола копала, испанский воск и т.д. Оба вида отталкивают тела, которые приобрели электричество той же природы, что и они, и, наоборот, притягивают тела, имеющие электричество противоположного вида.
>
> [...]

[4][DF33b, стр. 467 и 469]: "Voilá donc constamment deux électricités d'une nature toute différente, sçavoir, celle des corps transparents & solides, comme le verre, le cristal, etc. & celle des corps bitumineux ou résineux, comme l'ambre, la gomme copal, la cire d'Espagne, etc. Les uns & les autres repoussent les corps qui ont contracté une électricité de même nature que la leur, & ils attirent, au contraire, ceux dont l'électricité est d'une nature differente de la leur. [...]

Voilà donc deux électricités bien démontrées, & je ne puis me dispenser de leur donner des noms differens pour éviter la confusion des termes, ou l'embarras de définir à chaque instant celle dont je voudrai parler; j'appellerai donc l'une l'*électricité vitrée*, & l'autre l'*électricité résineuse*, non que je pense qu'il n'y a que les corps de la nature du verre qui soient doués de l'une, & les matiéres résineuses de l'autre, car j'ai déja de fortes preuves du contraire, mais c'est parce que le verre & la copal sont les deux matiéres qui m'ont donné lien de découvrir ces deux différentes électricités."

> Таким образом, здесь мы явно имеем два вида электричества, и я не могу не дать им разные имена, чтобы избежать путаницу в терминологии и усложнений, связанных с необходимостью уточнять каждый раз, какое именно электричество я имею в виду в той или иной ситуации. По этой причине, я буду называть один из этих видов *стекловидным электричеством*, а другой — *смолистым электричеством*, я не думаю, что каждое тело, наделенное одним [видом электричества], обязательно имеет стекловидную природу, а тело, наделенное другим [видом электричества], обязательно имеет смолистую природу, ибо у меня есть убедительные доказательства противной [точки зрения], но [я выбираю эти названия], потому что стекло и копал были те два вещества, которые дали мне ключ к открытию двух различных видов электричества.

Дюфе не упоминает, каким именно материалом он натирал стеклянную трубку и другие вещества. Он, вероятно, использовал для этой цели ткань из шерсти, шелка или хлопка.

В чуть более поздней работе он описал это случайное открытие в следующих словах:[5]

> Шанс помог мне обнаружить другой принцип, более универсальный и замечательный, чем предшествующий [механизм *ПКО*, см. раздел 4.8], который проливает новый свет на тему электричества. Согласно этому принципу, существуют два вида электричества, сильно отличающиеся друг от друга; один из которых я называю *стекловидным электричеством*, а другой — *смолистым электричеством*. Первый [вид электричества] это тот, которым обладают [натертое] стекло, горный хрусталь, драгоценные камни, волосы животных, шерсть и многие другие тела. Второй это тот, которым обладают [натертый] янтарь, копал, камедь, шелк, нитки, бумага и огромное количество других веществ. Характерная особенность этих двух видов электричества состоит в том, что тела со *стекловидным электричеством*, например, отталкивает все другие тела с таким же видом электричества; и, наоборот, притягивает все тела со *смолистым электричеством*; так что [стеклянная] трубка, получившая электричество [трением], будет отталкивать стекло, хрусталь, шерсть животных и т.д., если последние получили электричество [трением, или посредством механизма *ПКО* при контакте с натертой стеклянной трубкой], и притягивает шелк, нитки, бумагу и т.д., хотя они получили электричество подобным же образом [трением, или через механизм *ПКО* при контакте с натертым копалом]. [Натертый] янтарь, наоборот, будет притягивать наэлектризованное стекло

[5][DF, стр. 263–264].

> и другие [электризованные] вещества того же класса, и будет отталкивать [натертую] резину, копал, шелк, нитки и пр. Две шелковые ленты, наэлектризованные [трением], будут отталкиваться друг от друга; две [электризованные] шерстяные нити будет вести себя подобным же образом; но [натертая] шерстяная нить и [натертая] шелковая нить будут взаимно притягивать друг друга. Этот принцип очень естественным образом объясняет, почему концы нитей, шелка или шерсти, отходят друг от друга, как бы ощетинившись, когда они обретают электрическое свойство. Из этого принципа можно с такой же легкостью вывести объяснение большого числа других *явлений*. И, вероятно, эта истина приведет нас к дальнейшему открытию многих других вещей.

Как мы увидим позже, терминология Дюфе вышла из употребления. Вместо терминов стекловидное и смолистое электричество, мы используем *положительное и отрицательное электричества*, соответственно. Есть и другие современные термины как, например, *положительный и отрицательный электрические заряды*, или *положительно и отрицательно заряженные тела*. Несмотря на эту разницу в терминологии, фундаментальное предположение Дюфе о существовании двух видов электричества попрежнему является общепризнанным. В современной практике также общепринято считать, что заряды одного и того же вида отталкивают друг друга, в то время как заряды различных видов притягивают друг друга.

Блондель и Вольф сняли очень интересное видео с современным воспроизведением решающего эксперимента Дюфе, [6] "La danse des feuilles d'or."

5.3 Какой вид заряда получает тело при трении?

В экспериментах главы 2 мы проанализировали, какие вещества притягивались к натертому объекту, а какие нет. Мы также обнаружили натертые вещества, которые обладали силой притягивать легкие тела. Здесь мы будем варьировать вещество, которым мы натираем объекты, на более систематической основе.

Мы будем использовать очень удобный инструмент, изготовленный из тонкой гибкой пластиковой полоски, прикрепленной к горизонтальной опоре (как, например, карандаш, ручка, шпажка или соломка). Полоска может быть, например, шириной 5 см и длиной 15 см. Один из ее концов прикреплен к карандашу с помощью клейкой ленты. Карандаш держится в горизонтальном положении, а полоска в вертикальном. На Рис. 5.17 мы видим подобный инструмент сбоку и спереди. По аналогии с маятниковой нитью Грея из раздела 4.9, мы можем назвать этот прибор *маятниковой пластиковой нитью* или *маятниковой пластиковой полоской*.

[6] [BWa] и [BWb].

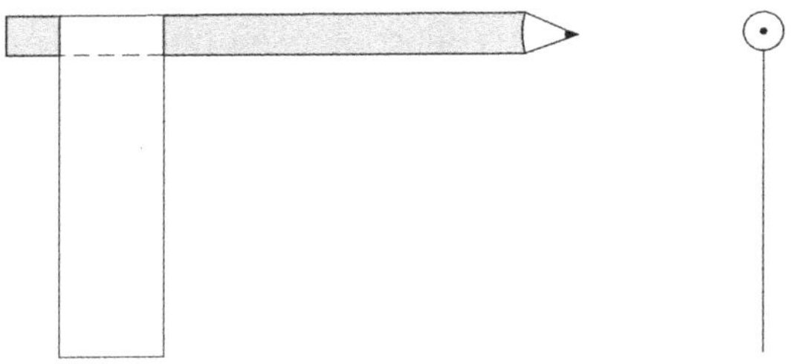

(a) (b)

Рис. 5.17: Тонкая гибкая пластиковая полоска, соединенная с карандашом. (a) Вид сбоку. (b) Вид с торца.

Некоторые из этих инструментов могут быть приготовлены из пластика одного и того же материала (например, все полоски вырезаны из одного пластикового пакета). Мы должны очень осторожно обращаться с полосками, чтобы случайно не зарядить их трением. Перед началом экспериментов, следует убедиться, что эти инструменты электирически нейтральны. Сначала мы разряжаем металлический версориум, прикоснувшись к нему пальцами. Затем мы медленно подносим каждую маятниковую пластиковую полоску близко к версориуму, не допуская при этом контакта между ними. Если версориум не реагирует на полосу, мы можем считать пластик нейтральным. Если же версориум поворачивается полоской, этот инструмент не годится, и нужно приготовить другой в замену.

Эксперимент 5.11

Мы натираем два нейтральных куска пластика пальцами, сжимая полоску между указательным и средним пальцами, а затем быстро перемещая пальцы вниз вдоль пластика. Затем мы подносим сбоку один горизонтальный карандаш к другому. Карандаши могут даже касаться друг друга. Заметим, что полосы отходят друг от друга из-за взаимного электрического отталкивания. Если бы не было отталкивания, они оставались бы висеть бок о бок в вертикальном положении. Это аналогично эксперименту 4.1.

Возьмем теперь две другие нейтральные маятниковые пластиковые полоски. Мы трем их, зажав каждую полоску между двумя нейтральными водопроводными трубками из ПВХ. Для этого, мы сначала проверяем, являются ли эти трубки действительно нейтральными. Это можно сделать путем поднесения каждой трубки близко к металлическому версориуму, и наблюдая, реагирует версориум на ПВХ трубку или нет. Верхняя часть пластиковой полоски хорошо зажимается между двумя нейтральными трубками из ПВХ. Затем мы быстро тянем карандаш с полосой вверх. Следует удостовериться, что полоска действительно зарядилась после этой процедуры, поместив полоску рядом с версориумом и убедившись, что он поворачивается к натертому пластику. Это процедуру электризации трением следует повторить со второй нейтральной маятниковой пластиковой полоской. Теперь мы подносим близко друг к другу две полоски, которые мы натерли трубками из ПВХ. Они снова отталкивают друг друга.

Существует также отталкивание между двумя пластиковыми полосками, первоначально нейтральными, если их натереть шерстью. То же самое происходит для двух нейтральных полос, если их натереть двумя жесткими резиновыми трубками.

Эти четыре сценария отталкивания представлены на Рис. 5.18.

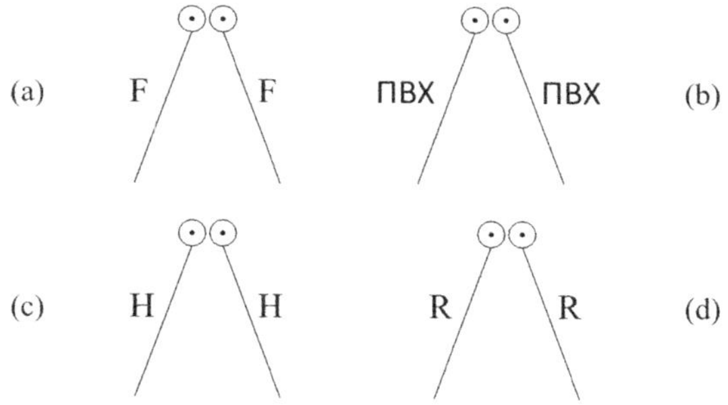

Рис. 5.18: Отталкивание между двумя пластиковыми полосками, натертыми между пальцами (F), между двумя трубками из ПВХ, шерстью (H), или между двумя резиновыми шлангами (R).

Эксперимент 5.12

Возьмем теперь один из пластиковых полос, которые были натерты между пальцами. Мы подносим ее близко к другой пластиковой полоске, которая была натерта трубками из ПВХ. Заметим, что они притягивают друг друга.

Существует также притяжение, когда мы подносим пластиковую полоску, натертую между пальцами, близко к другой пластиковой полоске, которая была натерта между резиновыми шлангами. То же самое происходит между пластиком, натертым шерстью, и пластиком, который был натерт между трубками из ПВХ; или между пластиком, который был натерт шерстью, и пластиком, натертым между резиновыми шлангами.

Эти четыре случая притяжения представлены на Рис. 5.19.

Эксперимент 5.13

С другой стороны, существует отталкивание между пластиком, который был натерт между пальцами и другим пластиком, натертым шерстью. То же самое происходит между пластиком, натертым между ПВХ трубкой, и другим пластиком, натертым между резиновыми шлангами (Рис. 5.20).

Эти эксперименты показывают, что одно вещество — в данном случае пластиковая полоска — может быть отрицательно заряжено или положительно заряжено, в зависимости от материала, которым его натирали. Это,

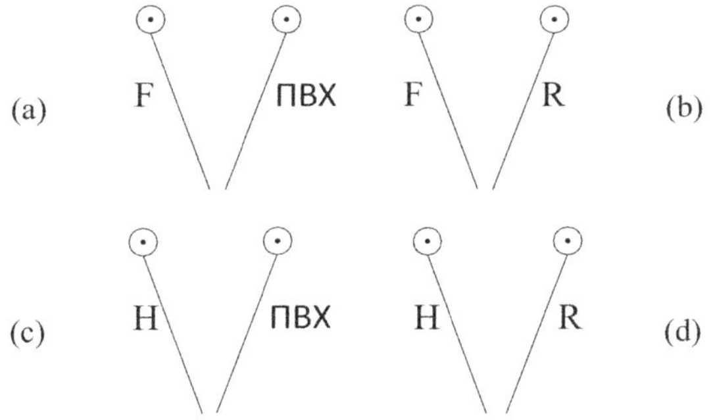

Рис. 5.19: Четыре случая притяжения между двумя пластиковыми полосками, натертыми различными веществами. (a) Палец и ПВХ. (b) Палец и резина. (c) Шерсть и ПВХ. (d) Шерсть и резина.

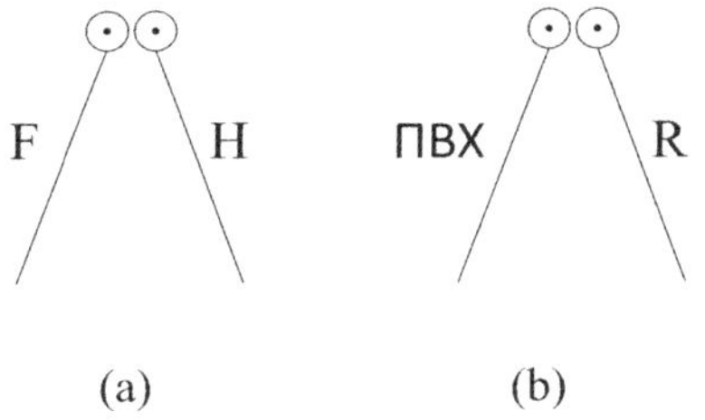

Рис. 5.20: Отталкивание между двумя пластиковыми полосками, натертыми различными веществами. (a) Пальцы и шерсть. (b) ПВХ и резина.

похоже, свидетельствует о справедливости идеи Дюфе о двух видах электричества. С другой стороны, его предположение, что каждый вид электричества связан с конкретной группой веществ не верно. Вместо того, чтобы говорить о стекловидном и смолистом видах электричества, как это было предложено Дюфе, мы принимаем терминологию *положительные и отрицательные заряды*. В эксперименте 5.1 мы разбили заряженные тела на две группы. В нашем примере, первая группа состояла из пластиковой соломки, натертой акриловой тканью; акриловой линейки, натертой акриловой тканью; маятника, заряженного посредством контакта с этой пластиковой соломкой; и маятника, заряженного посредством контакта с этой натертой акриловой линейкой. В нашем примере, вторая группа состояла из стеклянного стаканчика, натертого акриловой тканью; шелкового чулка, натертого акриловой тканью; маятника, заряженного посредством контакта с этим натертым стеклом; и маятника, заряженного посредством контакта с этим натертым шелком. Было отмечено, что объекты первой группы отталкивали друг друга, объекты второй группы отталкивали друг друга, но каждый объект первой группы притягивал любой объект второй группы.

Соглашение: В настоящее время принято говорить, что объекты первой группы стали *отрицательно заряженными* или приобрели *отрицательный заряд*, а объекты второй группы стали *положительно заряженными* или приобрели *положительный заряд*.

Сам Дюфе пытался определить, зависит ли вид электричества, приобретенный объектом, от материала, которым его натирают.[7] Чтобы проверить это влияние, он натирал подогретую шелковую ткань сначала руками, а затем — другой нагретой шелковой тканью. Он подтвердил, что натертый шелк приобретал смолистое электричество в обоих случаях. Он потирал также шерсть и перья руками и шелком. В обоих случаях он обнаружил, что и шерсть и перья получили стекловидное электричество. После этих нескольких тестов, он пришел к выводу, что материал, которым мы натираем тело может влиять на количество приобретенного телом электричества, но не на его вид. В дальнейшем этот вывод пришлось изменить, когда было обнаружено, что одно и то же тело может приобрести оба вида электрического заряда, в зависимости от материала, которым производиться трение. Следовательно, больше не имеет смысла говорить о *стекловидном электричестве* или *смолистом электричестве*, так как стекло само по себе, например, может получить любой вид заряда, в зависимости от вещества, которым его натирают.

Определения: В настоящее время мы говорим о *положительном и отрицательном электричестве* или *положительном и отрицательном заряде*. Кроме того, заряд, приобретенный пластиковой соломкой при ее натирании волосами, кожей, хлопком или шелком, принято называть *отрицательным*. С другой стороны, заряд, приобретенный пластиковой соломкой при ее натирании твердой резиной, акриловой или ПВХ трубкой, называют *положительным*.

Эксперимент 5.14

Чтобы определить, какие заряды были получены натертым пластиком в эксперименте 5.11, мы делаем эксперимент, который начинается так же, как эксперимент 5.1. Электрический маятник *I* отрицательно заряжен посредством контакта с пластиковой соломкой, заряженной трением с акриловой тканью. Электрический маятник *II* заряжен положительно при контакте с шелковым чулком, заряженным трением с акриловой тканью. Мы размещаем эти два маятника на хорошем удалении друг от друга. Натертая соломка и натертый чулок удаляются со стола. Нити двух заряженных маятников висят вертикально. Мы трем маятниковую пластиковую полоску пальцами. Затем медленно подносим этот натертый пластик к маятнику *I*, не допуская контакта между ними. Мы наблюдаем, что маятник отталкивается от пластика (Рис. 5.21 (a)). После этой процедуры, мы медленно подносим этот натертый пластик близко к маятнику *II*, не позволяя им соприкоснуться. Мы наблюдаем притяжение между ними (Рис. 5.21 (b)). Таким образом, мы заключаем, что натертый пальцами пластик стал отрицательно заряженным.

[7] [DF33b, стр. 472—473].

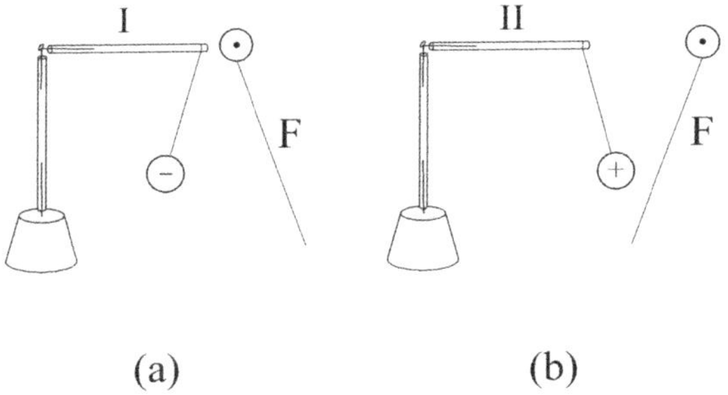

Рис. 5.21: Процедура Дюфе для обнаружения знака заряда наэлектризованного тела. В этом примере натертый пластик отталкивается отрицательно заряженным маятником, (a), и притягивается положительно заряженным маятником, (b). Таким образом, мы приходим к выводу, что пластик отрицательно заряжен.

Повторяя этот эксперимент с другими пластиковыми полосками, натертыми различными веществами, мы наблюдаем, что она заряжается следующим образом: между пальцами (отрицательно), между трубками ПВХ (положительно), в шерсти (отрицательно), между жесткими резиновыми шлангами (положительно).

Вот простая процедура для определения вида заряда, который приобретается телом при трении с конкретным веществом. Эта процедура подразумевает, что тело I заряжено отрицательно, а тело II заряжено положительно. Мы затем подносим заряженное пробное тело к телу I, а также подносим его к телу II. Когда пробное тело отталкивается от I и притягивается к II, мы говорим, что оно имеет отрицательный заряд. Когда оно притягивается к I и отталкивается от II, мы говорим, что оно имеет положительный заряд. Эта процедура связана с именем Дюфе, хотя он использовал понятия стекловидного и смолистого электричества вместо наших понятий положительного и отрицательного электричества:[8]

> Для того, чтобы судить о виде электричества любого тела, достаточно электризовать его и поднести его к [электризованному] куску стекла, а затем к [электризованному] янтарю; оно [тело] будет неизменно притягиваться одним [куском] и отталкиваться другим [куском]; [...]

Мы будем прибегать к этой процедуре регулярно в разделе 5.4.

Эксперимент 5.15

[8][DF33b, стр. 469—470]: “Pour juger donc quelle est l’espece d’électricité d’un corps quelconque, il n’y a qu’a le rendre électrique, & lui présenter l’un après l’autre un morceau de verre & un morceau d’ambre, il sera certainement attiré par l’un, & repoussé par l’autre; [...]”

Мы теперь знаем, что любое вещество можно зарядить положительно или отрицательно, в зависимости от вещества, используемого при трении. Таким образом, мы можем повторить эксперимент 5.1 гораздо проще, с более ярко выраженными результатами.

Пластиковая соломка приобретает хорошую дозу отрицательного заряда при трении волосами, кожей или хлопком. Методом проб и ошибок было установлено, что она приобретает большое количество положительного заряда при трении между двумя жесткими резиновыми шлангами. Чтобы зарядить соломку, мы отрезаем два куска этого шланга. Мы помещаем один конец соломки между этими, хорошо сжатыми кусками и вытягиваем ее быстро из под резиновых шлангов. Пластиковая соломка также приобретает большое количество положительного заряда при трении таким же способом между двумя трубами из ПВХ.

Мы заряжаем бумажный диск маятника *I* посредством механизма *ПКО* через контакт с пластиковой соломкой, натертой волосами. После контакта, этот маятник отталкивается от этой соломки. Мы заряжаем бумажный диск маятника *II* через контакт с пластиковой соломкой, натертой между двумя жесткими резиновыми шлангами. После контакта, маятник отталкивается соломкой.

Однако, когда мы медленно подносим эту последнюю натертую соломку близко к маятнику *I*, не допуская контакта, возникает притяжение между ними. Аналогично, когда мы медленно подносим первую натертую соломку к маятнику *II*, не допуская контакта, между ними будет притяжение.

Преимущество этой процедуры по сравнению с той, которая была принята в эксперименте 5.1, состоит в том, что легче и проще получить значительное количество положительного заряда с пластиковой соломкой, натертой между двумя жесткими резиновыми шлангами, нежели со стеклянным стаканчиком (или шелковой тканью), натертым акриловой тканью. В частности, трудно электризовать современные стекла трением, удерживая стеклянный стаканчик в руке.

Эксперимент 5.16

Эксперимент 5.9 можно повторить гораздо легче с помощью двух пластиковых соломок, натертых различными материалами (поскольку один и тот же объект, натертый различными материалами, приобретает различные заряды), вместо соломки и стеклянного стаканчика, натертого тем же материалом. Мы можем использовать также одуванчик или кусок ваты, который занимает около 10 секунд, чтобы упасть с высоты 2 метров. Мы трем соломку о волосы, чтобы зарядить ее отрицательно. Мы трем другую соломку между двумя жесткими резиновыми шлангами, чтобы зарядить ее положительно, как в эксперименте 5.15. Эти две соломки расположены горизонтально, не касаясь друг друга.

Одуванчик запускается над отрицательной соломкой. Он притягивается соломкой, касается ее, а затем отскакивает от нее (если одуванчик сразу не отскакивает от соломки, мы можем потихоньку сдуть его). Одуванчик приобретает отрицательный заряд по механизму *ПКО*. Затем его можно держать в парящем над соломкой состоянии, как в эксперименте 4.4 (Figure 5.22 (a)).

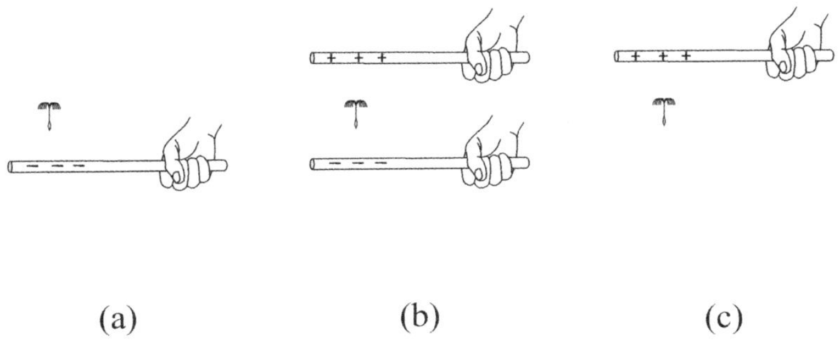

Рис. 5.22: (a) Отрицательный одуванчик, парящий над отрицательной соломкой. (b) Отрицательный одуванчик, парящий между отрицательной и положительной соломкой. (c) Отрицательный одуванчик, парящий под положительной соломкой.

Мы теперь медленно подносим положительную соломку сверху одуванчика. Вторая соломка должна все время оставаться над одуванчиком, не касаясь его. В этом случае будет притяжение между отрицательным одуванчиком и второй положительной соломкой. Отрицательный одуванчик может оставаться на плаву между нижней отрицательной соломкой и верхней положительной соломкой, как показано на рисунке 5.22 (b). Это возможно только при отсутствии контакта между отрицательным одуванчиком и положительной соломкой над ним.

Можно удалить нижнюю отрицательную соломку и держать отрицательный одуванчик на плаву в воздухе ниже положительной соломки, при условии, что они не касаются друг друга (Рис. 5.22 (c)). С практикой, мы можно получить хороший контроль над этим экспериментом. Всякий раз, когда отрицательный одуванчик движется по направлению к верхней положительной соломке, мы должны быстро удалить соломку, но всегда поддерживая его над одуванчиком. Таким образом, одуванчик можно держать в парящем под соломкой состоянии, в осциллирующем вверх и вниз режиме.

Эксперимент 5.17

Эксперимент 5.15 также может быть выполнен с использованием версориума Дюфе, раздел 4.7. Мы строим два таких версориума, *I* и *II*, убеждаясь после каждого монтажа, что они действительно нейтральны. Вспомните как использовать алюминиевую фольгу на конце одного из плеч версориума Дюфе.

Сначала мы трем пластиковую соломку о волосы, чтобы зарядить ее отрицательно. Затем мы заряжаем версориум *I* по механизму *ПКО*, как это было описано в эксперименте 4.12. После освобождения алюминиевой фольги от отрицательной соломки, она отталкивается от нее. Мы натираем другую соломку между двумя жесткими резиновыми шлангами, чтобы зарядить ее положительно. Мы заряжаем версориум *II* положительно посредством контакта с этой соломкой. После освобождения соломки алюминиевой фольгой, она отталкивается от нее.

Мы теперь медленно подносим отрицательное соломку к версориуму *II*, не позволяя им соприкоснуться. Мы наблюдаем, что алюминиевая фольга притягивается соломкой. Мы медленно подносим положительную соломку к версориуму *I*, не позволяя им соприкоснуться. Видно, что алюминиевая фольга также притягивается этой соломкой.

Эксперимент 5.18

Эксперимент 5.14 можно провести также с двумя версориумами Дюфе. Алюминиевая фольга версориума *I* заряжена отрицательно по механизму *ПКО*, как в эксперименте 5.17. По той же методике заряжаем положительно алюминиевую фольгу версориума *II*. Другая пластиковая соломка натирается определенным веществом. После такой подготовки, мы подносим натертый участок этой соломки близко к отрицательному версориуму *I*, не позволяя им соприкоснуться. Предположим, они отталкивают друг друга, как показано на Рис. 5.23.

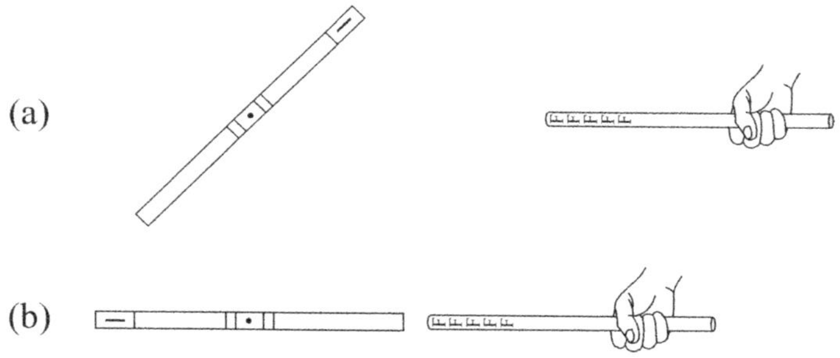

Рис. 5.23: Отрицательно заряженная алюминиевая фольга версориума Дюфе отталкивается приближающимся к ней наэлектризованным телом.

Теперь мы подносим натертую часть этой соломки к положительному версориуму *II*, не допуская контакта между ними. Предположим, что они притягивают друг друга, как показано на Рис. 5.24. Поскольку одноименные заряды отталкивают, а противоположные заряды притягивают друг друга, в этом случае мы заключаем, что соломка зарядилась отрицательно при трении. Та же процедура может быть использована для того, чтобы определить знак заряда других материалов, наэлектризованных трением различными веществами.

Дюфе создал этот тип версориума в качестве практичного и чувствительного инструмента для определения типа электричества, полученного

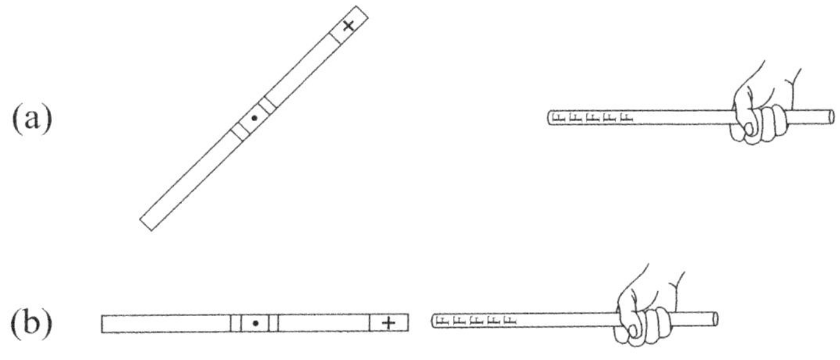

Рис. 5.24: Положительно заряженная алюминиевая фольга версориума Дюфе притягивается поднесенным близко к ней заряженным телом.

объектом, который может удерживать лишь очень малое количество электричества. Сперва он построил металлический версориум, но позже он заметил, что для его целей лучше иметь версориумы, изготовленные из стекла или воска. Затем он описал эксперимент, аналогичный эксперименту 5.18:[9]

> Существует еще один очень простой способ определения вида электричества для тела, имеющего очень слабую способность электризоваться [...] В настоящее время я буду избегать [представлять] читателю утомительные и обескураживающие детали плохо поставленных или несовершенных экспериментов, и я скажу только, что для того чтобы добиться успеха, необходимо использовать стеклянную иглу [версориум из стекла], которая монтируется над очень длинной стеклянной опорой; эта игла должна иметь на одном конце полый металлический шар, а на другом [конце] балансирующую массу стекла, это необходимо, чтобы высушить все ее части, и после этого передать электричество металлическому шару от [натертой стеклянной] трубки, или любого аналогичного вещества; [заряженный] мяч будет затем притягиваться телами, которые имеют смолистое электричество, и отталкиваться телами со стекловидным электричеством.

[9][DF33b, стр. 473—474]: „Il y a encore un moyen bien simple pour connoitre le genre d'électricité d'un corps dans lequel cette vertu est très-faible [...] J'épargnerai cependant au lecteur un détail ennuyeux & rebutant d'expériences manquées ou imparfaites, & je dirai seulement que pour réussir, il faut se servir d'une aiguille de verre posée sur un pivot de verre très-long, que cette aiguille porte à l'un de ses bouts une boule de métal creuse, & à l'autre un contre-poids de verre, qu'il faut bien sécher toutes ces piéces, & qu'alors il faut communiquer l'électricité à la boule de métal avec le tube, ou quelqu'autre matiére analogue, la boule sera alors attirée par les corps dont l'électricité est résineuse, & repoussée par ceux qui ont l'électricité vitrée.“

5.4 Трибоэлектрический ряд

В этом эксперименте мы покажем, как использовать практическую схему эксперимента 5.14 для широкого класса веществ, когда трение осуществляется самыми различными материалами. Мы будет использовать металлический версориум для определения, является ли тело нейтральным или заряженным. Сначала мы трогаем версориум пальцем, чтобы разрядить его. Затем мы медленно подносим тело к версориуму, не касаясь его. Если версориум остается в покое, т.е. не поворачивается к телу, мы говорим, что тело является нейтральным. Когда версориум поворачивается к телу, мы говорим, тело заряжено.

Чтобы проверить тип заряда, полученного натертым телом, мы используем два электрических маятника, заряженных противоположными электричествами. Эти маятники находятся на столе на достаточном удалении друг от друга. Перед зарядкой маятников, мы трогаем бумажный диск каждого маятника пальцем. Затем мы заряжаем их посредством контакта. Это можно сделать просто и эффективно, натерев пластиковую соломку, и поднося ее близко к одному из маятников. Бумажный диск притягивается натертой соломкой, касается ее, а затем отталкивается от нее, поскольку он получает заряд того же знака.

Из опыта проведения подобного эксперимента, мы знаем, что зарядить маятник отрицательно не представляет труда. В конце концов, пластиковая соломка приобретает большое количество отрицательного заряда при трении с рядом веществ: волосы, хлопок, бумага и т.д. Есть и другие тела, которые также приобретают хорошую дозу отрицательного электричества (вещество, которым производится трение, указано в скобках): акриловая трубка (лист бумаги, хлопок, акриловая ткань, волос, синтетический полиамид), жесткий резиновый шланг (полиэтиленовый пакет, акриловая ткань, синтетический полиамид, шерсть, стекло), ПВХ трубка (человеческая кожа, акриловая ткань, синтетический полиамид, стекло), пенополистирол (волос), пластиковый пакет (волос) и шелк (волос).

Труднее найти подходящие вещества, которые приобретают большое количество положительного электричества при трении. Чтобы зарядить пластиковую соломку большим количеством положительного заряда, мы вынуждены были натирать ее между двумя жесткими резиновыми шлангами (или между двумя трубками ПВХ), вытягивая ее быстро из под плотно прижатых шлангов. Вот еще несколько объектов, которые приобретают хорошую дозу положительного заряда (вещество, которым производится трение, указано в скобках): стекло (акриловая ткань), синтетический полиамид (акриловая ткань) и шелк (акриловая ткань, жесткие резиновые шланги, акриловые трубки и трубки ПВХ).

Чтобы зарядить некоторые вещества, имеющие форму нити или проволоки (волосы, хлопчатобумажная нить, нить из синтетического полиамида или полиэстера), мы используем следующую схему. Сначала мы привязываем их к пластиковой соломке, чтобы предотвратить разрядку через наши руки после трения (Рис. 5.25 (a)). Чтобы определить тип заряда, полученного этими натертыми нитями, мы не будем использовать описанные ранее заряженные маятники. Вместо этого, мы размещаем на подходящих опорах отрицательно заряженную соломку (натертую по всей длине волосами), и положительно заряженную соломку (натертую по всей длине между двумя жесткими резиновыми шлангами). Опору можно построить точно так же, как это мы делали для маятника (Рис. 5.25 (b)).

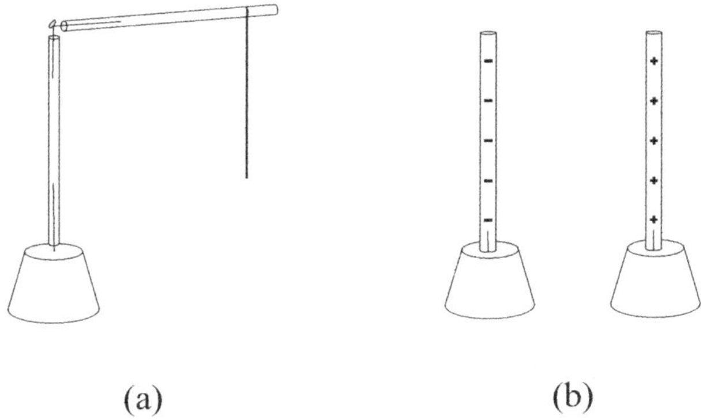

Рис. 5.25: (a) Нить привязана к пластиковой соломке. (b) Противоположно электризованные пластиковые соломки.

Натертая нить, привязанная к горизонтальной соломке, затем медленно подносится к отрицательно заряженной вертикальной соломке, не касаясь ее. Затем медленно подносим ее близко к положительно заряженной вертикальной соломке, не касаясь ее. Наблюдая за реакцией (притяжение или отталкивание) нити по отношению к этим заряженным соломкам, мы можем определить заряд, приобретенный этой нитью за счет трения.

Испытанию были подвергнуты следующие объекты: сухая человеческая кожа, пластиковый пакет, папиросная бумага, пенопласт, алюминиевая фольга, хлопок, акриловая ткань (см. эксперимент 5.1), синтетический полиамид, волосы, кожа, металлическая стружка, пробки, гладкое стекло, эбонитовый шланг, пластиковая соломка, фарфор, акриловые трубы, ПВХ трубы, тонкий картон, дерево и шелк. Мы терли некоторые вещества из хорошо пропитывающего влагу хлопка, или терли хлопковые нити другими телами. Некоторые вещества мы подвергали трению синтетическим полиамидом в виде женского чулка. Некоторые, так называемые „шелковые" чулки, на самом деле изготовлены из синтетического полиамида. Синтетический полиамид можно легко найти также в купальных костюмах. Мы терли различные объекты о наши волосы, мы также использовали отдельный человеческий волос, привязанный к пластиковой соломке, и натирали его другими веществами. Для испытания древесины, мы использовали в наших экспериментах обычные деревянные шампуры, которые продаются в магазинах. Мы не уверены, из какого именно сорта дерева были изготовлены эти шпажки. Некоторые вещества мы терли шелковой тканью. Мы также использовали шелковую нить, которую терли другими объектами. Стекло в наших экспериментах было очень гладким.

В большинстве случаев была принята следующая схема. Маятник отрицательно заряжался касанием натертой волосами соломки. Другой маятник заряжался положительно при контакте с соломкой, натертой двумя жесткими резиновыми шлангами. Эти заряженные маятники размещались достаточно далеко друг от друга, так чтобы их нити висели вертикально. Натертые соломки подддерживались вертикально на соответствующих опорах, которые также были пространственно разделены, чтобы можно было определить с помощью натертых нитей тип заряда на соломках.

Сначала мы проверяли некоторые объекты, I и II, на отсутствие заряда, размещая каждый из них рядом с версориумом. С подтверждением отсутствия заряда на каждом из них, объект I подвергался трению объектом II. Идея состояла в том, что мы могли использовать любой из объектов I и II для определения типа заряда.

Затем мы проверяли, получил объект I достаточное количество заряда или нет. Для этого мы медленно подносили его к версориуму, чтобы увидеть реакцию версориума. Если достаточно хорошо заряжен, то объект I начинал медленно двигаться рядом с отрицательно заряженным маятником, не касаясь его, и можно было наблюдать, если маятник притягивался или отталкивался этим объектом. Объект I затем медленно подносился близко к положительно заряженному маятнику, не касаясь его. Мы наблюдали, притягивался или отталкивался этот второй маятник объектом I. Если мы наблюдали притяжение (отталкивание) отрицательно заряженного маятника, а также отталкивание (притяжение) положительно заряженного маятника, мы заключали, что объект I стал положительно (отрицательно) заряженным в результате трения с объектом II.

Нам кажется, что имеет смысл проверять, притягивается или отталкивается один из маятников от заряженного объекта, и отталкивается или притягивается другой маятник этим заряженным объектом. Эта предосторожность необходима, чтобы ислючить все сомнения в отношении типа заряда, приобретенного натертым объектом. Потребность в такой предосторожности обусловлена тем, что приобретенный трением заряд часто может быть очень незначительным. Это создает притяжение или отталкивание с очень малой интенсивностью между этим натертым объектом и заряженными маятниками, что усложняет проведение точных наблюдений.

Время от времени необходимо трогать пальцем версориум, чтобы снять остаточное электричество, которое он мог случайно получить. Кроме того, время от времени мы также должны заряжать каждый маятник снова, так как они постепенно теряют свое электричество с течением времени. Что касается пластиковых или смолистых объектов, не следует натирать один и тот же объект более чем одним видом вещества. Причина этой предосторожности состоит в том, что иногда заряд, приобретенный в течение первого трения, остается в теле пластикового или смолистого объекта. Тогда невозможно знать точно, какой вид электричества был приобретен в результате трения со вторым веществом. Чтобы проверить тип заряда, приобретенного пластиковой соломкой, например, мы должны использовать отдельную соломку для каждого вещества, которым производится трение. Более того, перед трением соломки, не лишне убедиться в ее электрической нейтральности.

При трении пластиковый соломки твердыми веществами, мы устанавливали один из ее концов между ними (между двумя кусками пенопласта, между двумя пробками и так далее). Затем мы быстро вытаскивали соломку из под этих двух объектов, протаскивая ее по всей длине между ними.

В случае стекла, кожи, фарфора, дерева и бумаги необходимо соблюдать особую предосторожность при обращении с ними. Они могут получить и поддерживать достаточное количество заряда только в том случае, если они были высушены и, желательно, нагреты перед тем, как подвергать их трению. Мы нагревали их в микроволновой печи, но можно нагреть их и спичками.

Как правило, мы терли тело I против тела II. Всякий раз, когда это было возможно, мы проверяли наличие обоих зарядов, как заряда на теле I, так и заряда на теле II. Но это не всегда было возможно. В некоторых случаях один из этих тел не удерживал никакого заряда после трения. Обычно это тело разряжался через контакт с нашей рукой, как в случае со стальными волокнами, хлопком или листом бумаги. В подобных случаях, мы проверяли наличие заряда только на другом теле.

Результаты проведенных таким образом экспериментов даны в таблице 5.1.

Определение: Список в Таблице 5.1 называется *трибоэлектрическим рядом*. Префикс „трибо“ имеет греческое происхождение. Это слово означает трение или акт трения. Трибоэлектрический ряд указывает на вид электричества, полученного в результате трения.

Эту таблицу следует толковать следующим образом. Когда мы трем тело I с телом II, положительный заряд получит то тело, которое находится в таблице выше другого. То есть тело, которое находится ближе к символу + станет положительно заряженным, а другое станет отрицательно заряженным. Например, если пластиковую соломку потереть шелком, шелк станет положительным, а пластик отрицательным.

Мы не включили стальную шерсть в эту таблицу, потому что трудно электрически зарядить тело трением стальной шерстью. Отрицательный заряд получили пластиковая соломка, акриловая труба, твердая резина, трубка ПВХ, стирофом и полиэтиленовый пакет. Одиночный человеческий волос, с другой стороны, стал положительно заряженным путем трения стальной шерстью. Стекло, дерево, фарфор, акриловая ткань, синтетический полиамид и шелк не приобрели заметное количество заряда.

Этот трибоэлектрический ряд не совпадает с другими трибоэлектрическими рядами, часто встречающимися в литературе, которые отличаются друг от друга даже в порядке расположения одних и тех же тел. Есть веские причины для этого расхождения результатов. Есть много различных видов стекла, изготовленные из различных материалов и по различным технологиям. Эти аспекты, безусловно, влияют на их способность приобретать

+
волосы
гладкое стекло
человеческая кожа
синтетический полиамид
хлопок
шелк
бумага или тонкий картон
кожа
фарфор
алюминиевая фольга
дерево
пробка
акриловая ткань
стирофом
пластиковый пакет
питьевая пластиковая соломка
жесткий акрилик
трубка ПВХ
твердая резина
−

Таблица 5.1: Трибоэлектрический ряд.

положительные или отрицательные заряды трением. Например, некоторые виды стекла становятся положительно заряженными после трения руками, в то время как другие виды стекла становятся отрицательно заряженными. То же разнообразие материалов и технологий изготовления имеет место с другими веществами (пластик, бумага, резина и т.п.) Красители, используемые при изготовлении шелковых и других тканей или нитей, могут также повлиять на их свойства. Электрические свойства древесины могут зависеть от типа дерева. Человеческий волос и кожа могут быть более или менее жирными, они могут быть также пропитаны шампунем, кремов и другими веществами.

Каждый, кто проводит эти эксперименты, должен попытаться построить свой собственный трибоэлектрический ряд, используя доступные материалы.

В разделе 5.3 мы видели, как в 1733 году Дюфе натирал шелк, перья и шерсть шелком и своими руками. Он обнаружил, что каждый из этих тел всегда заряжался электричеством одного и того же вида, независимо от того, каким материалом он производил трение. С тех пор были обнаружены некоторые аномалии. Джон Кантон (1712—1772), в частности, установил, что шероховатое (нешлифованное) стекло может получить положительный заряд при трении фланелью или отрицательный заряд при трении масленным шелком.[10] Эти исследования были продолжены Йоханом Карлом Вильке (1732—1796), кто в 1757 году опубликовал первый трибоэлектрический ряд:[11] гладкое стекло, шерсть, перья, древесина, бумага, сургуч, белый воск, грубое стекло, сера и некоторые металлы, включая свинец. В 1759 Бенджамин Вильсон (1721—1788) опубликовал другой ряд, вероятно, полученый независимо от Вильке:[12] алмаз, турмалин, стекло, янтарь. Это были первые, когда-либо опубликованные трибоэлектрические ряды.

5.5 Одинаково ли часто возникают притяжения и отталкивания?

Эксперимент 5.19

В разделе 5.4 мы видели, как зарядить пластиковую соломку положительно и отрицательно. Мы заряжаем одну из этих соломинок отрицательно трением и повторяем эксперимент 4.10. То есть сперва мы трогаем бумажный диск маятника пальцами. Затем мы приближаем отрицательную соломку к маятнику. Бумажный диск притягивается соломкой, касается ее, а затем отталкивается от нее. Когда мы касаемся бумажный диск пальцами, он разряжается. Мы можем затем повторить всю процедуру.

Такой же эксперимент следует провести с положительно заряженной соломкой. Мы начинаем с разрядки маятника, прикрснувшись к его бумажному диску пальцами. Когда мы подносим положительную соломку к диску, диск притягивается соломкой, касается ее, а затем отталкивается. Когда мы трогаем бумажный диск, он разряжается. Затем можно повторить всю процедуру.

Эксперимент 5.20

Теперь мы проводим эксперименты, аналогичные экспериментам 5.1 и 5.15. Мы заряжаем маятник *I* отрицательно методом *ПКО*, как в опытах 4.7 и 5.19. Мы заряжаем маятник *II* положительно по механизму *ПКО*, как в эксперименте 5.20. Медленно подносим отрицательную соломку к отрицательно заряженному маятнику *I*, наблюдая отталкивание маятника. Затем подносим отрицательную соломку к положительно заряженному маятнику *II*, не допуская контакта. Наблюдается притяжение маятника. Мы медленно подносим положительную соломку к положительно заряженному маятнику *II*, маятник при этом отталкивается. Теперь подносим положительную соломку близко к отрицательно заряженному маятнику *I*, избегая контакта. Маятник притягивается соломкой.

Эксперимент 5.21

[10] [Can54].
[11] [Hei99, стр. 387—388].
[12] [Wil59] и [Hei99, стр. 387—388].

Теперь мы проводим эксперименты, аналогичные эксперименту 4.8. Маятник отрицательно заряжен методом *ПКО*. Чтобы зарядить его отрицательно, натертая волосами соломка подносится к маятнику, как в опытах 5.1 и 5.15. Как только бумажный диск отталкивается от натертой соломки, мы убираем соломку. Теперь мы медленно подносим палец близко к бумажному диску, не касаясь его. Маятник притягивается пальцем.

Ту же процедуру повторяем с положительно заряженным маятником. Положительный заряд можно получить в результате приближения соломки, натертой между двумя жесткими резиновыми шлангами, близко к нейтральному маятнику. После того, как бумажный диск отталкивается от натертой соломки, мы убираем соломку. Затем медленно подносим палец близко к маятнику, не касаясь его. Маятник и в этот раз притягивается пальцем.

Эксперимент 5.20 еще раз показывает, что отрицательно заряженное тело I отталкивает другое отрицательно заряженное тело II. То же самое происходит с двумя положительно заряженными телами. С другой стороны, если тело I имеет отрицательный заряд, а тело II заряжено положительно, они притягивают друг друга.То же самое происходит, если I заряжено положительно, а II отрицательно.

Таким образом, мы видим два притяжения и два отталкивания. Это может означать, что эти два явления происходят одинаково часто. Однако, как видно из экспериментов 5.19 и 5.21, заряженное тело обычно притягивает нейтральное тело, независимо от того, заряжено тело положительно или отрицательно. И нейтральное тело, как наш палец, притягивает не только положительное тело, но и отрицательное. Это показывает, что притяжение гораздо более распространенное и обычное явление, чем отталкивание, благодаря тому факту, что большинство тел находится в макроскопически нейтральном состоянии. Когда мы заряжаем определенное тело, оно будет стремиться привлечь почти все тела вокруг него, хотя это притяжение может быть настолько слабым, что его трудно обнаружить. Заряженное тело будет отталкивать лишь те тела, которые имеют суммарный заряд того же знака. Если второе тело имеет заряд противоположного знака с первым, или если второе тело является нейтральным, между ними будет притяжение.

В заключение можно сказать, что эти эксперименты иллюстрируют тот факт, что электрическое притяжение более привычное явление, чем электрическое отталкивание, так как оно встречается гораздо чаще.

В разделе 7.10 мы будем обсуждать силу взаимодействия между двумя телами, электризованными зарядами одного знака.

5.6 Изменение электрической силы в зависимости от расстояния

Со времени проведения старейшего эксперимента в электростатике (эксперимент 2.1), было известно, что сила притяжения, оказываемого заряженным телом на небольшое легкое тело, зависит от расстояния между ними. В конце концов, притяжение легких тел натертым телом заметно лишь тогда, когда расстояние между ними мало. А когда это расстояние очень велико, притяжение не так легко обнаружить. То же самое происходит в экспериментах с версориумом, как в эксперименте 3.1. То есть версориум поворачивается к пластику только тогда, когда натертый пластик подноситься близко к нему. То же самое происходит во всех остальных экспериментах, описанных до сих пор, т.е. эффект наблюдается только в том случае, если расстояние между взаимодействующими телами мало.

Эти эффекты можно наблюдать также в случаях притяжения и отталкивания между заряженными телами. Проиллюстрируем этот факт на электрическом маятнике.

Эксперимент 5.22

Электрический маятник *I* заряжается отрицательно по методу *ПКО*, как в опытах 5.1 и 5.15. Затем мы удаляем отрицательную соломку, которая зарядила маятник через контакт. Нить маятника сразу возвращается к вертикали. Мы заряжаем другую соломку положительно, натерев ее между двумя жесткими резиновыми шлангами. Мы медленно приближаем положительную соломку к отрицательному маятнику, избегая контакта, пока не обнаружим — по отклонению нити от вертикали — притяжение между ними. Горизонтальная соломка должна находиться на той же высоте, что и бумажный диск, при приближении ее к диску сбоку. Мы медленно сокращаем расстояние между бумажным диском и кончиком натертой соломки. Заметим, что уменьшение этого расстояния увеличивает угол наклона соломки по отношению к вертикали (Рис. 5.26). Это свидетельствует о том, что сила притяжения между электрически противоположно заряженными телами увеличивается, когда расстояние между взаимодействующими телами уменьшается. О величине силы в данном эксперименте можно судить по углу отклонения маятника от вертикали.

Эксперимент 5.23

Электрический маятник *I* заряжен отрицательно по методу *ПКО*, как в опытах 5.1 и 5.15. После этой процедуры, мы удаляем отрицательную соломку, которая зарядила его через контакт. В этой ситуации нить маятника возвращается к вертикали. Теперь медленно приближаем отрицательную соломку к заряженному маятнику до расстояния, на котором отталкивание начинает проявлять себя в отклонении маятника от вертикали. соломка должна сохранять горизонтальное положение и находиться на той же высоте, что и бумажный диск, и следует подносить ее к диску сбоку. Затем

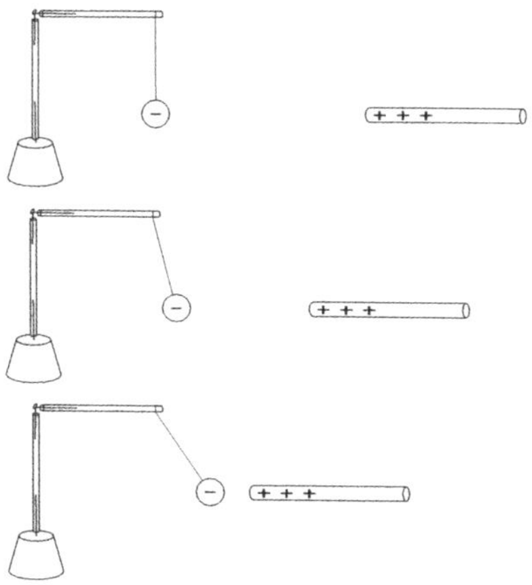

Рис. 5.26: Уменьшая расстояние между отрицательным бумажным диском и положительным кончиком натертой соломки, мы увеличиваем силу притяжения между ними.

мы медленно уменьшаем расстояние между бумажным диском и натертым кончиком соломки. Когда это расстояние уменьшается, угол наклона нити к вертикальным увеличивается, как показано на Рис. 5.27. И это свидетельствует об увеличении силы отталкивания с уменьшением расстояния между взаимодействующими телами.

В этом эксперименте не следует подносить натертую соломку слишком близко к наэлектризованному маятнику. Эту предосторожность необходимо соблюдать по той причине, что в некоторых ситуациях может возникнуть притяжение между ними, если расстояние между ними слишком мало. Этот вопрос мы будет обсуждать в разделе 7.10.

5.7 Изменение электрической силы с количеством заряда

До сих пор мы не обременяли себя вопросом, как измерить количество электричества (или величину электрического заряда). Обычно это делается с помощью понятия электрической силы.

Пусть A, B и C — три тела, размеры которых малы по сравнению с расстоянием между ними. Будем считать, что тела A и B электризованы (трением, или по механизму *ПКО*). Мы называем F_{AC} силой между A и C, когда они находятся на расстоянии d друг от друга, а тело B находится далеко от этих двух тел. Мы называем F_{BC} силой между B и C, когда эти тела разделены расстоянием d, а A находится далеко от них.

Определения: Мы говорим, что величина заряда A равна величине заряда B, когда $F_{AC} = F_{BC}$. Если F_{AC} больше, чем F_{BC}, мы говорим, что

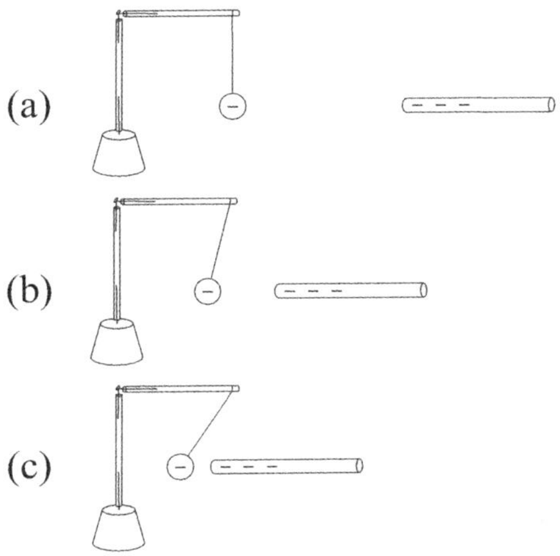

Рис. 5.27: Уменьшая расстояние между отрицательным бумажным диском и отрицательным кончиком натертой соломки, мы увеличиваем силу отталкивания между ними.

величина заряда A больше, чем величина заряда B. Если F_{AC} меньше, чем F_{BC}, мы говорим, что величина заряда A меньше, чем величина заряда B.

Интенсивность силы можно измерить различными способами. Здесь мы рассмотрим ситуации, когда расстояния фиксированы. В эксперименте 2.1, например, чем больше кусочков бумаги собирает соломка, тем большую силу она оказывает на них. В эксперименте 2.8 интенсивность силы видна по кривизне падающего потока жидкости. В эксперименте 4.1 на интенсивность силы указывает угол раскрытия между наэлектризованными пластиковыми полосками. В опытах с электрическим маятником, как в эксперименте 4.5, об интенсивности силы можно судить по величине угла между маятником и вертикалью. В экспериментах с маятниковой пластиковой нитью, угол раскрытия между пластиковыми полосками указывает на интенсивность силы, как в эксперименте 5.11.

Например, из двух электризованных пластиковых соломок A и B, более электризованной является та соломка, которая, на том же расстоянии от стола или от падающего потока жидкости, привлекает больше кусочков бумаги, или приводит к большей кривизне падающего потока жидкости (Рис. 5.28). Роль тела C в этом случае играет кусочек бумаги или поток воды. Наиболее электризованная соломка будет также, при одинаковом расстоянии от электрического маятника, вызывать большее отклонение маятника от вертикали. Такое же определение можно применить и к другим описанным в этой книге экспериментам.

В разделе 5.6 мы видели, что интенсивность силы возрастает, когда расстояние между взаимодействующими телами уменьшается. Это подсказывает другую схему для измерения электризации тела. По этой схеме, о ве-

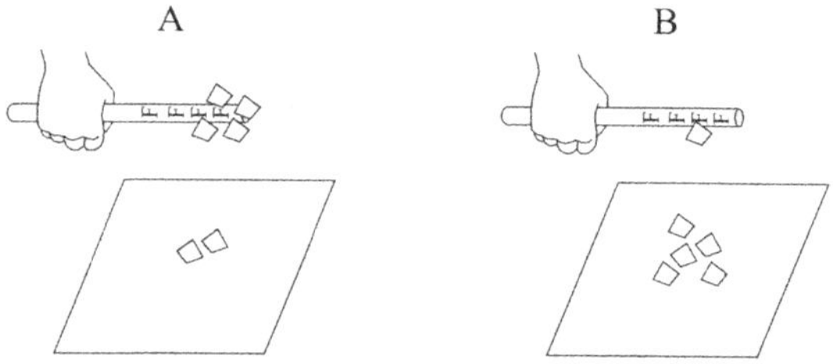

Рис. 5.28: Соломки A и B находятся на одинаковом расстоянии от стола. Мы заключаем, что соломка A наэлектризована в большей степени, чем B, поскольку она притягивает больше кусочков бумаги.

личине заряда тела можно судить по расстоянию, на котором его электрическая сила создает видимый эффект. Например, предположим, что у нас есть две электризованные пластиковые соломки A и B одного размера. Допустим, A начинает привлекать бумажки на расстоянии 15 см от стола, в то время как для B это притяжение начинается только тогда, когда она находится на расстоянии 5 см от стола. В этом случае мы говорим, что A электризована больше, чем B, то есть A имеет большее количество электрического заряда, чем B (Рис. 5.29).

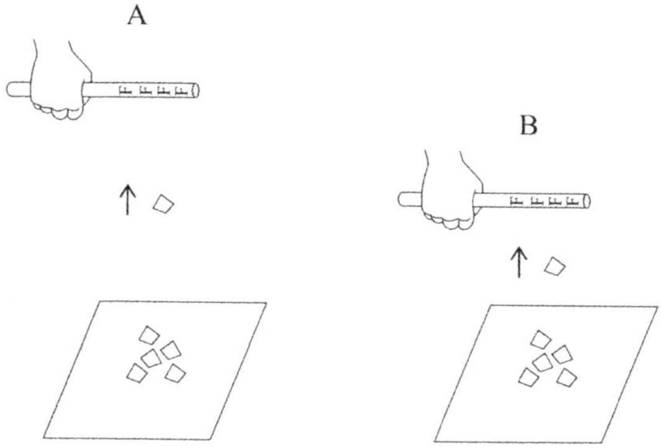

Рис. 5.29: соломка A электризована в большей степени, чем соломка B, ибо она начинает привлекать бумажки на большем расстоянии от стола.

Другие эффекты также начнут наблюдаться или обнаруживаться на большем расстоянии для A, чем для B. Например, допустим, что тело A вызывает искривление потока падающей воды (или электрического маятника), когда оно находится на расстоянии d_1 от падающей воды (или маятника). Для тела B соответствующее расстояние пусть будет равно d_2. Если тело A наэлектризовано больше, чем B, то $d_1 > d_2$.

В итоге, по определению, электрическая сила возрастает с количеством заряда.

Проведем теперь несколько простых, но нетривиальных экспериментов.

Эксперимент 5.24

Мы берем две пластиковые соломки, наэлектризованные трением. Размещаем одну из них горизонтально, параллельно поверхности стола, с множеством кусочками бумаги на столе. Положим, она привлекает N кусочков бумаги, находясь на расстоянии d от стола. Предположим, что вторая электризованная соломка также привлекает около N кусочков бумаги, когда она находится на том же расстоянии d от стола. По определению из предыдущего раздела 5.7, мы приходим к выводу, что они имеют одинаковое количество заряда.

Затем мы удаляем соломки подальше от стола. Мы соединяем их бок о бок, в горизонтальном положении. Мы приближаем их как одно целое к столу, пока они не окажутся на том же расстоянии d от стола, что и раньше. Заметим, что вместе они привлекают большее количество кусочков бумаги, чем каждая по отдельности.

Когда мы объединяем три или четыре одинаковые наэлектризованные соломки, количество привлеченных кусочков бумаги на том же расстоянии от стола увеличивается.

Эксперимент 5.25

Давайте представим, что у нас есть две пластиковые соломки, которые были равномерно наэлектризованы трением по всей их длине. Предположим, что они имеют приблизительно одинаковые электрические заряды, согласно предыдущему определению. Мы заряжаем электрический маятник методом *ПКО*, приводя его в контакт с одной из электризованных соломок. После этой процедуры, маятник начинает отталкиваться от соломки. Мы удаляем соломку, и электризованный маятник возвращается в вертикальное положение. Мы размещаем соломку горизонтально на той же высоте, что и диск маятника. Предположим, что маятник наклонен под углом θ к вертикали, когда ближайший кончик соломки находится на расстоянии d от вертикальной проекции, проходящей через точку подвеса маятника, как показано на Рис. 5.30 (a).

Мы объединяем две натертые соломки и размещаем их на таком же расстоянии d от заряженного электрического маятника. Заметим, что маятник отклоняется от вертикали на угол, больший чем θ, как показано на Рис. 5.30 (b). Этот экспериментальный факт, вместе с предыдущим определением, показывает, что два одинаково заряженных тела при их объединении имеют больший заряд, чем каждый из этих тел в отдельности.

Когда мы объединяем три одинаково заряженные соломки, заметим, что угол наклона маятника увеличивается еще больше. Это указывает на дополнительное увеличение силы.

Определение: Эти наблюдения позволяют дать новое определение. Предположим, у нас есть N тел, одинаково наэлектризованных зарядами одного

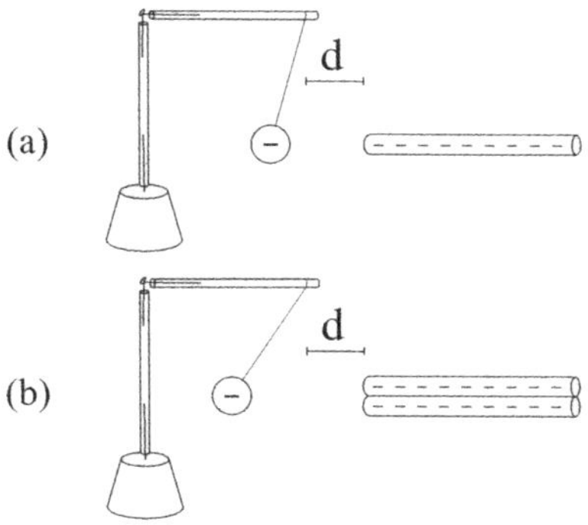

Рис. 5.30: (a) Сила, оказываемая заряженной соломкой на заряженный маятник, меньше, чем (b) сила, действующая на тот же маятник со стороны двух одинаково заряженных соломинок на том же расстоянии от вертикали, проходящей через точку подвеса нити.

и того же знака. Предположим, что мы объединили все эти N заряженные тела в единое целое. Количество заряда этого объединенного объекта мы определяем как N кратную сумму заряда одного тела.

Хотя это очень простое определение, оно не является тривиальным. Проиллюстрируем это на примере. Уровень ртутного термометра можно принять по определению как индикатор температуры тела. Например, мы можем считать, что два тела A и B имеют одинаковую температуру, если уровень этого термометра при контакте с A равен уровню того же термометра при контакте с B. Если уровень термометра выше (ниже) для A, чем для B, мы говорим, что A имеет более высокую (низкую) температуру, чем B. Тем не менее, простой эксперимент показывает, что, если мы объединим два тела A и B, так чтобы они касались друг друга, уровень термометра не изменится. Ввиду подобных экспериментов, мы не определяемт температуру сложного тела AB (то есть тела A и B в контакте друг с другом) как удвоенную температуру тела A.

Что касается весов и электрических зарядов, многие эксперименты показывают, что, когда мы объединяем N тел, которые обладают одним и тем же свойством, гравитационные и электрические эффекты, вызываемые этими N телами будут больше, чем эффект, производимый одним из этих тел. Эксперименты, подобные этим, приводят к данному выше определению. Другими словами, разумность предыдущего определения основана именно на подобного рода экспериментах.

Эксперимент 5.26

Мы связываем концы двух кусков пластиковой соломки, имеющих одинаковую длину и массу, небольшой шелковой нитью. Мы можем сделать две или три такие пары. Мы трем каждую пару о волосы, но для одной пары трение осуществляется более быстрыми и интенсивными движениями, чем для другой. Когда мы подносим каждую из этих пар близко к отрицательно заряженному маятнику, мы видим, что каждая из них отклоняет маятник на отличный от других угол, даже когда они находятся на одинаковом расстоянии от вертикали, проходящей через точку подвеса нити маятника. Это говорит о том, что пары получили различные количества электрического заряда (Рис. 5.31).

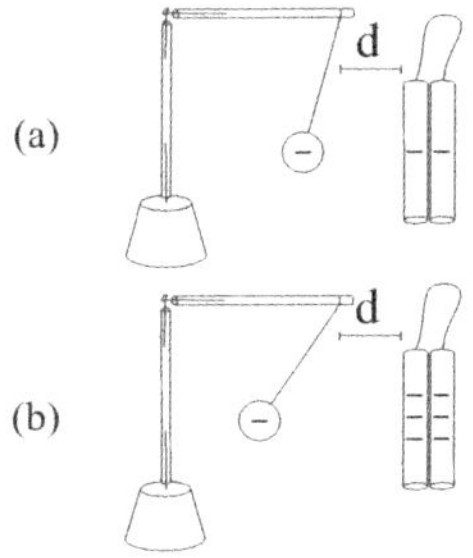

Рис. 5.31: Тела, имеющие разное количество зарядов. Пластики в (b) имеют больший электрический заряд, чем пластики в (a).

Каждая пара тогда может висеть на связывающей соломки шелковой нити, перекинутой через горизонтальную опору (например, карандаш). Заметим, что соломки не остаются в вертикальном положении, поскольку они отталкивают друг друга. Кроме того, пара, которая отталкивает заряженный маятник с большей силой, и есть именно та пара, для которой два куска соломки отклоняются больше от вертикали (Рис. 5.32). Поскольку соломки всех пар имеют одинаковый вес, это еще раз показывает: увеличивая заряд, который они содержат, мы тем самым повышаем электрическую силу между ними.

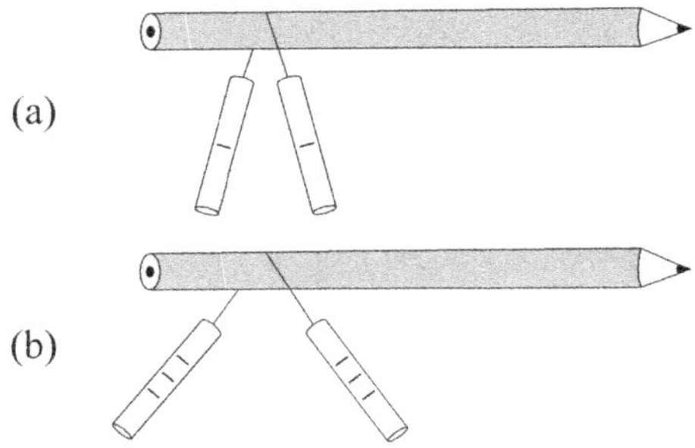

Рис. 5.32: Увеличивая количество заряда в каждой паре соломинок, мы увеличиваем силу между заряженными соломками каждой пары.

Глава 6

Проводники и изоляторы

6.1 Электроскоп

Мы уже построили версориум и электрический маятник. Теперь нам предстоит построить еще один инструмент — *электроскоп*. Существует несколько разновидностей электроскопа, здесь будут представлены только некоторые из них. Версориум и электрический маятник иногда называют также электроскопом, поскольку они оба указывают на присутствие заряженных тел рядом с ними. Но в этой книге мы оставляем имя электроскоп за описанным в данном разделе инструментом; мы также обсудим свойства, которые отличают его от предыдущих инструментов.

Модель, изготовленная из тонкого картона, является пожалуй самой простой из всех возможных моделей. Мы вырезаем прямоугольник со сторонами 7 и 10 см, длинная сторона при этом расположена вертикально (Рис. 6.1 и 6.2). Мы прикрепляем прямоугольник к пластиковой соломке с помощью скотча. Лента скотча должна быть приклеена к задней стороне прямоугольника, не выходя за рамки прямоугольника. Верхний конец соломки должен плотно прилегать к верхнему краю прямоугольника, не выходя за его рамки.

Мы вырезаем небольшую полоску тонкой бумаги, от 1 до 3 мм в ширину и от 6 до 9 см в длину. Эффекты, которые будут описаны в этой главе, легче наблюдать с использованием очень тонкой и легкой полоски. Можно использовать бумагу, которая употребляется при изготовлении воздушных змей или для обертки хрупких подарков. Мы приклеиваем верхний конец этой полоски к середине прямоугольника в верхней его части. Полоска не должна быть сложена, и не должна выходить за пределы нижнего края прямоугольника. Можно использовать также небольшой кусочек липкой ленты вместо клея, при условии, что лента не выходит за рамки края прямоугольника.

Опору электроскопа мы можем приготовить так, как это было сделано в разделе 4.4. *Очень важно, чтобы электроскоп имел пластиковую соломку*

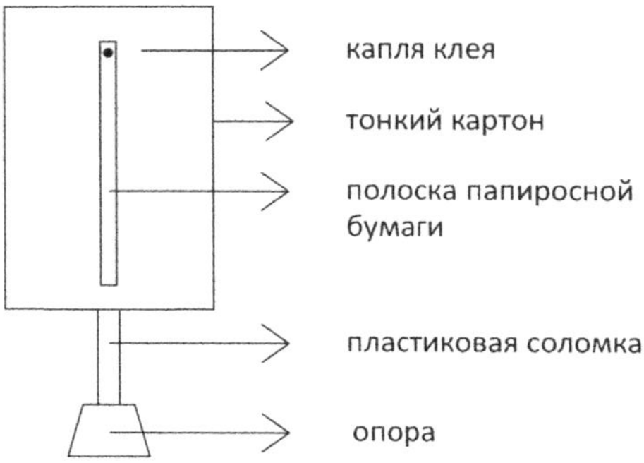

Рис. 6.1: Электроскоп с лицевой стороны.

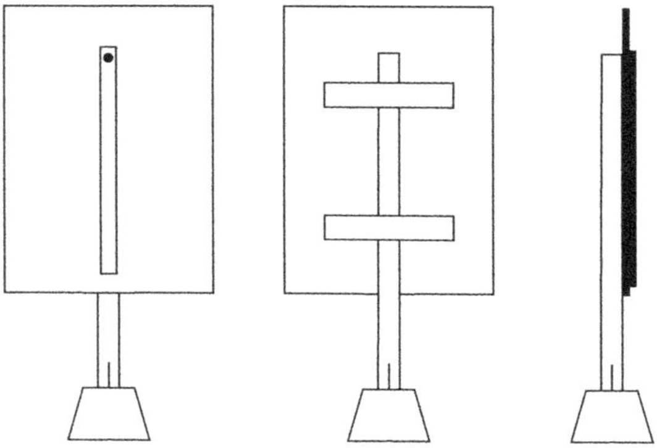

Рис. 6.2: (a) Вид электроскопа спереди. (b) Вид сзади. (c) Вид сбоку.

в качестве опоры для картона. То есть картон не должен быть прикреплен, например, к деревянной или металлической шпажке. Пластиковая соломка затем размещается над скрепкой опоры. Если прямоугольник не остается в вертикальной плоскости, можно использовать две соломки, одна внутри другой, чтобы увеличить жесткость конструкции. В разделе 6.5 мы представим основные компоненты электроскопа, как этот, после выполнения нескольких экспериментов с этим электроскопом.

Можно предложить и другие, альтернативные модели электроскопа. Мы можем покрыть тонкий прямоугольный картон алюминиевой фольгой, а вместо папиросной бумаги, мы можем использовать алюминиевую фольгу. Кроме того, вместо приклеивания папиросной бумаги или прикрепления ее с помощью клейкой ленты, мы можем также использовать маленький металлический крючок, прикрепленный к прямоугольнику. Затем мы делаем небольшое отверстие с помощью иглы в верхней части полосы и продеваем крючок через него. Прямоугольники могут быть других размеров — 2 на 8 см, например. Размеры 7 на 10 см выбраны нами для удобства проведения некоторых из описанных в данной работе экспериментов с учетом того, что 7 см немного превышает диаметр пластикового стаканчика для кофе, используемого здесь в качестве опоры.

Некоторые электроскопы имеют верхнюю крышку, хотя это вовсе не обязательно для успешного проведения большинства описанных здесь экспериментов. Как правило, эта крышка представляет собой диск из тонкого картона с диаметром, равным стороне прямоугольника (в нашем примере это диск с диаметром 7 см). Мы также может покрыть этот верхний диск алюминиевой фольгой, но это тоже не обязательно. Верхний диск можно прикрепить к прямоугольнику несколькими способами. (a) Простейший способ состоит в том, чтобы сложить верхнюю полоску в горизонтальный прямоугольник (шириной 0,5 или 1 см, и длиной 7 см). Затем диск надо приклеить к этой полоске. (b) Другой способ крепления верхнего диска — сделать отверстие в его центре. Одна нога скрепки проходит вертикально через это отверстие и прикреплен к внутренней стороне вертикальной пластиковой соломки, поддерживающей прямоугольник. Вторая нога скрепки должна располагаться горизонтально в обход диска, и крепиться внутри второго отверстия, сделанного в диске в соответствующем месте.

Электроскоп, описанный на Рис. 6.2, состоит из одной подвижной полосы, с прикрепленным к опоре прямоугольником. Другая распространенная модель электроскопа имеет две мобильные полосы, или два мобильных листа. Именно эта модель представлена в большинстве учебников по электричеству. Самый простой способ приготовления такого электроскопа — склеить верхние концы двух полос папиросной бумаги у нижнего края прямоугольника. На Рис. 6.3 изображен подобный электроскоп. И здесь тоже тонкий картонный прямоугольник прикреплен к пластиковой соломке двумя кусками клейкой ленты на его задней стороне. На левой нижней части электроскопа мы склеяли верхние концы двух полос из тонкой бумаги (или двух тонких полос из алюминиевой фольги). Они должны иметь одинаковую длину, а их нижние концы должны свободно раздвигаться. Мы можем назвать эту модель *классическим электроскопом.* При желании, мы можем также приклеить еще несколько пар полос вдоль нижнего края прямоугольника.

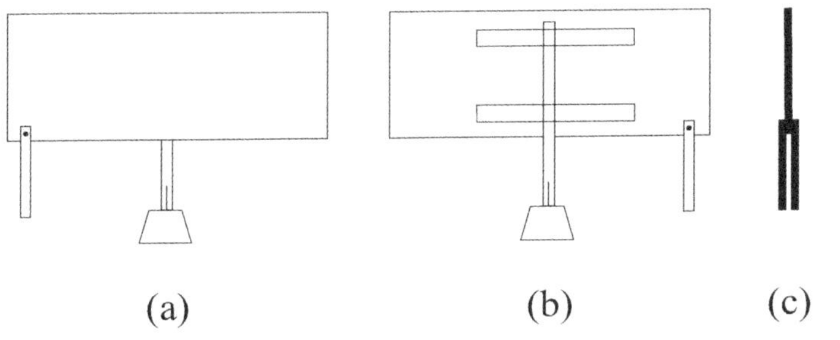

Рис. 6.3: (a) Классический электроскоп с лицевой стороны. (b) Вид сзади. (c) Вид сбоку, с изображением лишь тонкого картона и двух полос.

Можно также сделать классический электроскоп, сложив просто одну полоску тонкой бумаги в середине. Затем мы вешаем сложенную полоску на жесткую горизонтальную опору, например, из металлической проволоки. Две половинки полосы тогда будут висеть бок о бок, а их нижние концы могут свободно раздвигаться. Металлический провод должен поддерживаться пластиковыми соломками снизу, или шелковыми нитями сверху.

Самая изысканная модель классического электроскопа изготавливается с применением двух золотых листочков. Обычно такой электроскоп окружен стеклянной крышкой для предотвращения возмущений, вызванных потоками воздуха.

6.2 Эксперименты с электроскопом

Эксперимент 6.1

Мы трем пластиковую соломку о волосы, и медленно подносим ее близко к верхней части электроскопа, не прикасаясь к нему. Полоса отходит от электроскопа. При удалении соломки, полоса возвращается в исходное вертикальное положение вдоль тонкого картона (Рис. 6.4).

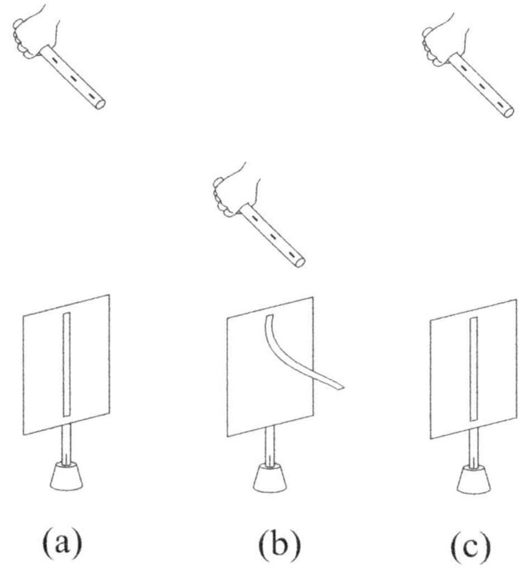

Рис. 6.4: (a) и (b): Когда мы подносим заряженный пластик к электроскопу, не касаясь его, полоска поднимается. (c) Когда мы удаляем электризованный пластик, полоска обратно падает.

Эксперимент 6.2

Мы повторяем эксперимент 6.1, но теперь мы царапаем натертой соломкой по верхней кромке электроскопа. Лучше всего прикоснуться к тонкому картону тем участком натертой соломки, который находится ближе к держащим соломку пальцам. Затем мы царапаем соломкой, перемещая ее от прямоугольника. Царапать соломкой нужно в направлении к задней стороне прямоугольника, а не в сторону полосы. Эта процедуру можно повторить один или несколько раз, и, если возможно, также крутя соломку во время соскабливания. Чтобы облегчить царапание, мы можем зафиксировать электроскоп, удерживая его вертикальную пластиковую соломку. Однако, ни в коем случае не следует касаться ни прямоугольника, который сделан из тонкого картона, ни бумажную полоску. Заметим, что во время соскабливания полоска перемещается от электроскопа.

Теперь мы удаляем натертую соломку от электроскопа. В этом случае мы видим, что полоса остается в приподнятом состоянии (Рис. 6.5).

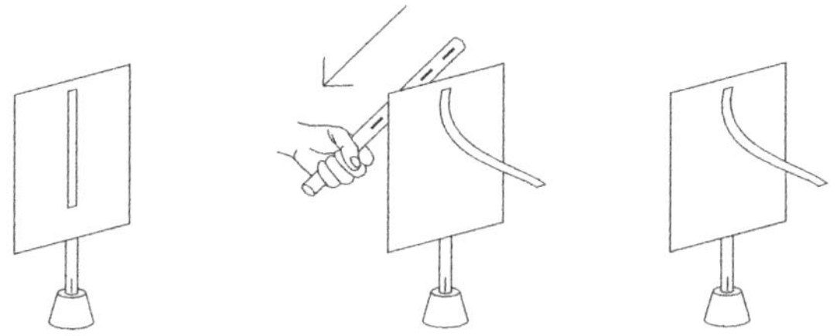

Рис. 6.5: (a) Электроскоп с указывающей вниз полоской. (b) Мы царапаем верхний край прямоугольника натертой соломкой. (c) После удаления соломки, полоса остается в приподнятом состоянии!

Эксперимент 6.3

После проведения эксперимента 6.2 и удаления натертой соломки, полоса остается в приподнятом состоянии. Когда мы медленно приближаем палец сбоку к нижнему концу этой полоски, не позволяя им вступить в контакт, мы видим, что полоса притягивается пальцем, двигаясь к нему. Когда мы удаляем палец, полоса остается в приподнятом состоянии.

Как мы видели в разделе 3.5, это означает, что электроскоп стал электрически заряженным в результате проведения эксперимента 6.2. Электроскоп зарядился при соскабливании его кромки натертым пластиком. Этот эксперимент аналогичен эксперименту 4.7.

Но теперь мы наблюдаем что-то новое. Когда мы зарядили электрический маятник методом *ПКО*, маятник отталкивался от натертого пластика при его приближении. Однако, после удаления натертого пластика, маятниковая нить возвращалась в вертикальное положение, хотя маятник оставался заряженным. Если бы мы не знали об этом эксперимене, и посмотрели на вертикальный маятник, мы не знали бы, заряжен маятник или нет. Чтобы проверить это, можно поднести палец к бумажному диску маятника, не прикасаясь к нему. Если маятник остается в покое, это означает, что он нейтрален. С другой стороны, если маятник тянется к пальцу, ясно, что маятник был заряжен по какому-то механизму. Чтобы выяснить знак заряда, мы могли бы поднести к маятнику другое тело с известным зарядом, например, положительным. Если происходит отталкивание, мы знаем, что маятник положительно заряжен. Если происходит сильное притяжение, мы знаем, что маятник был отрицательно заряжен.

Электроскоп, с другой стороны, ведет себя иначе. После того как он был заряжен, его полоска продолжает держаться от прямоугольника, даже если удалить далеко от него натертую соломку, с помощью которой мы зарядили электроскоп. Это означает, что, просто взглянув на полоску электроскопа, мы можем сказать, заряжен он или нет. Если полоска висит вертикально вниз, электроскоп не заряжен. Когда полоска находится в приподнятом от прямоугольника состоянии, мы знаем, что электроскоп заряжен. В этой последней ситуации, отталкивание между зарядами на полоске и зарядами того же знака на поверхности тонкого картонного прямоугольника предотвращает возвращение полоски в вертикальное положение, как это должно было произойти под действием собственного веса.

Эксперимент 6.4

Мы заряжаем электроскоп, как в эксперименте 6.2. После удаления натертого пластика, полоска остается в приподнятом состоянии. Теперь мы приближаем палец к верхнему краю электроскопа и трогаем его. Полоска сразу падает и прилипает к прямоугольнику. После удаления пальца, полоса остается в вертикальном положении (Рис. 6.6).

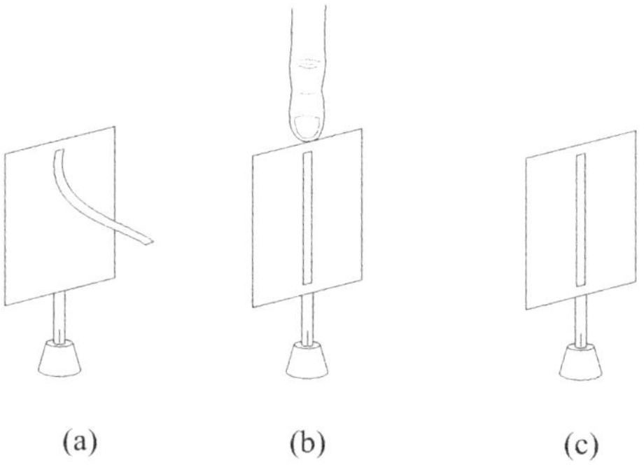

Рис. 6.6: Разрядка электроскопа посредством его касания. (a) Первоначально заряженный электроскоп. (b) Когда мы трогаем верхний край картона, полоска падает. (c) Полоса остается в вертикальном положении после удаления пальца.

Когда мы снова подносим палец близко к нижнему концу полосы сбоку, мы больше не наблюдаем движение полосы в направлении пальца, как мы наблюдали раньше в эксперименте 6.3. Мы заключаем, что мы разрядили электроскоп, прикоснувшись к тонкому картону, как это было в случае с экспериментом 4.9. Это есть результат электрического заземления, раздел 4.5.

Эксперимент 6.5

Мы заряжаем электроскоп, царапая его натертой соломкой, как в эксперименте 6.2. Мы снова используем натертую соломку, которой мы пользовались для зарядки электроскопа. В частности, мы медленно подносим соломку к поднятой полоске электроскопа. Натертую соломку следует держать горизонтально на той же высоте, что и нижний конец приподнявшейся полоски. соломку надо подносить очень медленно, чтобы не допустить контакт с полоской. Следует внимательно наблюдать за направлением, в котором полоса стремится двигаться, то есть движется ли она к натертой соломке или, наоборот, от нее. При тщательном проведении этого эксперимента, мы наблюдаем, что полоса движется в направлении прямоугольника, то есть она удаляется от приближающейся натертой соломки.

Мы может даже вызвать движение полосы вперед и назад, перемещая натертую соломку в направлении к полосе и обратно. Полоса будет двигаться с той же скоростью по направлению к электроскопу и от него. Если мы хотим наблюдать это колебательное движение полосы, амплитуда движения натертой соломки должна быть низкой. То есть мы должны ограничиться небольшими движениями соломки, избегая при этом излишнего сближения с полосой (Рис. 6.7).

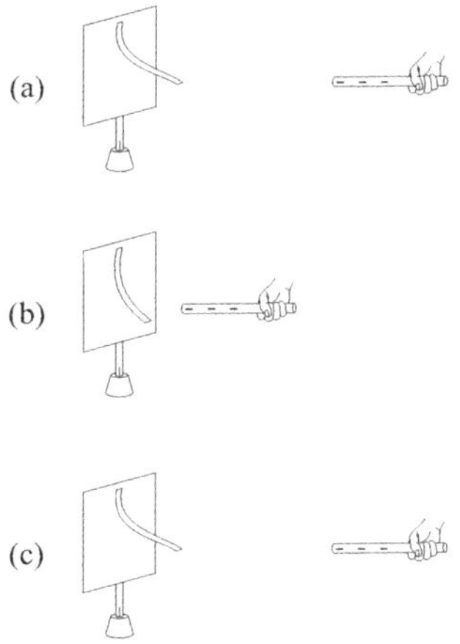

Рис. 6.7: Отталкивание между заряженным пластиком и электроскопом, заряженным этим натертым пластиком. (b) Когда пластик приближается к электроскопу, полоса падает. Когда пластик удаляется от электроскопа, полоса поднимается, (a) и (c).

Это показывает, что в эксперименте 6.2 электроскоп получил заряд того же знака, что и натертая соломка, так как существует отталкивание между ними. Мы можем тогда представлять заряды электризованного электроскопа как заряды того же знака, что и заряды натертого пластика, которым мы царапали край тонкого картона (Рис. 6.8).

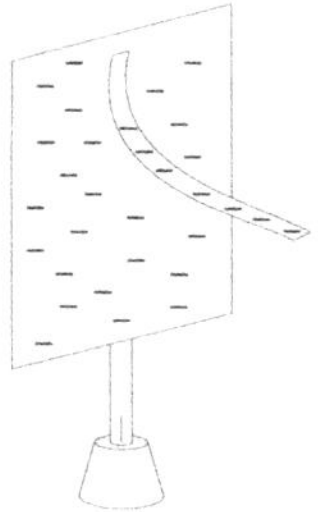

Рис. 6.8: Заряды распределяются по всему электроскопу, который был электризован отрицательной соломкой.

Эксперимент 6.6

Мы повторяем эксперимент 6.2, заряжая электроскоп отрицательно, царапая его натертой о волосы соломкой. При удалении соломки, полоса остается в приподнятом состоянии. Мы заряжаем другую соломку положительно, как в эксперименте 5.15. Мы медленно подносим эту вторую соломку к электроскопу, предотвращая их от вступления в контакт. В этом случае мы наблюдаем притяжение между ними. Это притяжение имеет такую силу, что мы можем заставить полосу подняться даже выше верхнего края электроскопа, вынуждая ее следовать за положительной соломкой (Рис. 6.9)!

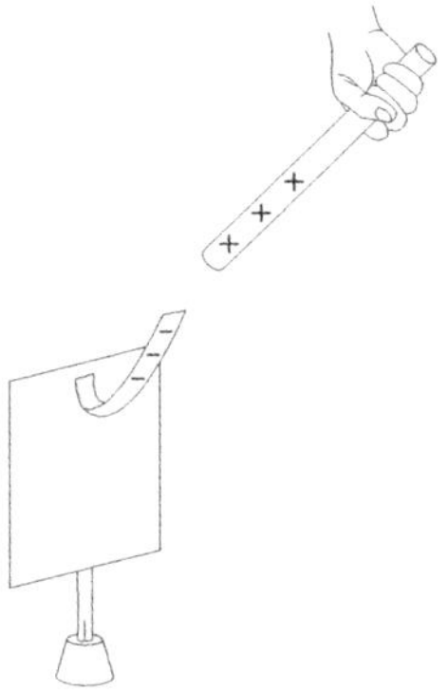

Рис. 6.9: Притяжение между положительной соломкой и отрицательным электроскопом.

Эксперимент 6.7

Мы заряжаем два электроскопа, царапая их натертыми о волосы соломками, как в эксперименте 6.2. Мы удаляем соломки, и полосы остаются поднятыми. Мы размещаем эти два заряженных электроскопа лицом к лицу, в параллельных плоскостях, с поднятыми полосками в направлении друг друга. Мы медленно сближаем электроскопы, не позволяя полоскам вступить в контакт. Заметим, что обычно они отталкивают друг друга, каждая из них возвращаясь к прямоугольнику соответствующего электроскопа.

Мы и здесь тоже видим отталкивание между зарядами одного знака.

Эксперимент 6.8

Мы заряжаем электроскоп отрицательно, царапая его натертой о волосы соломкой, как в эксперименте 6.2. Другой электроскоп заряжается положительно, соскабливая его другой соломкой, натертой между двумя жесткими резиновыми шлангами. Мы удаляем соломки, и полоски остаются в приподнятом положении. Эти два электроскопа размещены параллельно лицом к лицу, полоски при этом указывают друг на друга. Мы медленно сближаем электроскопы, предотвращая полоски от вступления в контакт. Теперь мы видим, что полосы тянутся друг к другу, каждая полоска при этом отходит от своего картона (Рис. 6.10).

(a)

(b)

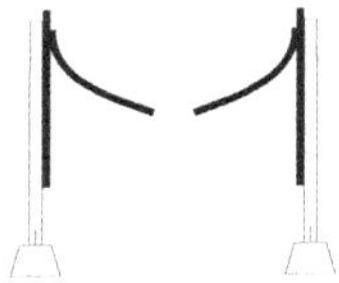

Рис. 6.10: Притяжение между полосами двух противоположно заряженных электроскопов.

Эксперимент 6.9

Мы начинаем эксперимент с первоначально разряженным электроскопом. Мы трем соломку о волосы. Небольшая часть натертой соломки касается верхнего края электроскопа и царапает по нему, как в эксперименте 6.2. Заметим, что полоса поднимается на угол θ_1, удаляясь от электроскопа.

Не касаясь тонкого картона электроскопа и полоски бумаги, мы снова проводим натертой соломкой по верхней кромке электроскопа. После удаления соломки полоса остается приподнятым, но теперь с углом наклона θ_2 большим, чем θ_1. То есть $\theta_2 > \theta_1$. Это показано на Рис. 6.11.

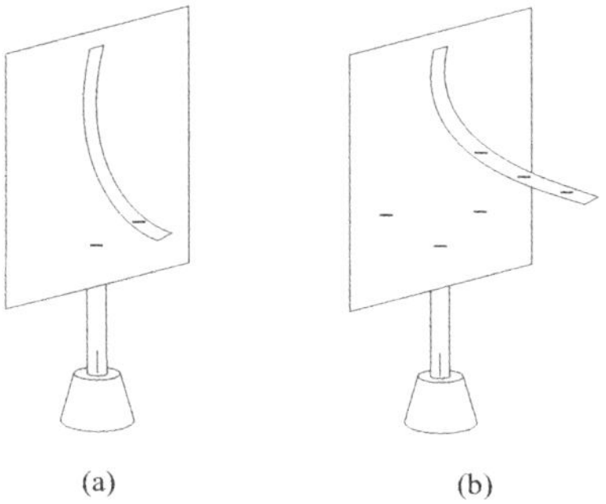

Рис. 6.11: Угол отклонения полосы по отношению к электроскопу является мерой количества заряда на электроскопе.

Эту процедуру можно повторить несколько раз. Во время этой процедуры соломку следует потереть о волосы один или несколько раз.

Этот эксперимент показывает, что электроскоп можно использовать для измерения количества заряда, в соответствии с определениями раздела 5.7. То есть, увеличивая количества заряда на нем, мы увеличиваем угол между полосой и прямоугольником.

Классический электроскоп дает другой способ иллюстрации этого эффекта. Увеличение количества заряда на нем ведет к увеличению угла расхождения двух его листьев (Рис. 6.12).

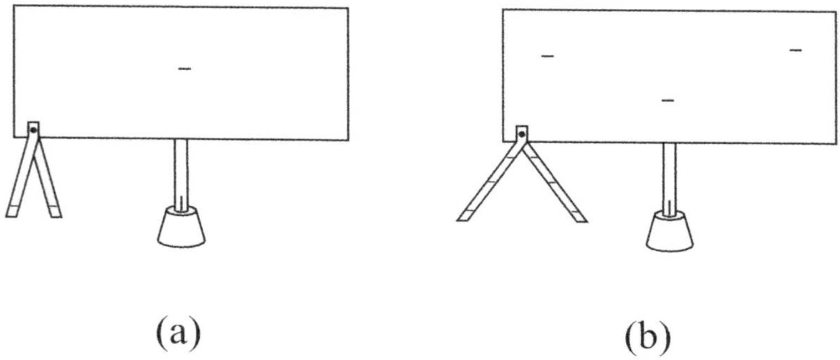

Рис. 6.12: Угол между двумя листьями электроскопа является мерой количества заряда на нем.

6.3 Какие тела разряжают электроскоп при контакте?

Эксперимент 6.10

Мы видели в эксперименте 6.4, что электроскоп разряжается мгновенно при соприкосновении с человеческим телом. Мы заряжаем его еще раз, как в эксперименте 6.2. Мы держим нейтральную пластиковую соломку за один конец, и трогаем верхний край заряженного электроскопа другим концом соломки. В этом случае ничего не происходит с полоской, и она остается в поднятом положении (Рис. 6.13). Мы заключаем, что нейтральная пластиковая соломка не снимает заряд с электроскопа.

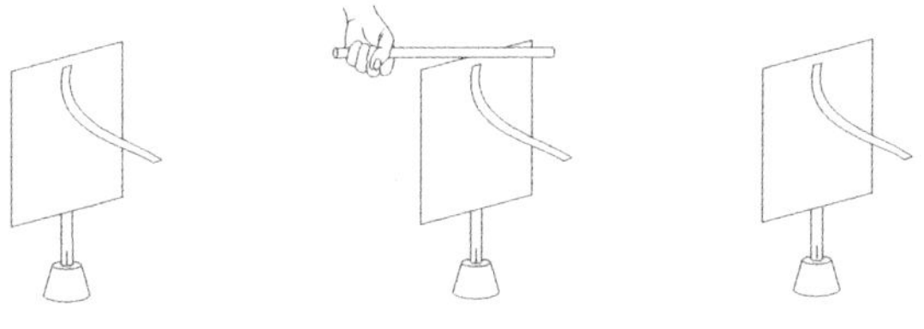

(a) (b) (c)

Рис. 6.13: (a) Изначально заряженный электроскоп. (b) Мы держим один конец нейтральной пластиковой соломки в руке, и трогаем край электроскопа другим концом соломки. С полоской ничего не происходит. (c) После удаления соломки, полоса остается в поднятом положении. То есть электризованный электроскоп не разряжается, когда мы трогаем его нейтральной пластиковой соломкой.

Эксперимент 6.11

Мы снова заряжаем электроскоп, как в эксперименте 6.2. На этот раз мы держим один конец деревянной шпаги в руках. Мы касаемся верхнего края заряженного электроскопа другим концом деревянной шпаги. Заметим, что полоска сразу падает (Рис. 6.14). При удалении деревянной шпажки, полоска остается в вертикальном положении. Мы заключаем, что деревянная шпажка сняла заряд с электроскопа.

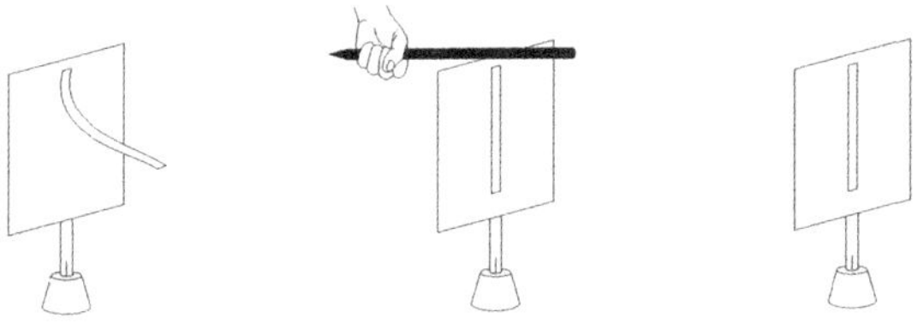

(a) (b) (c)

Рис. 6.14: (a) Изначально заряженный электроскоп. (b) Мы держим один конец деревянной шпажки в руке и трогаем верхний край электроскопа другим концом шпажки. Полоса сразу падает. (c) При удалении шпажки, полоса остается внизу. То есть электризованный электроскоп разряжается, когда мы касаемся его деревянным предметом в наших руках.

6.3.1 Определения проводников и изоляторов

Эксперименты 6.10 и 6.11 (Рис. 6.13 и 6.14) показывают существование принципиального различия между веществами. В связи с важностью этих свойств, были предложены два названия для классификации веществ на две большие группы.

Определения: Вещества, которые разряжают электризованный электроскоп простым касанием называются *проводниками*. Вещества, которые не разряжают электроскоп называются *изоляторами*, *непроводниками* или *диэлектриками*.

Открытие этих двух видов веществ было сделано Греем в 1729 году. Он также обнаружил некоторые из основных свойств этих веществ, опубликовав свои результаты в фундаментальной работе в 1731 году, которую мы будем обсуждать более подробно в Приложении B.[1] Выражения *проводник* и *изолятор*, по-видимому, принадлежать Жану Теофилу Дезагюлье (1683—1744).[2] Вот цитата из Дезагюлье, где он упоминает эти выражения:[3]

> В следующем описании, которое является продолжением прежних экспериментов, я называю *проводниками* те струны, к одному из концов которых прикладывается натертая [стеклянная] труба; и *изоляторами* те горизонтальные тела, на которых *проводник* покоится.

Еще до Дезагюлье, Дюфе использовал выражение *изолированный*, ссылаясь на проводники, которые покоялись на телах, исключающих утечку электричества через них. В 1733 году Дюфе обсуждал передачу электричества по струнам, подвешенным на шелковых нитях — явление, которое было открыто Греем. В этой работе Дюфе пишет следующее (курсив наш):[4]

> Этот эксперимент доказывает необходимость того, что [проводящая] струна, используемая для передачи электричества на большое расстояние, была *изолирована*, то есть [проводящая струна должна быть] подвешена только телами, которые меньше всего поддаются электричеству возбуждению.

В 1737 году он написал следующее (курсив наш):[5]

> Поэтому, будучи уверенным в этом равенстве для экспериментов, которые я намеревался провести, я использовал железную балку,

[1] [Grah].

[2] [Desa] (ссылка на [Desc]), [Pri66, стр. 82] и [Hei99, стр. 292—293, заметка 12].

[3] [Desa, стр. 193].

[4] [DF33d, стр. 249]: Cette expérience prouve combien il est nécessaire que la corde dont on se sert pour transmettre au loin l'électricité, soit isolée, ou ne soit soûtenuë que de corps le moins propres qu'il est possible à se charger eux-mêmes de l'électricité.

[5] [DF37b, стр. 94]. M'étant donc assûré de cette égalité pour les expériences que j'avois dessein de tenter, je me suis servi d'une barre de fer d'un pouce en quarré & de quatre pieds de long, elle étoit, comme je l'ai dit, suspenduë sur des cordons de soye & isolée, afin que rien ne pût détourner le tourbillon électrique qui lui seroit communiqué par le tube.

> один квадратный дюйм в сечении [2,54 по 2,54 см] и четыре футов в длину [122 см]. Она была, как я уже сказал, подвешена на шелковых шнурах и *изолирована* для того, чтобы ничто не могло отклонить электрический вихрь, который будет подаваться к ней [от натертой стеклянной трубки].

Вполне возможно, что выражение *изолятор* имеет свое начало в этих цитатах из Дюфе. В Приложении B мы обсудим работу Грея более подробно.

Эксперимент 6.12

Теперь мы повторяем эксперименты 6.10 и 6.11 для того, чтобы выяснить какие вещества являются проводниками, а какие изоляторами. Процедура всегда будет одна и та же. Мы заряжаем электроскоп, проведя по нему натертой пластиковой соломкой, как в эксперименте 6.2. Мы удаляем соломку. Затем, держа некий предмет в руках, мы трогаем верхний край тонкого картонного прямоугольника какой-то частью этого предмета. Если электроскоп разряжается, мы говорим, что этот предмет является проводником. Если электроскоп не разряжается, мы говорим, что предмет является изолятором.

Этот эксперимент можно провести с одиночными нитями из разных материалов: хлопок, шелк, полиэстер, синтетический полиамид, волосы, медь и т.д. Его можно провести иакже с твердыми материалами, такими как металл, дерево, стекло, резина, пластик, бумага, папиросная бумага и т.д.

Иногда удобнее, держа опорную вертикальную пластиковую соломку заряженного электроскопа в руках, коснуться углом тонкого картона испытуемый предмет: стена, доска, мебель и т.д. Как всегда, следует избегать контакта тонкого картонного прямоугольника и полоски с руками, чтобы исключить электрическое заземление через наше тело.

Эксперимент 6.13

Процедура, описанная в последнем абзаце эксперимента 6.12, также подходит для выяснения, какие жидкости являются проводниками, а какие изоляторами. Перед началом этих тестов мы берем пустую емкость, которая в дальнейшем будет заполнена различными жидкостями. Сосуд должен быть из проводящего материала. Чтобы выяснить, является ли сосуд проводником или изолятором, мы заряжаем электроскоп и приводим его тонкий картон в контакт с сосудом. Если электроскоп разряжается после контакта, это означает, что сосуд действительно проводит. Примерами подходящих сосудов являются те, которые изготовлены из металла, стекла или дерева. Теперь можно продолжить эксперимент.

Мы начинаем с того, что заполняем емкость до конца жидкостью, которая подлежит тестированию. Проиллюстрируем, что происходит с такой проводящей жидкостью, как вода (Рис. 6.15). В (a) мы имеем электризованный электроскоп. В (b) мы погружаем кромку электроскопа в воду. Картон не должен касаться сосуда — только воду. Заметим, что полоса падает. (c) При удалении электроскопа из воды, полоса остается в опущенном состоянии.

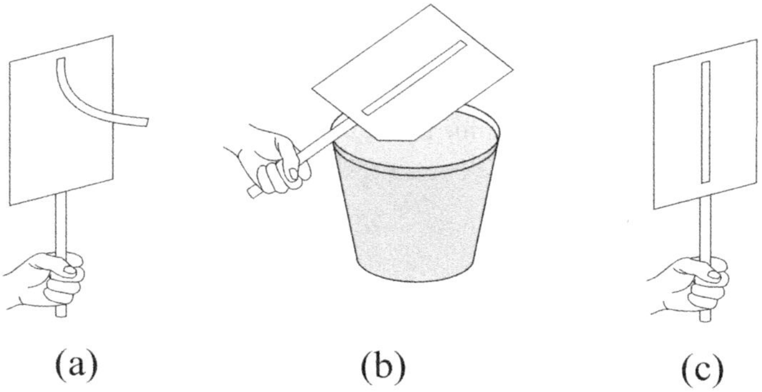

Рис. 6.15: (a) Изначально заряженный электроскоп. (b) Мы погружаем кромку электроскопа в воду. Полоска электроскопа падает. (c) При удалении электроскоп из воды, полоса остается в висячем состоянии.

На Рис. 6.16 мы видим, что происходит в случае пищевого растительного масла в роли изолирующей жидкости. В (a) мы имеем электризованный электроскоп. Мы держим его за пластическую соломку, избегая контакта с его тонким картоном и приподнявшейся полоской. Затем мы погружаем край картона в жидкость. Картон не должен касаться емкости — только масло. Заметим, что полоса остается в поднятом состоянии, как и в (b). После удаления электроскопа из жидкости, его полоса остается в поднятом состоянии, как в (c).

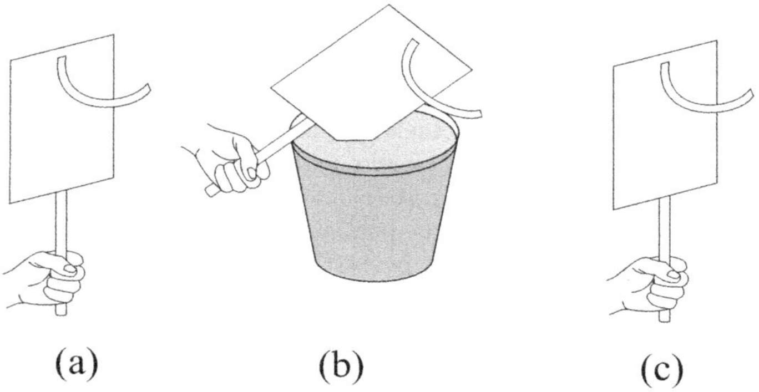

Рис. 6.16: (a) Изначально электризованный электроскоп. (b) Мы погружаем край картона в жидкость. Полоса остается в поднятом состоянии. (c) При удалении электроскопа из жидкости, полоса остается в поднятом состоянии.

Ту же процедуру можно также применить для определения, могут ли другие вещества, такие, например, как мука или кукурузная мука, проводить. Мы заполняем проводящий сосуд мукой. Затем край заряженного электроскопа погружаем в муку и наблюдаем за поведением полосы электроскопа. Во время этой процедуры необходимо избегать контакта между тонким картонным прямоугольником и его полосой с одной стороны, и проводящей емкостью и нашими руками — с другой, чтобы предотвратить разрядку электроскопа.

6.3.2 Тела, которые ведут себя как проводники или как изоляторы в обычных электростатических экспериментах

Чтобы провести четкое различие между проводниками и изоляторами, лучше всего рассматривать тела одной и той же формы и размера. Например, касаться электроскоп цилиндрами одинаковой длины и диаметра, но изготовленных из различных веществ. Однако мы не будем пока беспокоиться о форме и размерах тел, подлежащих проверке.

Конечный результат экспериментов 6.10, 6.11, 6.12 и 6.13, проведенных со многими веществами, состоит в следующем:

- **Проводники согласно обычным электростатическим экспериментам:**
  Влажный воздух, человеческое тело, все металлы, бумага, тонкий картон, оберточная бумага, алюминиевая фольга, дерево, кусок мела, большинство стекол при температуре окружающей среды, фарфор, пресная вода, спирт, шампунь, керосин, молоко, безалкогольные напитки, моющие средства, стена, доска, пробка, кожа, мука пшеничная, кукурузная мука, акриловые нити, соль, сахар, опилки, земля или глина, кирпич, большинство видов резины и т.д.

- **Изоляторы согласно обычным электростатическим экспериментам:**
  Сухой воздух, янтарь, пластмасса, ПВХ, шелк, подогретое стекло, нейлоновый или синтетический полиамид, полиэстер, шерсть, одиночный человеческий волос, акриловая труба, пенополистирол, шоколад, пищевое растительное масло, молотый кофе и несколько видов резины.

Количество проводящих веществ значительно больше, чем количество изолирующих веществ. Из этих двух списков мы видим, что большинство веществ являются проводниками, очень немногие являются изоляторами. Некоторые из проводников проводят электричество очень хорошо, разряжая почти мгновенно электроскоп, как в случае с человеческим телом, металлами, хлопком или бумагой. Хотя древесина является проводником, она не проводит так хорошо, как тело человека. Об этом свидетельствует более продолжительное время, необходимое для разрядки электроскопа, когда мы касаемся его деревянным предметом, в сравнении с очень коротким промежутком времени разрядки, когда мы касаемся электроскоп нашим телом или куском металла.

Стекло нужно рассматривать отдельно. Большинство обычных стекол разряжают электроскоп, хотя медленнее, чем металлы. С другой стороны, при нагревании на огне или в микроволновой печи, они могут вести себя как изоляторы. Другими словами, после нагревания они обычно не разряжают электроскоп, или разрядка происходит гораздо медленнее, чем при нормальной температуре. Как правило, они ведут себя как проводники изза влажности или паров воды, накопленной на их поверхности. При нагревании стекла, эта вода испаряется, и затем оно ведет себя как изолятор. Многие ученые в прошлом, как Грей и Дюфе, использовали натертые стеклянные трубки в своих экспериментах, держа их руками. Трубы вели себя как изоляторы. Они часто упоминают необходимость подогрева трубки до растирания, так как нагревание увеличивет количество приобретенного заряда. Кроме того, нагрев приводил к дольшему сохранению приобретенного заряда на их поверхности. Другая причина, по которой эти стекла могли вести себя как изолятор, состояла, вероятно, в их химическом составе. Как правило, они использовали флинтглас — род стекла со свинцом в химическом составе. Этот вид стекла является гораздо лучшим изолятором, чем большинство стекол, встречающихся в настоящее время в магазинах. Такое стекло можно найти сегодня только в специализированных магазинах.

В сухую и холодную погоду электроскоп может сохранять заряд в течение нескольких минут. В этом случае воздух вокруг электроскопа ведет себя как хороший изолятор. В жаркую и влажную погоду, с другой стороны, и особенно в дождливую погоду, трудно сохранить заряд на электроскопе. Он, как правило, разряжается сразу после электризации натертой соломкой. Воздух вокруг него ведет себя как проводник в этих условиях. По этой причине, большинство экспериментов хорошо работает в сухие дни, когда заряды на изоляторах можно поддерживать в течение длительного времени. Заряды, находящиеся на электрически изолированных от земли проводниках, также сохраняются в течение более длительного времени в сухую погоду, нежели в сырую погоду. В влажную погоду многие эксперименты не работают, как можно было ожидать, или эффекты не столь заметны и их не так легко обнаружить.

Большинство видов резины ведут себя как проводники. Это может быть связано с влагой на их поверхности, с их химическим составом или же с процессом их изготовления. Некоторые виды резины ведут себя как изоляторы. Поэтому следует подвергать проверке каждое вещество отдельно. Только после тестирования, как это описано здесь, например, мы можем классифицировать каждое конкретное вещество согласно его поведению.

Разделение веществ на проводники и диэлектрики является одним из наиболее важных аспектов всей науки об электричестве. Наряду с существованием положительных и отрицательных зарядов, притяжения и отталкивания, этот факт позволяет нам понять целый ряд явлений.

6.4 Какие тела заряжают электроскоп при контакте?

Эксперимент 6.14

Два заряженных электроскопа размещаем параллельно, друг против друга, с полосками на внешней стороне. Расстояние между ними должно быть примерно 15 см. Нейтральная пластиковая соломка размещена над тонкими картонами этих электроскопов и поддерживается ими как показано на Рис. 6.17. После этой подготовительной работы, мы берем вторую пластиковую соломку и электризуем ее трением о наши волосы.

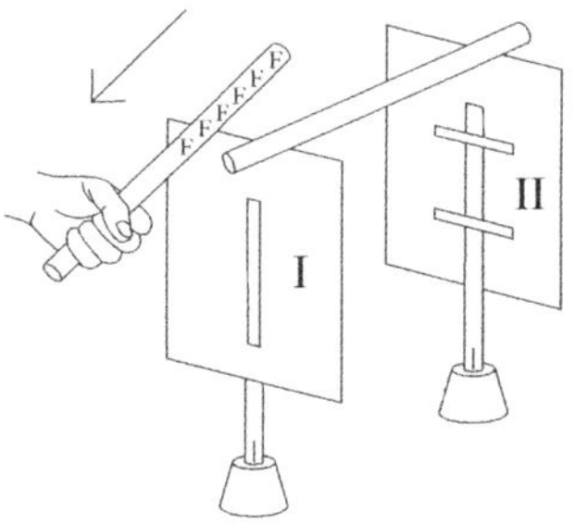

Рис. 6.17: Два изначально разряженных электроскопа с их полосками на внешней стороне. Они соединены между собой нейтральной соломкой. Вторая заряженная соломка царапает по картону электроскопа *I*.

Эта вторая натертая соломка царапает по картону электроскопа *I* на Рис. 6.17. Заметим, что только полоса электроскопа *I* поднимается, а полоса электроскопа *II* остается на месте. Эта последовательность операций показана на Рис. 6.18.

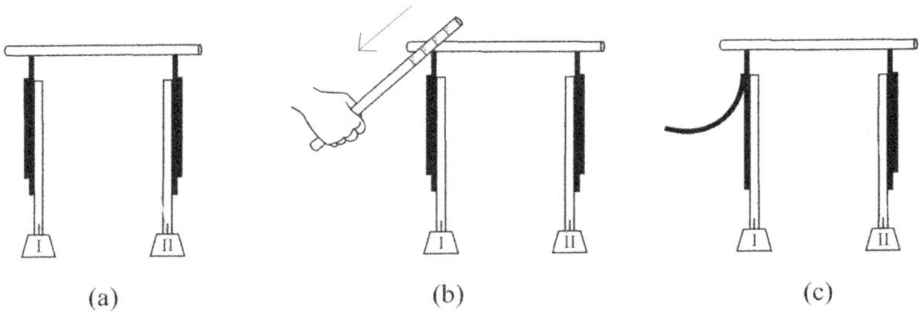

Рис. 6.18: (a) Два первоначально заряженных электроскопа соединены нейтральной соломкой. (b) Вторая электризованная соломка царапает по верхнему краю электроскопа *I*. (c) Заряженная соломка удаляется. Мы видим, что только полоска электроскопа *I* поднимается.

Эксперимент 6.15

Эксперимент 6.14 повторяется. Но теперь два исходно нейтральных электроскопа соединены деревянным шампуром (Рис. 6.19).

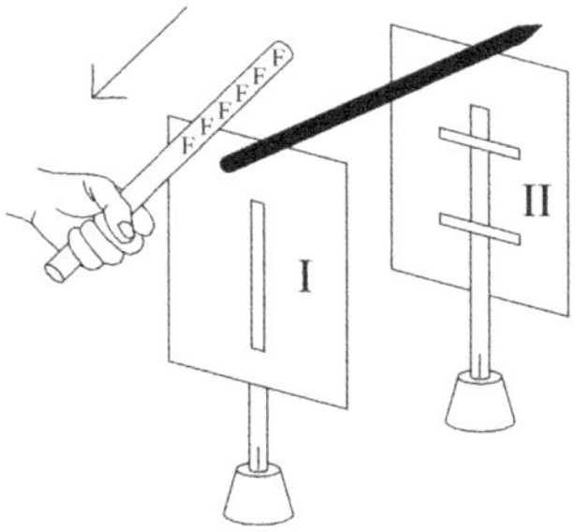

Рис. 6.19: Два первоначально разряженных электроскопа соединены деревянным шампуром. Электризованная соломка царапает по электроскопу *I*.

Электризованная соломка царапает только по электроскопу *I* на Рис. 6.19. В этом случае мы видим, что обе полоски поднимаются. Эта последовательность процедур показана на Рис. 6.20.

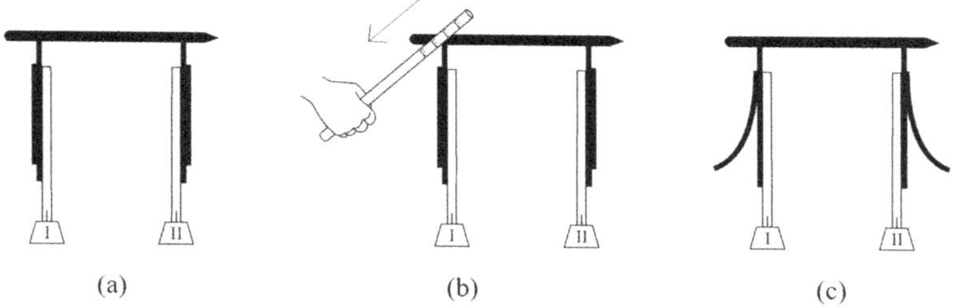

Рис. 6.20: (a) Два первоначально разряженных электроскопа соединены деревянной шпажкой. (b) Мы царапаем только электроскоп *I* наэлектризованной соломкой. (c) Электризованная соломка удаляется. Мы видим, что оба электроскопа получили заряд.

Эксперименты 6.14 и 6.15 являются обратными по отношению к экспериментам 6.4, 6.10, 6.11 и 6.12. В последних мы видели, какие тела разряжают или не разряжают электризованный электроскоп в результате соприкосновения электроскопа с этим веществом в наших руках. Теперь мы анализируем, какие вещества заряжают или не заряжают изначально незаряженный электроскоп *II*, когда мы соединяем его через это вещество с электроскопом *I*, который заряжен посредством царапания электризованной соломкой. Результат тот же. То есть нейтральная пластиковая соломка не разряжает электризованный электроскоп при соприкосновении с ним, как в эксперименте 6.10. Она также не заряжает электроскоп II, когда это тело служит связующим материалом между электроскопами I и II, когда электроскоп I заряжается царапанием наэлектризованной соломкой, как в эксперименте 6.14. С другой стороны, деревянная шпажка заряжает в этом случае электроскоп II, как в эксперименте 6.15.

Эксперимент 6.16

Эксперименты 6.14 и 6.15 можно легко повторить с другими веществамми. Мы можем, например, соединить их верхние края с помощью проволоки или нити (из хлопка, полиэстера, меди и т.д.), через палочку (из дерева, металла, пластика, ПВХ и т.п.), через полоску (из бумаги, алюминиевой фольги, папиросной бумаги, ткани и т.д.) и так далее. После этой процедуры, мы натираем пластиковую соломку. Затем мы используем этот натертый пластик для зарядки первого электроскопа путем соскабливания его натертой соломкой, как это было описано в эксперименте 6.2. По ходу, мы наблюдаем за поведением второго электроскопа. Если полоска второго электроскопа не двигается и остается в висящем положении, это означает, что вещество, соединяющее два электроскопа, не допускает передачу зарядов между ними. То есть это вещество является изолятором. С другой стороны, если полоска второго электроскопа поднимается и остается в приподнятом положении, это означает, что произошла передача заряда между электроскопами. Часть заряда, накопленного в первом электроскопе, была передана через соединяющее вещество второму электроскопу. Выполняя этот эксперимент, мы наблюдаем, что вещества, которые рассматривались как изоляторы в эксперименте 6.12, не позволяют зарядить второй электроскоп. С другой стороны, вещества, которые рассматривались как проводники в эксперименте 6.12, позволяют зарядить второй электроскоп в этом эксперименте.

6.5 Основные компоненты версориума, электрического маятника и электроскопа

Теперь, когда мы знаем различие между проводниками и изоляторами, наряду с их основными свойствами, мы можем понять конструкцию построенных до сих пор инструментов.

В случае металлического версориума, мы имеем горизонтальную проводящую иглу (например, стальную скрепку для бумаг) (Рис. 3.4 и 6.21 (a)). Обычно она поддерживается на вертикальном проводящем штифте, прикрепленном к деревянной доске или пробке. То есть все элементы этого версориума являются проводниками. Пластиковый версориум имеет изолирующую шляпку (Рис. 3.5 и 6.21 (b)). Версориум Дюфе, с другой стороны, состоит из изолирующей пластиковой шляпы и имеет проводник на одном из своих кончиков в виде алюминиевой фольги (Рис. 4.22 и 6.21 (c)).

Электрический маятник состоит из изолирующей шелковой нити с проводником на ее нижнем конце в виде бумажного диска (Рис. 6.22). Шелко-

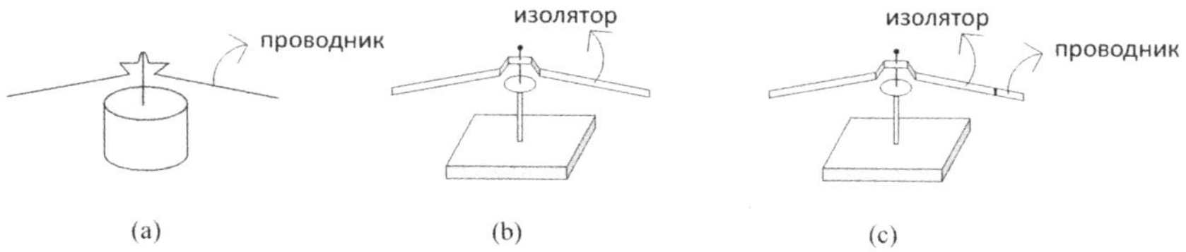

Рис. 6.21: Компоненты версориума. (a) Металлический версориум. (b) Пластиковый версориум. (c) Версориум Дюфе.

вая нить имеет решающее значение. Именно эта нить, вместе с пластиковыми соломками, которые являются составными частями маятника, предотвращают утечку приобретенного методом *ПКО* заряда в землю. Если бы не было этой шелковой нити и пластмассовых соломинок, бумажный диск не смог бы удержать заряд, полученный в результате контакта с натертым материалом. Если бумажный диск был подвешен, например, на хлопковой нити, привязанной к деревянной шпажке, мы не смогли бы наблюдать механизм привлечения, контакта и отталкивания.

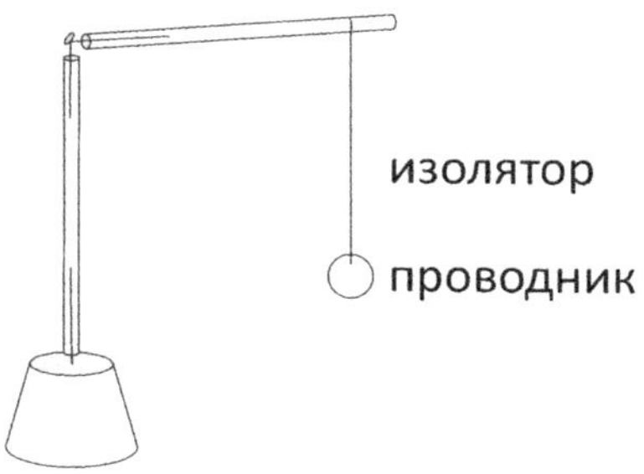

Рис. 6.22: Компоненты электрического маятника.

Нейлон (синтетический полиамид) и полиэстерные нити тоже ведут себя как изоляторы. Поэтому мы можем использовать эти нити для приготовления электрического маятника. Но мы не должны использовать хлопковую нить.

Электроскоп, с другой стороны, состоит из двух проводников — тонкого картонного прямоугольника и тонкой бумажной полосы, поддерживаемых изолятором в виде пластиковой соломки (Рис. 6.23). Этот пластик имеет решающее значение. Именно изолирующее свойство пластика предотвращает разрядку наэлектризованного электроскопа в землю.

Если бы мы использовали деревянную шпажку вместо куска пластика, электроскоп сразу разрядился бы в землю после его царапания натертой соломкой. Поэтому невозможно было бы держать его в электризованном состоянии после зарядки.

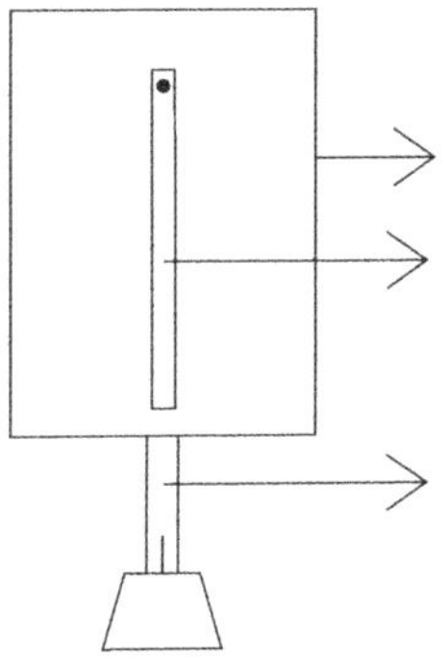

Рис. 6.23: Компоненты электроскопа.

6.6 Влияние разности электрических потенциалов на проводящее или изолирующее поведение тела

В экспериментах 6.4, 6.10 и 6.12 материалы классифицировались как проводники (изоляторы), если они разряжали (не разряжали) электризованный электроскоп. Другой способ такой классификации — наблюдать, разряжают или нет материалы электрический аккумулятор.

Определения: Материалы, которые разряжают батарею при соединении положительного и отрицательного полюсов аккумуляторной батареи, называются *проводниками*. Материалы, которые не разряжают батарею, называются *изоляторами*. Давайте посмотрим, как провести такую классификацию.

Эксперимент 6.17

Материалы, используемые в данном эксперименте, представлены на Рис. 6.24. Мы используем три куска изолированного медного провода с оголенными концами (Рис. 6.24 (a)) и новую большую щелочную батарею, размера D, с разностью потенциалов 1,5 В между ее полюсами (Рис. 6.24 (b)). Можно использовать также опору для батареи, чтобы облегчить его электрическое соединение с проводами. Нам потребуются также небольшая лампочка на 1,5 вольт и розетка. Можно также использовать переключатель, хотя это и не обязательно (Рис. 6.24 (c)). Все эти предметы можно найти в магазинах электротоваров и бытовой техники.

Один неизолированный конец первого провода соединен с отрицательным полюсом батареи. Другой конец этой первой проволоки будет изогнут в крючок на Рис. 6.25. Этот свободный конец первого провода будем обозначать буквой A. Один неизолированный конец второго провода подсоединен к положительному полюсу батареи, а другой конец соединен с одной из клемм розетки. Один конец третьего провода соединен с другой клеммой

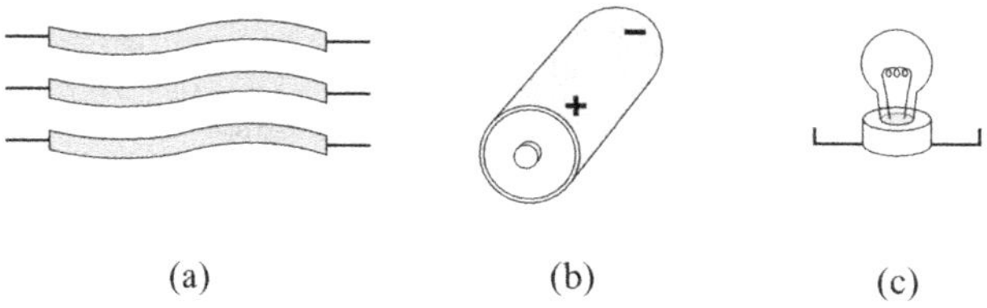

Рис. 6.24: (a) Три куска изолированной медной проволоки с зачищенными концами. (b) Новая батарея размера D. (C) Лампочка на 1,5 В и розетка.

розетки. Другой конец этого третьего провода образует еще один крюк. Мы будем обозначать этот свободный конец третьего провода буквой B. Расстояние между A и B должно быть около 10 см (Рис. 6.25).

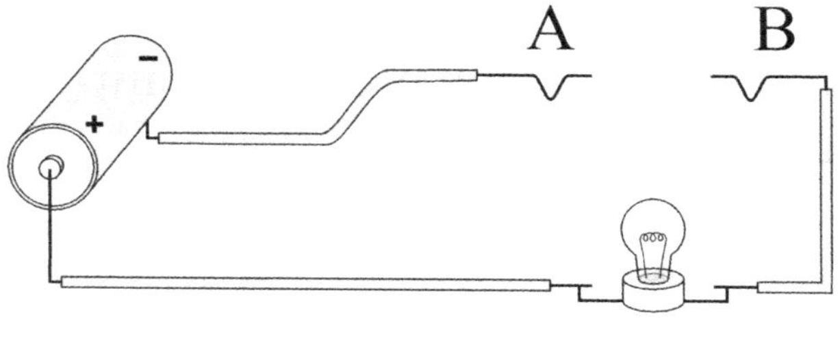

Рис. 6.25: Тестер цепи.

Когда все готово, мы берем четвертый кусок медной проволоки без изоляции на концах. Один конец этого четвертого провода подключен к A, а другой конец к B. Лампа должна загореться. Это будет означать, что электрические соединения или контакты выполнены надлежащим образом. Кроме того, это будет означать, что существует электрический ток через провода и лампу, как показано на Рис. 6.26.

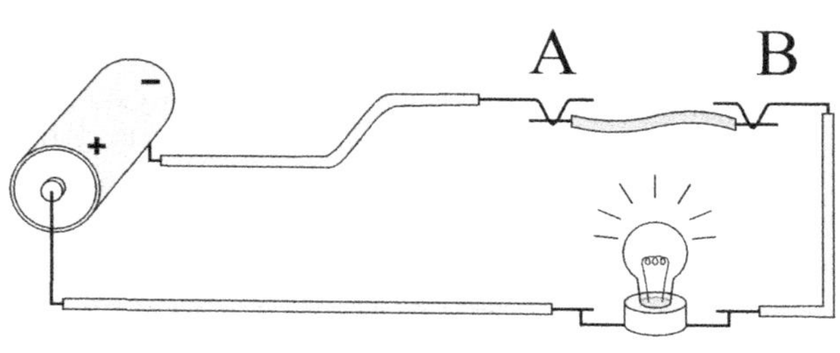

Рис. 6.26: Когда неизолированные концы медной проволоки подсоединены к концам A и B, лампочка включается.

Так как лампочка включается, говорят, что медный провод проводит электричество, когда он находится под разностью потенциалов 1,5 вольта = 1,5 В.

Если лампа находится в включенном состоянии в течение нескольких минут, батарея становится слабее. На это указывает интенсивность света, которая постепенно снижается и падает до нуля. В результате аккумулятор разряжается. Чтобы предотвратить разрядку, следует разомкнуть цепь (то есть удалить четвертый провод), как только лампочка включится.

Эксперимент 6.18

До начала следующего эксперимента, необходимо обеспечить, чтобы эксперимент 6.17 работал должным образом с каждым из материалов, которыми мы будем пользоваться. Это будет означать качественное выполнение и исправную работу всех электрических соединений. Мы будем считать, что это уже проделано. Мы также предполагаем, что батарея все еще является неразряженной после удаления четвертого провода.

Теперь мы соединяем точки A и B пластиковой соломкой. Лампочка при этом не загорается. Это указывает на то, что электрический ток не течет через цепь (Рис. 6.27 (a)).

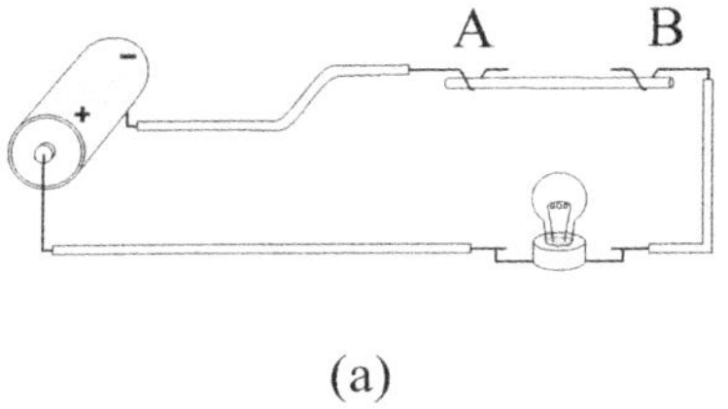

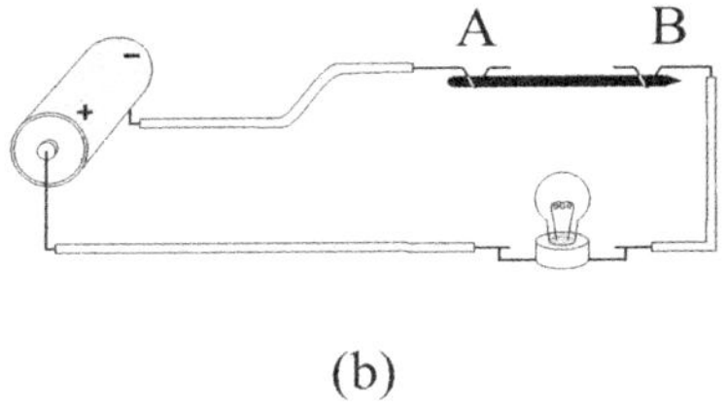

Рис. 6.27: (a) Лампочка не включается при соединении A и B пластиковой соломкой. (b) Лампочка не загорается и при соединении A и B посредством деревянной шпажки.

Определение: пластик является изолирующим материалом, когда он находится под разностью потенциалов 1,5 вольт. Основанием для этого определения является то, что разрядка аккумуляторной батареи не происходит, когда ее положительная и отрицательная клеммы соединены пластиком. Об этом свидетельствует тот факт, что лампочка не включается, когда A и B соединены пластиковой соломкой.

Эксперимент 6.19

Мы повторяем эксперимент 6.17, но теперь мы соединяем A и B другими веществами.

Для удобства, мы могли бы установить переключатель между первым или вторым проводами. С помощью данного переключателя можно открывать или закрывать электрическую цепь по желанию. Мы размыкаем цепь с помощью переключателя, и помещаем испытываемое вещество между A и B. Мы затем замыкаем цепь и наблюдаем за лампочкой.

Определения: Когда свет включается, вещество называется проводником. Когда свет не включается, вещество называется изолятором. Мы можем проверить таким образом все вещества, перечисленные в эксперименте 6.12.

Это показано на Рис. 6.27 (b), где A и B связаны деревянной шпажкой. В этом случае лампочка не включается. В соответствии с нашим определением, это указывает на то, что древесина является изолятором, когда она находится под разностью потенциалов 1,5 вольт, хотя деревянная шпажка является проводником при значительно более высоких напряжениях.

Эксперимент 6.20

Лучший способ тестирования жидкости состоит в использовании изолирующего сосуда (пластиковый стаканчик, например). Первоначально он должен быть пустым. Чтобы проверить, действительно ли он является изолятором, мы соединяем A и B через этот пустой сосуд. Мы будем считать, что свет не включается, указывая на то, что он является изолятором при напряжении в 1,5 вольта.

Пластиковый стаканчик затем заполняется жидкостью для тестирования. После этого, терминалы A и B погружаются в жидкость. На Рис. 6.28 мы показываем, что происходит с пресной водой из-под крана или дождевой водой.

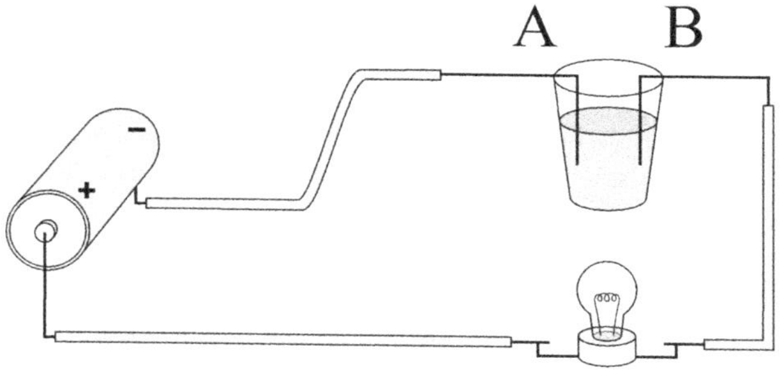

Рис. 6.28: Лампочка не включается при соединении A и B через пресную воду.

То есть свет не включается, указывая на то, что свежая вода является изолятором, когда она находится под разностью потенциалов в 1,5 вольта.

6.6.1 Вещества, которые ведут себя как проводники и изоляторы при малых значениях разности потенциалов

Мы проводим несколько тестов, аналогичных экспериментам 6.17 — 6.20. Конечный результат выглядит следующим образом:

- **Вещества, которые ведут себя как проводники при разности потенциалов 1,5 В:**
  Все металлы.

- **Вещества, которые ведут себя как изоляторы при разности потенциалов 1,5 В:**
  Сухой воздух, влажный воздух, янтарь, пластик, шелк, дерево, подогретое стекло, стекло при комнатной температуре, нейлон или синтетический полиамид, ПВХ, полиэстер, шерсть, человеческие волосы, акриловые трубки, акриловая ткань, стирофом, шоколад, молотый кофе , бумага, тонкий картон, оберточная бумага, кусок мела, фарфор, пресная вода, спирт, шампунь, керосин, молоко, безалкогольные напитки, моющие средства, пищевое растительное масло, стена, доска, пробка, кожа, пшеничная мука, кукурузная мука, акриловая нить, соль, сахар, опилки, земля или глина, кирпич, резина и т.д.

Мы можем сравнить результаты этого эксперимента с экспериментами 6.12 и 6.13. Это сравнение приводит к выводу, что понятия *проводники* и *изоляторы* являются относительными. То есть такие вещества как стекло и дерево, которые ведут себя как проводники в обычных электростатических экспериментах, ведут себя как изоляторы при разности потенциалов 1,5 В. Мы не будем вдаваться в подробности, но в электростатике работа с напряжениями в пределах от 1000 вольт до 10 000 вольт (то есть, от 10^3 V и 10^4 V) является обычным делом. Здесь речь идет о разности потенциалов между заряженным телом (как натертый кусок пластика, или заряженный электроскоп) и землей; или между концами тела (когда мы хотим выяснить, ведет ли себя это тело как проводник или изолятор). В этих условиях большинство веществ ведут себя как проводники, как мы уже видели ранее. С другой стороны, разность потенциалов, которая возникает между полюсами обычной химической батареи, значительно ниже и находится в пределах от 1 В до 10 В. При таких низких разностях потенциалов некоторые вещества (например, дерево, бумага, резина и стекло) ведут себя как изоляторы. Это показывает, что мы должны быть очень осторожны, классифицируя вещество как проводник или изолятор. В конце концов, поведение всех веществ зависит не только от внутренне присущих им свойств, но и от внешней разности потенциалов, под которой они находятся. Это очень важный аспект, о котором всегда нужно помнить.

Существует градация между обычными экспериментами электростатики и экспериментами, где мы имеем дело с разностью потенциалов в несколько вольт. Другими словами, есть градация в проводящих и изолирующих свойствах тел, когда мы переходим от разности потенциалов 10000 В к разности потенциалов в несколько вольт.

Поэтому имеет смысл подкорректировать нашу терминологию. Обычно мы говорим, что некое тело A *является* проводником, в то время как другое тело B *является* изолятором. Тем не менее, ввиду того, что было только что сказано, правильнее было бы сказать, что в определенных условиях тело A *ведет себя как* проводник, а в других условиях оно *ведет себя как* изолятор. То же самое справедливо для тела B. Но это привело бы к неоправданному удлинению и усложнению предложений. По этой причине мы будем придерживаться общепринятого правила и говорить, что тела *являются* проводниками или изоляторами. Но следует помнить, что это относительные понятия, которые зависят не только от внутренних свойств этих тел, но и от внешних условий, которым они подвержены.

6.7 Другие аспекты, которые влияют на проводящие и изолирующие свойства вещества

Проводники были определены в подразделе 6.3.1 как вещества, которые разряжают электризованный электроскоп, когда мы трогаем электроскоп этим веществом. Изоляторы, с другой стороны, были определены как вещества, которые не разряжают электризованный электроскоп, когда мы трогаем им электроскоп. В разделе 6.6 мы видели, что это относительные понятия. В конце концов, в зависимости от электрической разности потенциалов, действующих на концах вещества, оно может вести себя как проводник или как изолятор. В этом разделе мы кратко упомянем три других аспекта, которые также влияют на эти определения.

6.7.1 Время, необходимое для разрядки электризованного электроскопа

Эксперимент 6.21

Мы заряжаем электроскоп и ставим его на стол в сухой день. Заметим, что полоса остается в поднятом состоянии в течение нескольких секунд, или даже в течение нескольких минут. Однако, по прошествии достаточно длительного времени, как один час, например, электроскоп полностью разряжается.

Это означает, что определения проводника и изолятора в подразделе 6.3.1 зависят от времени наблюдения. Для интервала в несколько секунд, сухой воздух можно рассматривать как хороший изолятор. Для интервала в один час, с другой стороны, сухой воздух можно классифицировать как проводник, поскольку он позволяет разрядить электроскоп.

Определения: В данных определениях мы имеем в виду экспериментальные процедуры, описанные в разделе 6.3. Для целей этой книги, мы можем определить *хорошие проводники* как вещества, которые разряжают электризованный электроскоп при контакте с ним за промежуток времени меньше, чем 5 секунд. *Плохие проводники* или *плохие изоляторы* это вещества, которые разряжают электроскоп в течение интервала времени от 5 секунд до 30 секунд. Эти тела также называются *несовершенными проводниками* или *несовершенными изоляторами*. Наконец, *хорошие изоляторы* это вещества, которые требуют временной интервал больше, чем 30 секунд, чтобы разрядить электризованный электроскоп.

6.7.2 Длина предмета, который входит в контакт с электризованным электроскопом

Эксперимент 6.22

Мы вырезаем несколько полос бумаги, шириной 2 см и длиной от 10 см до 1 м. Заряжаем электроскоп и ставим его на стол в сухую погоду. Придерживая конец 10 см ленты в руке, мы приводим ее свободный конец в контакт с краем тонкого картона электроскопа. Наблюдается быстрый разряд электроскопа. Согласно определению из подраздела 6.7.1, это означает, что эта полоса может рассматриваться как хороший проводник.

Мы заряжаем снова электроскоп, используя на этот раз бумажную полоску 30 см × 2 см. Один конец бумажной полоски мы держим в руке, а ее свободный конец касается картона электроскопа. Теперь мы можем легко заметить интервал времени в несколько секунд, который требуется для разрядки электроскопа. В зависимости от типа бумаги, эту 30 см полоску бумаги можно рассматривать как плохой проводник.

Этот эксперимент четко показывает также, что с течением времени увеличивается количество заряда, потерянного электризованным электроскопом (см. подраздел 6.7.1). Разница лишь в том, что в нынешней ситуации электроскоп разряжается в основном через бумажную полоску, а не через окружающий воздух.

Электроскоп заряжается еще раз и эксперимент повторяется с полоской бумаги длиной 1 м и шириной 2 см. Заметим, что электроскоп остается заряженным в течение нескольких секунд. По определению подраздела 6.7.1, это означает, что эту полоску бумаги длиной в 1 м можно рассматривать как хороший изолятор.

Этот эксперимент показывает, что длина предмета оказывает влияние на то, будет ли он вести себя как проводника или как изолятор. Увеличивая длину предмета, соединяющего нашу руку с картоном электроскопа, мы увеличиваем количество времени, необходимое для разрядки электроскопа.

6.7.3 Площадь поперечного сечения вещества, входящего в контакт с заряженным электроскопом

Эксперимент 6.23

Мы заряжаем электроскоп и ставим его на стол. Мы держим человеческий волос в руке за один конец, а другим трогаем тонкий картон заряженного электроскопа. Заметим, что электроскоп остается заряженным в течение нескольких секунд. Это указывает на то, что мы можем классифицировать одиночный человеческий волос как хороший изолятор.

Заряжаем электроскоп еще раз, и увеличиваем количество волосяных волокон в наших руках, касаясь их свободными концами одновременно картон электроскопа. Заметим, что при увеличении количества волос, разряд происходит быстрее. Например, пучок волос, составленный из десятков волокон, может разрядить электроскоп в течение нескольких секунд. То есть мы можем классифицировать эту прядь волос как хороший проводник.

Подобные эксперименты показывают, что площадь поперечного сечения тела имеет влияние на его проводящие и изолирующие свойства. Чем больше площадь поперечного сечения предмета, соединяющего нашу руку с картоном электроскопа, тем меньше времени требуется для разрядки электроскопа.

В этой книге мы не будем обсуждать более подробно аспекты, представленные в разделах 6.6 и 6.7.

6.8 Электризация проводника трением

Эксперимент 6.24

Эксперимент 2.11 показал, что невозможно зарядить металл трением, удерживая его руками. Теперь, когда мы открыли различие между проводниками и изоляторами, и учитывая, что человеческое тело является проводником, мы можем попробовать различные варианты этого эксперимента. В конце концов, вполне возможно, что металл получает заряд при трении, с последующей его утечкой в землю через наше тело. Этот новый эксперимент свидетельствует, что именно так оно и происходит.

На этот раз мы поддерживаем металл на конце ПВХ трубки длиной 30 см. В качестве металла можно взять, например, алюминиевый чайник. Чайник можно надеть головой вниз на вертикальную ПВХ трубку. Мы заряжаем один электрический маятник отрицательно, а другой положительно, как в разделе 5.4. Эти заряженные маятники следует держать так, чтобы они не соприкасались.

Трубку держим в руках, не касаясь металла. Мы оборачиваем другую руку в полиэтиленовый пакет и натираем этим пластиком небольшой участок чайника. Все еще держа ПВХ трубку руками, не касаясь металла, мы подносим натертый участок алюминиевого чайника к двум противоположно заряженным маятникам, как всегда предотвращая эти вещества от соприкосновения с заряженными бумажными дисками маятников. Затем мы подносим натертый участок полиэтиленового пакета к двум противоположно заряженным маятникам, не допуская и на этот раз контакт между ними. Наблюдая за притяжением и отталкиванием между этими веществами и маятниками, мы видим, что пластик зарядился отрицательно, в то время как алюминиевый чайник стал положительно заряженным.

Эксперимент 6.25

Мы повторяем эксперимент 6.24. Но теперь мы рассмотрим ненатертый участок пластикового пакета, который находится далеко от натертой части.

Когда мы перемещаем ненатертый участок близко к двум заряженным маятникам, маятники не будут указывать на наличие суммарного заряда на этом ненатертом участке пластика. С другой стороны, любая часть изолированного чайник будет влиять на маятники, когда чайник приближается к ним. Это происходит независимо от того, находится участок чайника, который подносится к маятникам, близко или далеко от натертоого участка чайника. То есть любая часть чайника будет вести себя как будто она положительно заряжена.

Подобные эксперименты показывают, что мы можем наэлектризовать проводник трением, если проводник изолирован во время трения.

Тот факт, что металлы тоже можно зарядить трением при наличии хорошей изоляции, был обнаружен лишь в 1770-х годах.[6]

6.9 Сохранение электрического заряда

Эксперимент 6.26

Возьмем нейтральную ПВХ трубку и нейтральный пластиковый пакет, как в опытах 2.1, 3.1 и 4.5. Мы заряжаем один электрический маятник отрицательно, а другой положительно, как в разделе 5.4. Затем натираем ПВХ трубку пластиковым пакетом. Мы теперь медленно подносим натертую часть трубки к каждому из заряженных маятников, предотвращая контакт между трубкой и маятниками. Мы можем заключить, что трубка заряжена отрицательно, так как она отталкивает отрицательно заряженный маятник и притягивает положительно заряженный. Поднося медленно натертую часть пластикового пакета к каждому из заряженных маятников, как всегда не допуская контакт между ними, мы можем заключить, что пластиковый пакет стал положительно заряженным.

Проанализируем теперь результаты опытов раздела 5.4 вместе с экспериментами 6.24 – 6.26. Они показывают, что при трении одного нейтрального тела другим нейтральным телом, один из них приобретает положительный заряд, а другой – отрицательный заряд. Это может быть легко обнаружено только тогда, когда оба тела являются изоляторами. Когда одно из этих тел является изолятором, а другое проводником, заряд, приобретенный последним, как правило, уйдет в землю через наше тело. Это может создать впечатление, что заряд на изоляторе возник из ничего, поскольку проводник разрядился сразу после трения. Для того, чтобы наблюдать заряд, приобретенный проводником при трении с другим телом, необходимо электрически изолировать проводящее тело. Когда оно изолировано, приобретенный заряд не будет разряжаться в землю, что позволит наблюдать его свойства.

[6] [Hem80] и [Hei99, стр. 252, заметка 10].

Эксперимент 6.25 еще раз показывает, что заряд, приобретенный изолятором в результате трения, не распределяется по всему изолятору. То есть концентрация заряда в области натертого участка тела сохраняется. С другой стороны, заряд, приобретенный проводником посредством трения, быстро распределяется по всей его поверхности. То есть он не остается в области натертого участка.

В следующих экспериментах мы используем два электроскопа одинакового размера. Предположим также, что их полоски имеют одинаковые размеры и одинаковую чувствительность (то есть одинаковую угловую подвижность по отношению к вертикали). Как правило, мы будем также считать, что они заряжены в равной степени. Об этом можно судить по углу отклонения полос от вертикали. После зарядки, мы должны избегать контакта нашего тела с ними, чтобы исключить возможность разрядки. Когда нужно их передвинуть, следует держать их за пластиковые опоры.

Эксперимент 6.27

Мы отрицательно электризуем два электроскопа одинаковым количеством заряда, как в эксперименте 6.2. Мы размещаем их бок о бок в одной плоскости, на небольшом расстоянии друг от друга. После того, как две полоски приподнялись, а натертую соломку, с помощью которой электроскопы были заряжены, удалили, мы приводим в соприкосновение два прямоугольника. Заметим, что обе полоски остаются в поднятом состоянии (Рис. 6.29). Они остаются в таком состоянии и после того, как электроскопы были удалены друг от друга. То же самое происходит, когда мы электризуем два электроскопа одинаковым количеством положительного заряда.

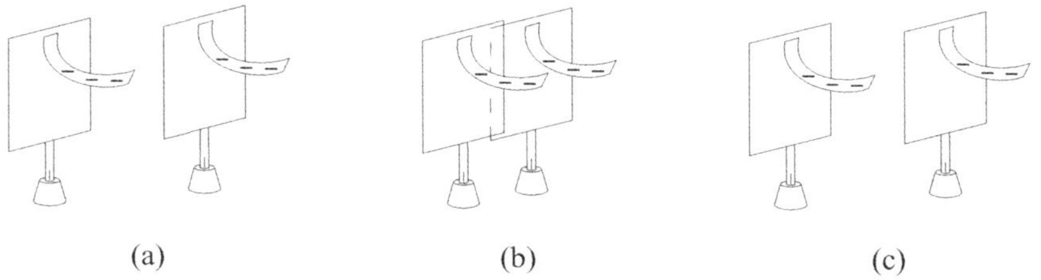

Рис. 6.29: (a) Два электроскопа, наэлектризованные зарядами одного знака. (b) Картоны касаются друг друга, но ничего не происходит. (c) После разделения, полосы остаются в поднятом состоянии.

Эксперимент 6.28

Мы заряжаем один электроскоп отрицательно, как в эксперименте 6.2, а другой электроскоп положительно, как в эксперименте 6.8. После того, как полоски приподнялись, мы удаляем обе натертые соломки, с помощью которых мы зарядили электроскопы. Электроскопы размещены в одной и той же плоскости на небольшом расстоянии друг от друга. Затем мы трогаем электроскопы. На этот раз обе полоски сразу же падают, возвращаясь к естественному вертикальному положению (Рис. 6.30 (b))! Мы можем удалить электроскопы друг от друга, но полосы остаются в вертикальном положении. Это означает, что электроскопы, изначально наэлектризованные зарядами противоположного знака, разрядились в результате взаимного контакта. Этот эксперимент можно противопоставить экспериментам 6.24 и 6.26. В последних мы имели дело с двумя нейтральными телами. В ходе эксперимента они получили заряды противоположного знака. В этом же эксперименте мы имеем два электроскопа, изначально наэлектризованных зарядами противоположного знака. В ходе эксперимента они нейтрализуются.

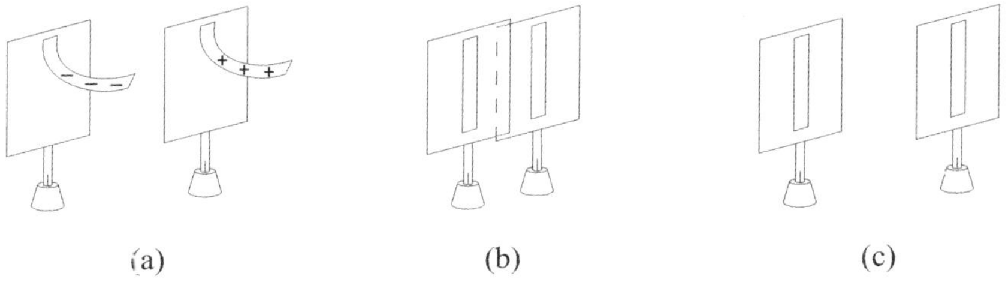

Рис. 6.30: (a) Положительный электроскоп и отрицательный электроскоп. (b) После контакта полоски падают. (c) После разделения полоски остаются в вертикальном положении, указывая на то, что электроскопы теперь разряжены.

Эксперимент 6.29

Одиночный электроскоп отрицательно заряжен, как в эксперименте 6.2. Он должен иметь достаточное количество заряда. На это указывает большой угол наклона его полосы по отношению к вертикали (Рис. 6.31 (a)). Мы размещаем другой электроскоп, изначально разряженный, в той же вертикальной плоскости, на небольшом боковом удалении от первой. Мы затем приводим электроскопы в контакт друг с другом. Заметим, что угол наклона полосы на первом электроскопе уменьшается, в то время как полоса на другом поднимается (Рис. 6.31 (b)). После разъединения, полосы сохраняют свои положения. О величине заряда на электроскопе можно судить по высоте поднятия полоски. Этот эксперимент показывает, что заряженный электроскоп теряет часть своего заряда при контакте со вторым, изначально незаряженным электроскопом, который в свою очередь электризуется (Рис. 6.31 (c)).

Когда мы разъединяем эти два электроскопа, они оба остаются слабо заряженными. Медленно пододвигая отрицательную соломку к обеим полосам, мы можем заключить, что оба электроскопа теперь отрицательно

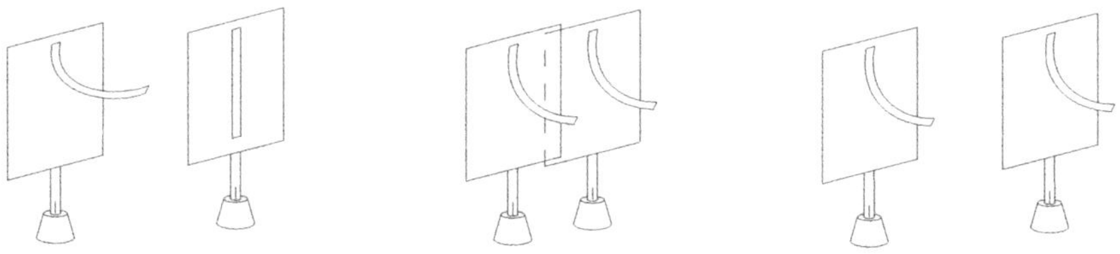

(a) (b) (c)

Рис. 6.31: (a) Заряженный и незаряженный электроскопы. (b) Контакт между картонами. (c) Разъединение после контакта. Полосы остаются в поднятом состоянии, но с меньшим по сравнению с (a) углом наклона.

заряжены. Наклон первого электроскопа уменьшился в ходе этого эксперимента, в то время как наклон второго увеличился. Это говорит о том, что в ходе эксперимента 6.9 часть исходного отрицательного заряда первого электроскопа перешла ко второму электроскопу.

То же самое происходит между положительно заряженным электроскопом и первоначально разряженным электроскопом.

Эксперимент 6.30

Можно предложить и другие вариации экспериментов 6.14 и 6.15. Электроскопы *I* и *II* остаются на расстоянии около 15 см друг от друга. Полосы остаются на внешней стороне. Электроскопы должны быть первоначально разряжены, без какой-либо связи между ними в этом эксперименте. После этой подготовки, мы заряжаем электроскоп *I* по схеме эксперимента 6.2. Полоса на электроскопе *I* поднимется, в то время как полоса на электроскопе *II* остается в покое (Рис. 6.32 (a)). После этой процедуры заряженная соломка удаляется. Мы берем теперь вторую, нейтральную соломку. Ее следует поместить над картонами обоих электроскопов, чтобы она поддерживалась ими. После ее размещения там, ничего не меняется. Полоса на электроскопе *I* остается в поднятом состоянии, а полоса на электроскопе *II* указывает вниз (Рис. 6.32 (b)).

Эксперимент 6.31

Эксперимент 6.30 проводится повторно. Электроскоп *I* заряжается в тот момент, когда нет никакой связи между электроскопами (Рис. 6.33 (a)).

Но теперь два электроскопа не будут соединены нейтральной соломкой. Вместо этого, пластиковая соломка разрезается так, чтобы ее длина составляла около 10 см. Деревянная шпажка или медный провод, длиной 20 см, пропускается через нее. Руками мы касаемся только соломку и помещаем концы шпажки так, чтобы она поддерживалась картонами. Теперь полоса на электроскопе *I* падает немного, в то время как полоса на электроскопе

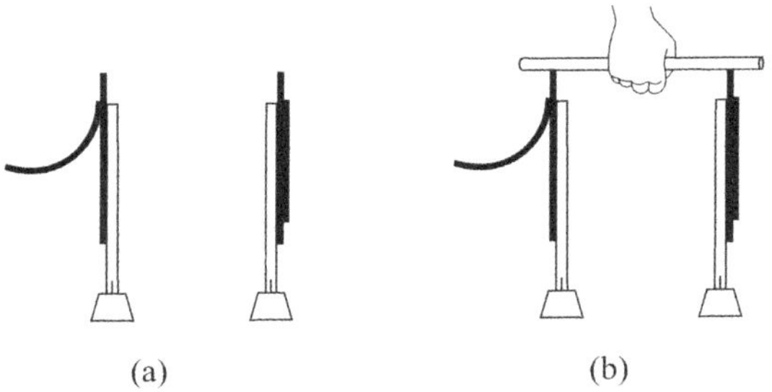

Рис. 6.32: (a) Электроскоп I заряжается. (b) Нейтральная соломка размещается таким образом, чтобы соединить электроскопы. Ничего при этом не происходит.

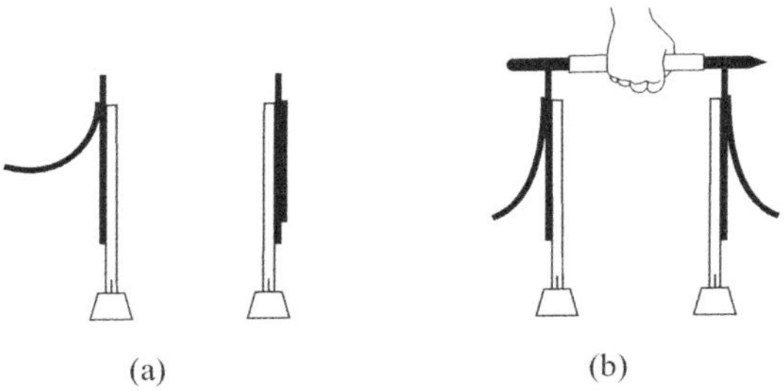

Рис. 6.33: (a) Заряжен только электроскоп I. (b) Деревянная шпажка окружена пластиковой соломкой и покоится на двух электроскопах. Заметим, что полоса I немного падает, в то время как полоса II слегка поднимается.

II немного поднимается (Рис. 6.33 (b)). В конце процедуры обе полосы будут на одной и той же высоте, но ниже, чем в ситуации, показанной на Рис. 6.33 (a).

Для успеха этого эксперимента необходимо соблюдать следующие меры предосторожности. Во-первых, мы не должны касаться руками картон, деревянную шпажку или металлическую проволоку. Во-вторых, шпажку или провод следует заключить в две или три пластиковые соломки, так как не все соломки являются хорошими изоляторами. В результате, мы можем разрядить электроскоп I частично или полностью через наше тело, поместив шпажку на картоны. Электрические заряды на электроскопе I потекут к шпажке, пройдут через соломку, а затем разрядятся через наше тело. Размещая две или три соломки одну внутри другой, мы улучшаем изоляцию системы. Если возникнут трудности с размещением одной соломки внутри другой, можно использовать любой подручный альтернативный изолятор для поддержки деревянной шпажки (см. подраздел 6.3.2).

В эксперименте 6.30 не было никакой передачи электрического заряда между электроскопами I и II, когда они соединены через пластиковую соломку. С другой стороны, в эксперименте 6.31 мы видим, что, когда электроскоп I теряет часть своего заряда, электроскоп II приобретает какой-то заряд.

Эти эксперименты иллюстрируют качественно сохранение электрических зарядов. Когда два одинаково заряженных проводящих тела одинакового размера и формы соприкасаются друг с другом, они не разряжаются. С другой стороны, противоположно заряженные проводники разряжают друг друга и становятся нейтральными после контакта. Когда только один из них изначально заряжен, контакт со вторым проводником инициирует перенос заряда от заряженного тела к нейтральному. В конце этого процесса оба проводника становятся электризованными зарядами одного знака.

6.10 Грей и сохранение электрического заряда

Возможно, первым, кто обратил внимание на подобный эффект экспериментально, был Грей в 1735 году. Он подвесил мальчика шелковыми нитями в положении лежа. С одной стороны мальчика был человек, который стоял на изоляционном основании из камеди[7] и древесной смолы. На другой стороне мальчика стоял другой человек и держал „маятниковую нить". Это был своего рода электроскоп, изобретенный Греем. Он, вероятно, состоял из льняной или хлопчатобумажной нити, прикрепленной к деревянной палке. Поскольку эта нить проводящая, она притягивается заряженным телом (мальчик в этом случае). Угол наклона маятникового нити к вертикали служит показателем степени электризации тела. Грей упоминал ранее этот вид электроскопа.[8] Второй человек в эксперименте Грея, не будучи изолированным, вероятно находился в непосредственном контакте с землей. Грей натирал стеклянную трубку руками и подносил ее к ногам мальчика. После этой процедуры, мальчик притягивал нить электроскопа, который находился в руках второго человека. Мальчик затем подносил свой палец близко к человеку, который стоял на камеди. Происходил электрический разряд, и мальчик терял часть своей способности притягивать (как это было видно по уменьшению угла наклона электроскопа). В то же время, человек, стоявший на камеди, получал заряд и привлекал к себе нить электроскопа.

Мы приводим соответствующие отрывки из описания этого важного эксперимента:[9]

> Май 6 [1735], мы провели следующий эксперимент. Мальчика подвесили на шелковых нитях, и [натертую стеклянную] трубку приложили к его ногам, как обычно, мальчик держал кончик своего пальца возле руки джентльмена, который стоял на подставке из камеди и черной смолы; в то же время, другой джентльмен стоял по другую сторону мальчика с маятниковой

[7] См. Приложение А.

[8] [Grad, стр. 228], [Graf, стр. 289] и [Grai, стр. 167—168]. См. также раздел 4.9.

[9] [Grai, стр. 168].

> нитью; затем мальчика попросили поднести палец близко к руке первого джентльмена, которого при этом укололо и был слышен треск; и в то же время, нить, которая была вытянута силой притяжения к мальчику, упала, а мальчик, потеряв большую часть своей притягательной силы, при втором протягивании пальца к руке джентльмена, перестал притягивать; помещенная около этого джентльмена нить показала, что он сильно притягивал; но повторив этот эксперимент, я нашел, что, хотя притяжение к мальчику значительно ослабевает, но он не теряет эту способность полностью, пока он не повторит 2, 3, а иногда и 4 раза протягивание пальца к руке того, кто стоит на электрическом теле, однако не касаясь его [руки].

Идея сохранения заряда неявно присутствовала в представлениях нескольких ученых, работавших с электричеством. В случае с Греем, мы имеем первый эксперимент, демонстрирующий этот факт качественно. Бенджамин Франклин (1706—1790) был одним из первых, кто в период с 1745 по 1747 плодотворно исследовал понятие сохранения заряда.[10]

6.11 Краткая история электроскопа и электрометра

Старейший способ выяснить, заряжено тело или нет, состоял в том, чтобы поднести тело близко к легким кусочкам вещества, как в эксперименте с эффектом янтаря. Позже были разработаны более чувствительные приборы для обнаружения этого свойства тел: перпендикуляр Фракасторо, версориум Гильберта и маятниковая нить Грея. Во всех этих случаях необходимо было уменьшить расстояние между натертым телом и каждым из этих инструментов, чтобы можно было наблюдать, как прибор реагирует на присутствие тела — будь то кусок янтаря или пластиковая соломка.

Обычно нет никакой видимой разницы между нейтральным телом и заряженным телом. Янтарь, например, не меняет цвет или форму при электризации. В целом мы можем обнаружить, заряжено тело или нет, только по воздействиям, которые оно оказывает на близлежащие вещества, или на чувствительный инструмент вблизи него. Когда электрический маятник находится далеко от других тел, он будет висеть вертикально — заряжен он или нет. Только поместив его рядом с другими веществами, можно обнаружить — по углу отклонения нити маятника к вертикали — заряжен маятник или нейтрален.

В этой книге мы называем инструмент, который при подсоединении к телу автоматически показывает, является ли это тело заряженным или нет, электроскопом. Он должен показывать присутствие электричества автоматически, без всякой необходимости трогать электроскоп, или проводить

[10][Hei99, стр. 327—333].

какую-либо другую операцию. Даже когда этот инструмент не находится в контакте ни с каким другим телом, можно видеть, заряжен сам электроскоп или нет. В этом смысле электроскоп отличается не только от версориума, но и от электрического маятника.

Прибор должен иметь два основополагающих свойства, чтобы его можно было рассматривать как электроскоп. (I) Во-первых, электроскоп должен быть электрически изолирован от земли. Или же корпус, к которому прикреплен электроскоп, должен быть изолирован от земли. Эта электрическая изоляция имеет решающее значение. Без нее электроскоп не может сохранить приобретенный заряд. Что касается электроскопов, используемых в этой книге, эта изоляция достигается путем поддержки тонкого картона нейтральной пластиковой соломкой. (II) Второе свойство состоит в том, что электроскоп должен иметь видимый элемент, который меняет свое состояние в зависимости от того, является электроскоп нейтральным или заряженным. В электроскопах, рассматриваемых в этой книге, эту роль выполняет угол между подвижной полоской бумаги и неподвижным тонким картоном. В классических электроскопах, на состояние прибора указывает угол между двумя подвижными полосками.

Вероятно, первый электроскоп с такими свойствами был построен Дюфе в 1737 году.[11] Грей, еще до Дюфе, использовал хлопковую или льняную нить, прикрепленную к палке, для проверки заряженности близлежащего тела. Но для того, чтобы обнаружить заряд близлежащего тела, надо было поместить палку рядом с телом и наблюдать за отклонением нити в сторону тела. Дюфе, с другой стороны, стал вешать сложенные по середине нити непосредственно на тело. Если тело было заряжено, две половинки каждой нити отталкивали друг друга, образуя перевернутую букву V. Угол расхождения между двумя половинками увеличивался с ростом количества зарядов на теле. В первом эксперименте, где он описал эту новую схему,[12] он подвесил железный пруток горизонтально шелковыми шнурами. Эти шнуры изолировали прут от земли. Он повесил на прут несколько нитей одинаковой длины, но из разных материалов: лен, хлопок, шелк и шерсть. Каждая нить была сложена в середине, а их центральные точки покоились на прутке. После электризации прутка, он заметил, что две половинки каждой нити отошли друг от друга. Кроме того, самый большой угол расхождения показывала льняная нить, затем хлопковая, шелковая и, наконец, шерстяная нить, которая имела наименьший угол расхождения. По его мнению этот факт свидетельствовал о том, что лен обладал большей способностью для накопления электрической материи по сравнению с другими веществами.

Затем он дал следующее чрезвычайно интересное описание:[13]

---

[11][DF37b, стр. 94—98].

[12][DF37b, стр. 95—96].

[13][DF37b, стр. 98]. Une aiguillée de fil posée sur une barre de fer suspenduë par des cordons de soye, présente l'idée de la plus simple de toutes les expériences, cependant elle peut fournir de sujet à des méditations profondes, & elle sert à confirmer la plûpart des principes que j'ai établis dans mes Mémoires précédents, tant sur la communication de l'électricité & ses effets

> Кусок [хлопковой или льняной] нити, помещенный на железном пруте, подвешенном на шелковых шнурах, представляет простейшую идею эксперимента, хотя он дает предмет для глубоких раздумий, и это служит подтверждением значительной части тех принципов, которые я обнаружил в предыдущих работах, не только о связи электричества и его последствий притяжения и отталкивания, но также о реальности двух видов электричества, а именно, стекловидное и смолистое. Он также может быть использован для суждения о величине электрической силы, что очень полезно в практике проведения всех экспериментов. Как мы уже отмечали, для этого нужно лишь разместить на прутке кусок льняной нити. Тогда будет видно, что два конца, которые свободно свисают с обеих сторона прута, отталкиваются друг от друга с большей или меньшей силой, образуя больший или меньший угол, в зависимости от того, получил ли прут от [натертой стеклянной] трубки большее или меньшее электрическое свойство. [Иллюстрация подобного эксперименте дается на Рис. 6.34.] И это даст очень точное представление о величине силы электричества и, таким образом, мы сможем выбрать момент и наиболее благоприятные условия для проведения экспериментов, которые требуют сильнейшей электризации, каковыми являются эксперименты, связанные со светом или передачей [электричества] по струне или по другому непрерывному телу.

Эксперимент Дюфе аналогичен нашему эксперименту 6.9, представленному на Рис. 6.12. Увеличивая количество заряда на электроскопе, мы увеличиваем угол расхождения листьев.

Дюфе также использовал свой электроскоп, чтобы выяснить, какие тела являются лучшими изоляторами. С этой целью он вешал железный прут на нитях из различных веществ, или клал железный прут на твердые тела, изготовленные из различных материалов. После такой подготовки, он заряжал железный прут предварительно натертой стеклянной трубкой. Затем он отмечал, что, наблюдая за углом расхождения своего электроскопа в контакте с прутом, какое вещество позволяло стержню оставаться в заряженном состоянии в течение более длительного времени. Это вещество (нити, с помощью которых прут был подвешен, или жесткая опора, кото-

---

de répulssion & d'attraction, que sur la réalité des deux genres d'électricité, sçavoir la vitrée & la résineuse. Elle sert aussi à connoitre si la force de l'électricité est plus ou moins grande, ce qui est très-commode dans la pratique de toutes ces expériences; il ne s'agit pour cela que de poser sur la barre le bout de fil, comme nous l'avons dit, on verra pour lors les deux bouts qui pendent librement d'un côté & de l'autre de la barre s'écarter l'un de l'autre avec plus ou moins de force, & former un angle plus ou moins grand, suivant que la barre aura reçû du tube plus ou moins de vertu électrique, & cela fera connoître d'une maniére assés exacte, le degré de force de l'électricité, de sorte que l'on pourra choisir le temps & les circonstances les plus favorables pour les expériences qui demandent la plus forte électricité, telles que sont celles qui concernent la lumiére, ou la communication le long d'une corde ou d'un autre corps continu.

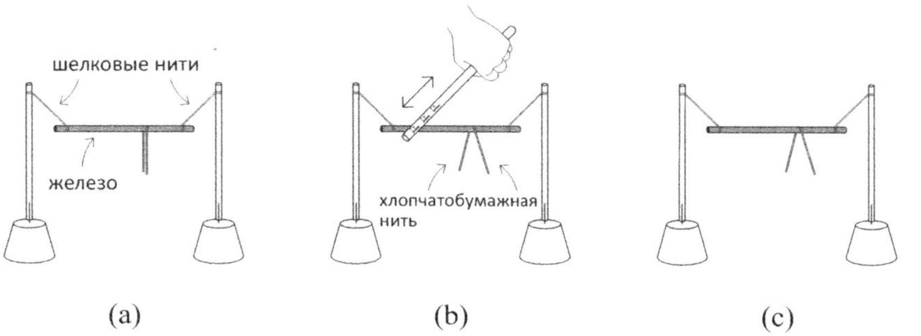

Рис. 6.34: Электроскоп Дюфе. (a) Железный стержень, подвешенный на шелковых шнурах. Хлопчатобумажная нить висит на стержне. (b) Натертой стеклянной трубкой проводят по стержню. (c) После удаления стеклянной трубки, две половинки хлопковой нити отходят друг от друга.

рая поддерживала стержень над землей) и служило лучшим изолятором.[14]

Жан Антуан Нолле (1700—1770) (Рис. 6.35) был помощником Дюфе в течение нескольких лет, с 1731 или 1732 по 1735.[15]

Рис. 6.35: Жан Антуан Нолле (1700—1770).

В 1747 году Нолле предложил усовершенствованный вариант электроскопа Дюфе. Раскрытые нити, в виде перевернутой буквы V, подсоединялись непосредственно к заряженному телу. Лампа освещала нити и проецировала их тени на градуированный экран, где он мог сразу прочитать угол, образованный нитями. Это позволяло с большой точностью определить эти углы, поскольку экран и наблюдатель могли находиться в удалении от электроскопа и, следовательно, не искажать показания прибора (Рис. 6.36).[16]

Нолле придумал имя для этого инструмента: *электрометр*:[17]

---

[14] [DF37b, стр. 99].

[15] [Hei81e] и [Hei99, стр. 279—289].

[16] [Nol47, стр. 129] и [Hei99, стр. 353].

[17] [Nol47, стр. 129]: Dans bien des occasions je me suis servi, pour connoître les progrès

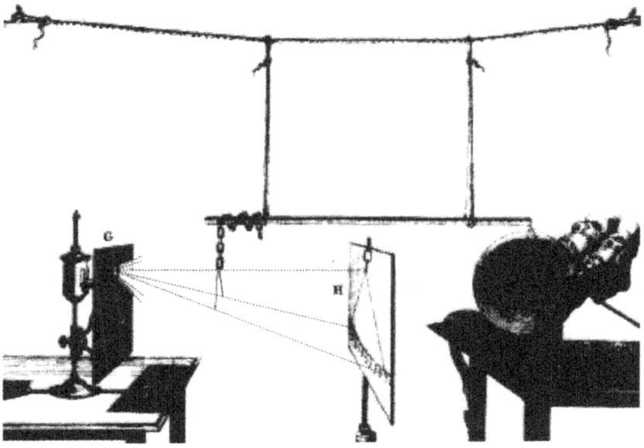

Рис. 6.36: Электрометр Нолле.

> В ряде случаев я использовал очень простые средства, чтобы судить о распространении электричества, которые заслуживают название *электрометр*, если их использование станет общепринятым, и если они могут служить для измерения, с помощью хорошо установленных и надежных единиц измерения, увеличения или уменьшения заряда, на которые они указывают.

Это очень удачное название, так как этот инструмент дает количественную меру угла. А величина этого угла связана с электричеством тела, к которому он подсоединен. Электрометр — это электроскоп, с помощью которого мы можем делать точные количественные измерения (угол в данном случае) электрического заряда.

Еще один из его электрометров изображен на Рис. 6.37.[18]

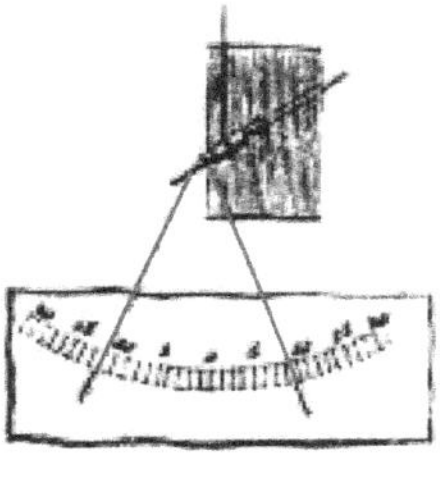

Рис. 6.37: Другой электрометр Нолле.

Для предотвращения утечки электричества через кончики нитей любого электроскопа, на концах нитей позже стали вешать небольшие, легкие

de l'électricité, d'un moyen assez simple & qui mériteroit le titre d'*électromètre*, s'il étoit généralement applicable, & s'il pouvoit servir à mesurer par des quantités bien connues, & dont on ne pût douter, les augmentations ou diminutions qu'il indique.

[18][Nol67, Planche 4, Рис. 15].

шарики, изготовленные из пробки. Джон Кантон был одним из ученых, кто предложил это усовершенствование в 1752—4.[19] На Рис. 6.38 представлен электроскоп Кантона.

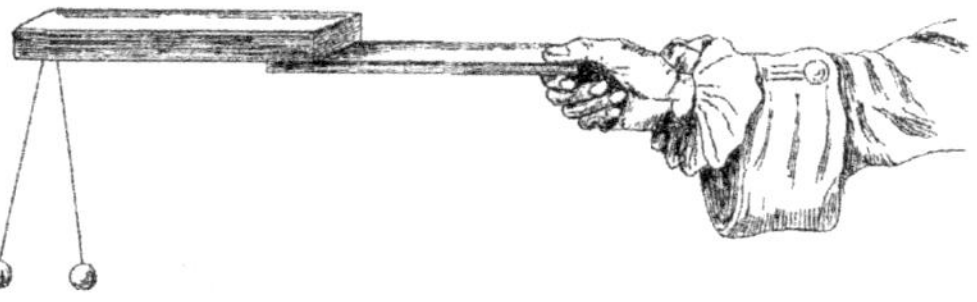

Рис. 6.38: Электроскоп Кантона.

Позже льняные нити были заменены жесткими соломками и металлическими листочками. Они служили дольше и позволяли определить точнее угол апертуры. Авраам Беннет (1750—1799) и Алессандро Вольта (1745—1827) были выдающимися учеными, которые внесли вклад в эти разработки. Электрометр Беннета с двумя золотыми листочками представлен на Рис. 6.39.[20]

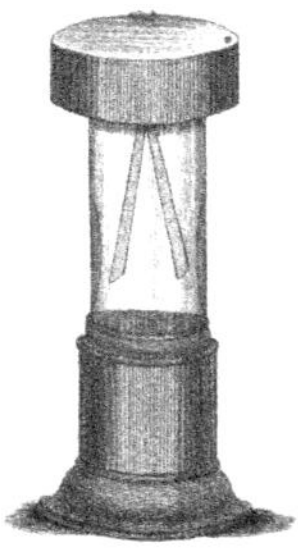

Рис. 6.39: Электрометр Беннета.

Георг Вильгельм Рихман (1711—1753) создал электрометр где-то между 1744 и 1753 годами, в котором один из соломок закреплен неподвижно относительно земли, и только одна соломка или полоска отклоняется от вертикали, когда электроскоп заряжен (Рис. 6.40).[21] Это аналог электроскопа, представленного на Рис. 6.1, который используется в большинстве описанных в этой книге экспериментов.

Этот вид электрометра был разработан позже Уильямом Хенли (дата рождения неизвестна, умер в 1779 году), в 1772 (Рис. 6.41).[22] Он имеет один легкий передвижной стержень A, с пробковым шариком на конце, который может поворачиваться вокруг центра B. Когда электрометр заряжен, существует отталкивание между подвижным стержнем A и фиксированным

[19] [Can53], [Can54] и [Wal36].
[20] [Ben86] и [Hei99, стр. 450].
[21] [Hei99, стр. 392].
[22] [Pri72].

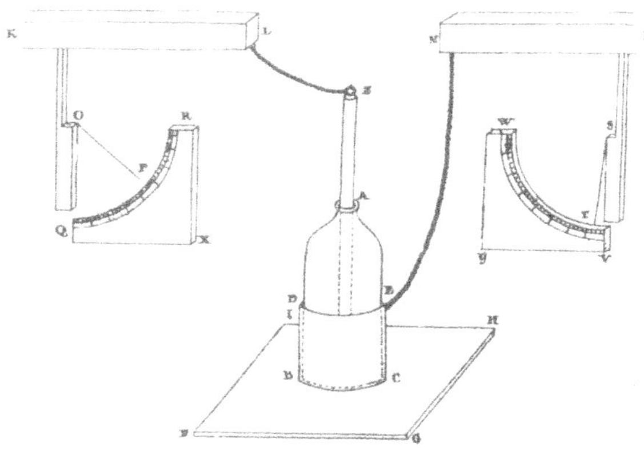

Рис. 6.40: Электрометры Рихмана, подсоединенные к лейденской банке. Каждый из электрометров имеет одиночную подвижную полоску.

штоком C. Угол раскрытия можно прочитать на транспортире, который жестко привязан к инструменту.

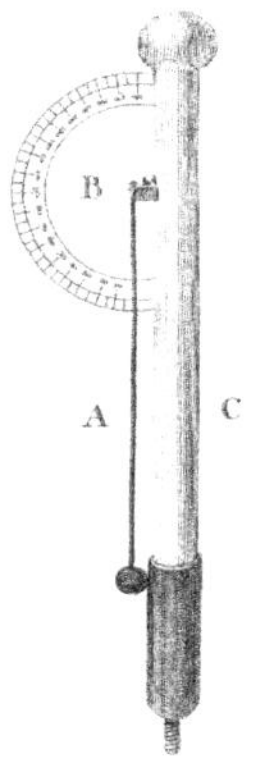

Рис. 6.41: Электрометр Хенли.

Более подробную информации по истории электроскопа и электрометра можно найти в работах Уолкера, Хейлброна и Медейроса.[23]

[23][Wal36], [Hei99, стр. xvi, xx, 82, 259, 327, 331, 353, 367, 373—376, 390—392, 418, 421—422, 447—456, 462 и 491—494] и [Med02].

Глава 7

Различия между проводниками и изоляторами

7.1 Подвижность зарядов на проводниках и изоляторах

Мы видели, что главное свойство изолятора, пластика например, состоит в том, что он не допускает поток электрических зарядов через него. Следовательно, он не разряжает электризованный электроскоп. Проводник, напротив, обеспечивает прохождение зарядов через него. Примеры проводников: человеческое тело, земля, металл, лист бумаги или тонкого картона электроскопа. Поэтому электризованный электроскоп, подключенный к земле через проводник, разряжается. Теперь мы рассмотрим другие свойства, которые отличают проводники от изоляторов.

Эксперимент 7.1

Мы вырезаем прямоугольную полоску тонкого картона, 30 см в длину и 2 см в ширину. Плоскость полосы расположена вертикально, с длинной стороной параллельно горизонту. Мы прикрепляем верхний конец вертикальной пластиковой соломки к центру полосы, образуя букву T. Нижний конец соломинки должен быть закреплен на подходящей опоре, как пластилин например, или как опора электрического маятника из раздела 4.4. Затем мы вешаем четыре очень тонкие полоски папиросной бумаги, длиной 10 см каждая, вдоль тонкой картонной полоски. Они должны быть сложены в середине таким образом, чтобы обе половинки свободно висели вертикально. После этой процедуры, мы натираем другую пластиковую соломку, и царапаем ею верхний край тонкого горизонтального картона, тем самым заряжая его. Мы удаляем натертую соломку. Все полоски папиросной бумаги раскрываются, поскольку каждая половинка каждой полоски отталкивает другую половинку.

Этот эксперимент можно повторить с большей полоской тонкого картона, например, длиной 60 см. Для этого, следует закрепить две вертикальные пластиковые соломинки, одну на расстоянии 20 см от одного конца картона, а другую на расстоянии 20 см от другого конца. Мы вешаем несколько очень тонких полосок папиросной бумаги над верхней горизонтальной гранью широкой тонкой картонной полоски, как ряд электроскопов. Когда мы заряжаем тонкий картон, царапая его натертой соломкой, все полоски папиросной бумаги раздвигают свои ноги. Вместо прямоугольной тонкой картонной полоски можно также использовать жесткий медный провод.

Теперь мы строим такую же T-образную конструкцию с теми же размерами, но только из пластика. В качестве горизонтальной верхней части T можно взять пластиковую линейку (с плоскостью в вертикальном положении), или ряд пластиковых соломинок, прикрепленных друг к другу последовательно. Мы вешаем тонкие полоски папиросной бумаги вдоль верхней части T, расположенных вдоль его длины. Затем натираем другую пластиковую соломку и царапаем ею верхний край пластика T. На этот раз тонкие полоски папиросной бумаги не раздвигают свои ноги, за исключением тех, которые расположены близко к тому месту, где мы царапали.

Эксперимент 7.2

Мы вырезаем диск из тонкого картона диаметром 20 см. Плоскость диска будет находиться в горизонтальном положении, и поддерживаться на пластиковых соломинках, размещенных вертикально в соответствующих местах под ним. С помощью ножниц или дырокола мы делаем много пар отверстий вдоль диаметра диска, с очень близко расположенными отверстиями в каждой паре. Затем мы продеваем одну тонкую бумажную полоску через каждую пару отверстий таким образом, чтобы она висела по центру, а каждая половинка проходила через отверстие напротив другой половинки. В качестве другого варианта, можно приклеять полоски в виде буквы L на нижней стороне диска. Две полоски бок о бок образуют букву T, с вертикальной частью буквы, состоящей из двух полос, свисающих вертикально с диска бок о бок. Мы натираем другую пластиковую соломку и царапаем ею по краю диска. Полоски тонкой бумаги раздвигат свои ноги. Это происходит также для тех полос, которые расположены далеко от места, где мы царапали.

Мы не наблюдаем подобного эффекта с пластиковым диском. В этом случае полоски папиросной бумаги, которые расположены далеко от места царапания диска натертой соломкой, не раскрывают ноги. Только те, что рядом с поцарапанной областью, будут раскрываться.

Эти эксперименты показывают, что при электризации проводника, заряды, как правило, распределяются по всей ее поверхности. В случае изолятора, с другой стороны, они не могут свободно перемещаться вдоль его поверхности, оставаясь в той области изолятора, где имело место производство или передача зарядов. Тот же самый эффект наблюдался в эксперименте 6.25.

7.2 Коллекторы заряда

Наш следующий электрический прибор — коллектор заряда. Он используется для получения небольшого количества заряда из любого участка электризованного тела. Поместив накопленный заряд вблизи положительно и отрицательно заряженных маятников, или заряженных электроскопов, можно определить знак заряда. Величина притяжения и отталкивания на маятниках и электроскопах, также указывает, является ли накопленный заряда большим или маленьким. Хотя электрический маятник или электроскоп также можно использовать в качестве коллектора заряда, мы будем использовать этот термин для обозначения инструментов, построенных специально для этой цели. Коллектор заряда может служить также как средство для переноса заряда между двумя пространственно разделенными проводниками.

Простейший коллектор это шар из алюминиевой фольги, подвешенной на конце шелковой или нейлоновой нити, другой конец которой привязан к пластмассовой соломке (Рис. 7.1). Мяч может быть изготовлен также из бумаги или другого подходящего проводника. Шелк, будучи изолятором, предотвращает утечку накопленного разряда. Увеличивая диаметр сферы, мы увеличиваем количество заряда, которое она может накопить в каждом эксперименте.

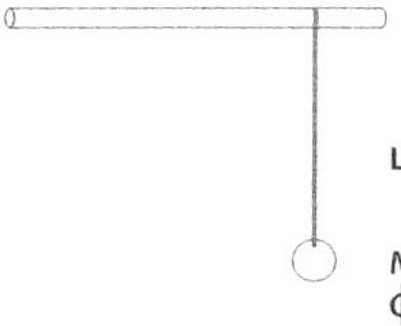

Рис. 7.1: Коллектор заряда.

Вторая модель аналогична предыдущей и состоит из алюминиевой фольги в форме шара, прикрепленного к концу пластмассовой соломки (Рис. 7.2). Жесткость соломки является главным отличием этой модели от предыдущей. Это позволяет снимать заряды с верхней или боковой поверхности заряженного проводника, удерживая соломку снизу или сбоку. То есть эта модель дает больше контроля над тем, куда можно поместить алюминивый шарик для сбора заряда.

Другая модель состоит из полосы алюминиевой фольги, прикрепленной к концу пластиковой соломки. Эта полоса может быть, например, 5 см в

Рис. 7.2: Другой коллектор заряда.

длину и 2 мм в ширину. Мы приклеиваем ее вокруг кончика соломки (Рис. 7.3).

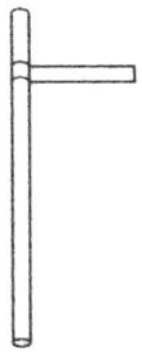

Рис. 7.3: Третья модель коллектора заряда.

Вероятно, самый первый коллектор заряда, построенный исключительно для этой цели, был предложен Ф. У. Т. Эпинусом (1724—1802). Нет ни одного известного портрета Эпинуса.[1] Его коллектор представлял собой просто небольшой кусок металла, длиной около 3,8 см, с небольшим крюком в середине, к которму он прикрепил хорошо высушенную шелковую нить. Он описал этот инструмент и несколько интересных экспериментов, проведенных с ним, в книге, изданной на латыни в 1759 году, *Эссе по теории электричества и магнетизма.*[2]

Шарль-Огюстен Кулон (1736—1806) изобрел в 1787 году другую модель, которая называется проверочная плоскость (Рис. 7.4).[3] Кулон знал работу Эпинуса и цитирует ее в своих работах.

Проверочная плоскость это проводящий диск с изолирующей ручкой, прикрепленной к его центру. Кулон использовал его для определения распределения зарядов на поверхностях двух или трех проводников, заряженных посредством контакта. Величина заряда, собранного проверочной плоскостью, пропорциональна локальной плотности поверхностного заряда. Модель, которую мы используем здесь, представляет тонкий картонный диск 3 см в диаметре. Мы можем разместить алюминиевую фольгу на одной из его граней, но это не обязательно. Мы вырезаем кусок пластиковой соломки длиной 5 см. Его следует прикрепить к центру диска под прямым углом, как будто он является осью симметрии. Для крепления соломки к центру диска можно использовать пластилин (Рис. 7.5). При работе с провероч-

[1] [Aep79, стр. 62].
[2] [Aep79, стр. 312—314].
[3] [Hei99, стр. 495].

Рис. 7.4: Шарль-Огюстен Кулон (1736—1806).

ной плоскостью, ее следует брать только за соломку, не касаясь диска и пластилина.

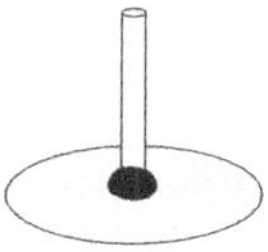

Рис. 7.5: Проверочная плоскость Кулона. Она является также коллектором, но для ясности будет упоминаться именно под этим именем при описании следующих экспериментов.

Эти коллекторы заряда будут использоваться в некоторых экспериментах, описанных здесь.

7.3 Электрическая поляризация проводников

Эксперимент 7.3

Мы видели в эксперименте 6.12 что тонкий картон есть проводник, а пластик — изолятор. Мы воспользуемся этим фактом, чтобы построить изолированный проводник. Горизонтальный тонкий картонный диск диаметром 15 см поддерживается четырьмя вертикальными пластиковыми соломинками, прикрпепленных к соответствующим опорам, наподобие тех для электрических маятников. Мы размещаем три проверочные плоскости Кулона на поверхности диска вдоль диаметра диска, одну в центре, а две другие близко к противоположным краям. Пронумеруем их 1, 2 и 3, проверочная плоскость в центре диска при этом получает номер 2. Сначала мы разряжаем диск, коснувшись его пальцем. Теперь мы хотим провести эксперимент по изучению распределения зарядов на этом диске в присутствии рядом других заряженных тел. Для этого мы сначала заряжаем два электроскопа

— один положительно, а другой отрицательно. Мы размещаем их подальше друг от друга и от этого горизонтального диска. Нам потребуется также третий, разряженный электроскоп.

Мы заряжаем соломку негативно по всей ее длине, когда мы трем ее о наши волосы. Затем ее следует поставить вертикально на подходящей подставке. Середина этой соломки должна быть на той же высоте, что и горизонтальная плоскость диска. Натертая соломка подносится близко к пробной плоскости 1, не касаясь диска (Рис. 7.6). Они будут тогда в следующей последовательности: отрицательный соломка, проверочные плоскости 1, 2 и 3, соответственно. Отрицательная соломка должна быть на расстоянии около 2 см от ближайшего края диска. Мы удаляем проверочную плоскость 2 с диска, и подносим ее близко к разряженному электроскопу. Электроскоп не реагирует, что свидетельствует об электрической нейтральности плоскости 2. Мы можем поместить ее обратно на диск на прежнее место. Теперь удаляем проверочную плоскость 1, и медленно подносим ее к разряженному электроскопу, не допуская контакта. Полоса электроскопа притягивается к проверочной плоскости, что указывает на присутствие заряда на плоскости 2. Затем мы медленно подносим ее к отрицательному и положительному электроскопоам, как всегда избегая контакта. Заряженная проверочная плоскость притягивает полосу отрицательного электроскопа и отталкивает полосу положительного электроскопа. На основании этих фактов можно заключить, что проверочная плоскость 1 стала положительно заряженной из-за рядом расположенной отрицательной соломки. Мы затем помещаем ее обратно в исходное положение на горизонтальном диске. Теперь мы удаляем проверочную плоскость 3, и повторяем эту процедуру; в результате мы приходим к выводу, что она заряжена отрицательно.

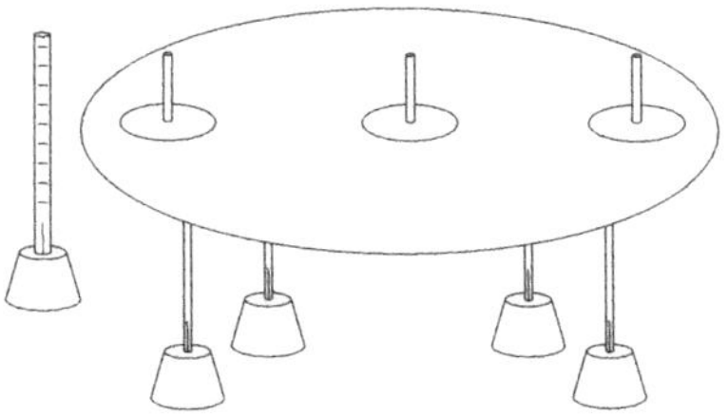

Рис. 7.6: Эксперимент для изучения распределения зарядов на проводнике в присутствии расположенных рядом заряженных тел.

Эксперимент 7.4

Мы повторяем экспреримент 7.3, но теперь помещаем отрицательно заряженную соломку рядом с диском приблизительно в 5 см от ближайшего его края. И снова эта отрицательная соломка находится на одной линии с проверочными плоскостями Кулона в следующем порядке: отрицательная соломка, проверочные плоскости 1, 2 и 3, соответственно. При проведении предыдущей процедуры, мы видим, что плоскость 2 не заряжена.

На плоскости 1 мы снова находим положительный заряд, но в меньшем количестве, чем в эксперименте 7.3. На это указывают силы притяжения и отталкивания, с которыми она воздействует на отрицательный и положительный электроскопы, соответственно. Эти силы имеют более низкую интенсивность в данном эксперименте, в сравнении с соответствующими силами в эксперименте 7.3. После возвращения плоскости 1 на прежнее место над диском, мы удаляем плоскость 3 и проверяем заряд на ней. И снова мы видим, что она содержит отрицательный заряд, но в меньшем количестве, чем тот заряд, который мы нашли на плоскости 3 в эксперименте 7.3. Об этом свидетельствуют меньшие по интенсивности силы отталкивания и притяжения, с которыми она воздействует на отрицательный и положительный электроскопы, соответственно.

Мы можем повторить 7.3, каждый раз размещая отрицательную соломку дальше от диска. Чем дальше мы ее размещаем, тем меньшее количество противоположных зарядов мы находим на плоскостях 1 и 3. Когда отрицательная соломка находится в 20 см от ближайшего края диска, или дальше, практически невозможно обнаружить заряды на проверочных плоскостях в этих экспериментах.

Эксперимент 7.5

Мы повторяем эксперимент 7.3. Мы будем наблюдать силы, с которыми заряженные проверочные плоскости воздействуют на нейтральный, положительный и отрицательный электроскопы, когда отрицательная соломка находится приблизительно в 2 см от края диска.

Затем мы ставим 2 или 3 отрицательно заряженные соломинки одновременно, рядом друг с другом; каждая соломка при этом покоится на своей подставке. Можно также концы этих соломок связать друг с другом, и разместить их бок о бок на одной опоре. Этот набор из 2 или 3 соломинок надо поставить снова на расстоянии около 2 см от края диска. Соломинки должны иметь примерно одинаковое количество заряда, поскольку мы трем их о волосы в течение одинакового промежутка времени. Мы повторяем эксперимент 7.3 и видим, что плоскость 1 вновь зарядилась положительно, как и раньше. Но теперь она притягивает полосу нейтрального электроскопа с гораздо большей силой, чем в эксперименте 7.3. Он также притягивает с большей силой полосу отрицательного электроскопа, и с большей силой отталкивает полосу положительного электроскопа. Поэтому мы заключаем, что проверочная плоскость 1 получила на этот раз большее количество заряда, чем то количество, которое она аккумулировала в эксперименте 7.3. Интенсивность сил, действующих со стороны проверочной плоскости 3 на полоски электроскопов в этом эксперименте, также выше, чем интенсивность аналогичных сил в эксперименте 7.3. Соответственно, мы приходим к выводу, что она приобрела большее количество отрицательного заряда, в сравнении с экспериментом 7.3.

Эксперимент 7.6

Из тонкого картона мы вырезаем прямоугольник со сторонами 10 и 7 см. Он будет установлен в вертикальной плоскости с длинной стороной в горизонтальном направлении. Мы прикрепляем вертикальную соломку к центру прямоугольника с помощью клейкой ленты. Нижний конец соломинки прикреплен к подходящей опоре. Затем мы трогаем прямоугольник, чтобы разрядить его. Как и в эксперименте 7.3, мы заранеее готовим положительно заряженный электроскоп и отрицательно заряженный электроскоп. В этом эксперименте мы используем полоску алюминиевой фольги, присоединенной к пластиковой соломке в качестве коллектора заряда, как в разделе 7.2 (Рис. 7.3). Мы заряжаем другую соломку отрицательно и прикрепляем ее вертикально к подходящей опоре. Два заряженных электроскопа — прямоугольник и заряженная соломка — первоначально расположены на достаточном удалении друг от друга.

Теперь мы приближаем заряженную соломку к одному из вертикальных краев прямоугольника, избегая при этом контакта. Когда расстояние между ними сократится приблизительно до 1 или 2 см, мы царапаем алюминиевую фольгу полоской коллектора вверх и вниз по другому вертикальному краю прямоугольника (Рис. 7.7). Затем мы подносим эту полосу вблизко к двум заряженным электроскопам, не позволяя им соприкоснуться. Судя по притяжениям и отталкиваниям, наблюдаемым в этих электроскопах, мы приходим к выводу, что полоса коллектора зарядилась отрицательно.

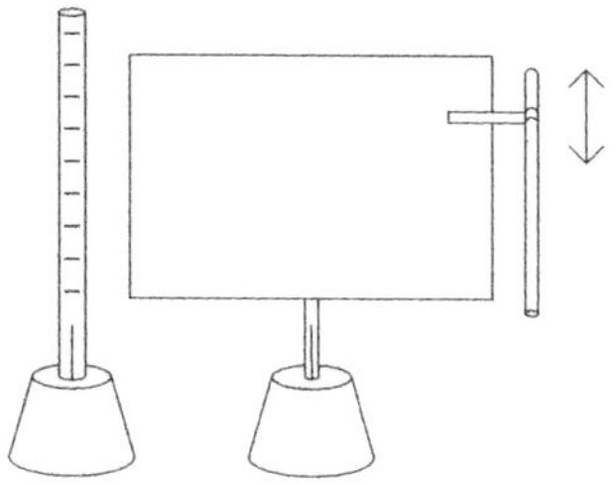

Рис. 7.7: Изучение распределения зарядов по проводнику.

Мы разряжаем эту полоску, коснувшись ее пальцами. Теперь царапаем ею вверх и вниз вертикальный край прямоугольника, который находится ближе всего к заряженной соломке, соблюдая все предосторожности, чтобы не задеть соломку. Когда мы медленно подносим полоску близко к двух заряженным электроскопам, мы приходим к выводу, что полоса приобрела положительный заряд.

Эксперимент 7.7

Мы повторяем эксперимент 7.6, но теперь с размещением отрицательной соломки на расстоянии около 5 см от ближайшего края прямоугольника. Когда мы повторяем эту процедуру, мы снова находим, что сторона прямоугольника, которая находится дальше всего от отрицательной соломки стала отрицательно заряженной, а сторона, которая находится ближе к соломке, стала положительно заряженной. Но количества собранных зарядов меньше, в сравнении с соответствующими количествами зарядов, собранных в эксперименте 7.6. Эти количества зарядов можно оценить с помощью сил, оказываемых заряженной полоской на положительный и отрицательный электроскопы.

Когда отрицательная соломка находится на расстоянии 20 см от ближайшего края прямоугольника или дальше от нее, металлическая полоска не получает практически заметного количества заряда.

Эксперимент 7.8

Мы повторяем эксперимент 7.6, но теперь совмещаем 2 или 3 отрицательно заряженные соломки вместе, как в эксперименте 7.5. Они должны иметь приблизительно одинаковую электризацию, поскольку они в равной степени были подвергнуты трению о волосы. Их нужно расположить на расстоянии около 1 или 2 см от края прямоугольника. После повторения предыдущей процедуры, мы находим, что алюминиевая фольга полоски коллектора приобрела большее количество положительных и отрицательных зарядов, в сравнении с количеством зарядов, собранных в эксперименте 7.6.

Эти эксперименты показывают, что присутствие натертой соломки вызывает разделение зарядов на соседнем проводнике. Часть проводника, которая находится ближе к натертой соломке, приобретает заряд, противоположный по знаку заряду на соломке, в то время как противоположная часть проводника приобретает заряд того же знака, что и заряд на соломке.

Определения: Это явление и этот процесс называется электрической или электростатической *поляризацией*, *индукцией*, *влиянием*, *индукционной поляризацией*, *наведенной поляризацией*, *наведенной электризацией*, *индукционной электризацией* или *электризацией сообщением*. В этой работе мы будем пользоваться в основном первым выражением, *электрическая поляризация*.

Эксперименты 7.4 и 7.7 показывают что-то еще. Мы можем увеличить количество индуцированных зарядов на обеих сторонах проводника путем уменьшения расстояния между проводником и натертой соломкой. Это представлено на Рис. 7.8.

Вернемся к эксперименту 4.5. Отклонение маятника от вертикали увеличивается, когда расстояние между натертой соломкой и маятником уменьшается. Это указывает на большую силу между ними. Отсюда ясно, что поляризацию диска можно увеличить посредством сокращения расстояния между диском и электризованной соломкой (Рис. 7.9).

Эксперименты 7.5 и 7.8 также показывают что-то подобное. Мы также можем увеличить количество индуцированных зарядов на обеих сторонах проводника, увеличивая количество заряда на близлежащем электризованном изоляторе (Рис. 7.10).

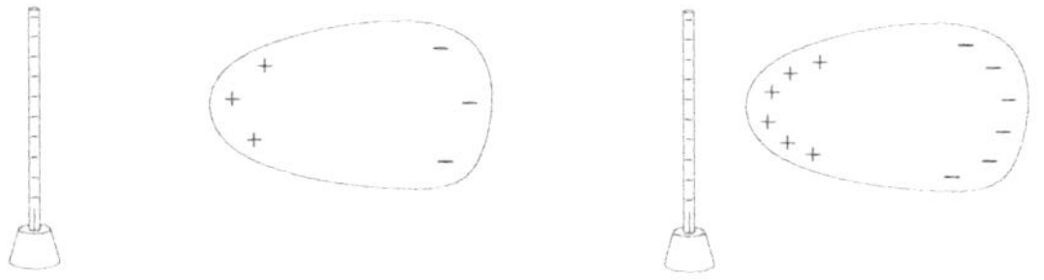

Рис. 7.8: (a) Поляризация проводника близлежащим электризованным изолятором. (b) При уменьшении расстояния между этими телами, количество положительных и отрицательных зарядов, индуцированных на проводнике, увеличивается.

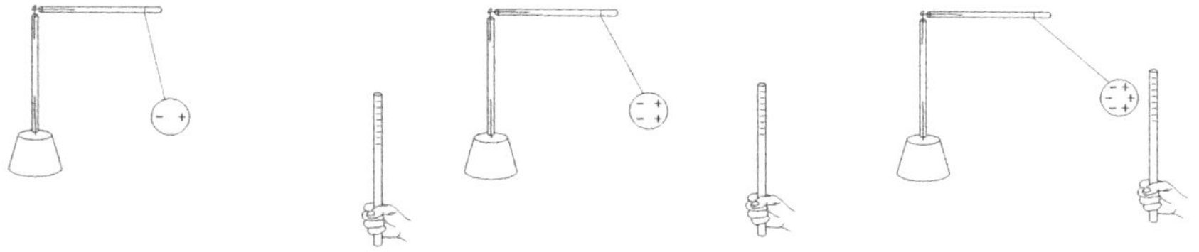

Рис. 7.9: Уменьшеная расстояния между натертой соломкой и маятником, мы увеличиваем поляризацию индуцированных зарядов на проводящем диске.

7.3.1 Эпинус и электрическая поляризация

Одним из наиболее известных ученых, занимавшихся этой темой, был Эпинус в период 1755—1759.[4] Опыт, аналогичный эксперименту 7.3, был впервые проведен Эпинусом, который описал его в своей книге 1759 года.[5] На Рис. 7.11 представлен один из его экспериментов.

Вместо картонного диска на опоре из пластиковых соломинок, он использовал металлический стержень AB длиной около 30 см на стеклянных изолирующих подставках CD и EF (Рис. 7.11 (a)). Его коллекторы заряда были описаны в разделе 7.2. Они представляют собой металлические детали GL и $g\ell$ около 3,8 см длиной, с небольшими крюками в середине M и M, на которых были подвешены хорошо высушенные шелковые нити HM и HM. В качестве заряженного тела, вместо отрицательной натертой соломки, он использовал электризуемый цилиндр IK. Это может быть стеклянный цилиндр, электризованный положительно трением, или серный цилиндр, электризованный отрицательно трением.

Он тестировал заряды, индуцированные каждым цилиндром на концах металлического стержня, чтобы доказать поляризацию проводника. Для этого, он брал наэлектризованный трением цилиндр, подносил его близко к концу A стержня, на расстоянии около 2,5 см, и держал его неподвижно. За-

[4] [Aep79], [Hei81a], и [Hei99, стр. 384—402].
[5] [Aep79, стр. 312—314].

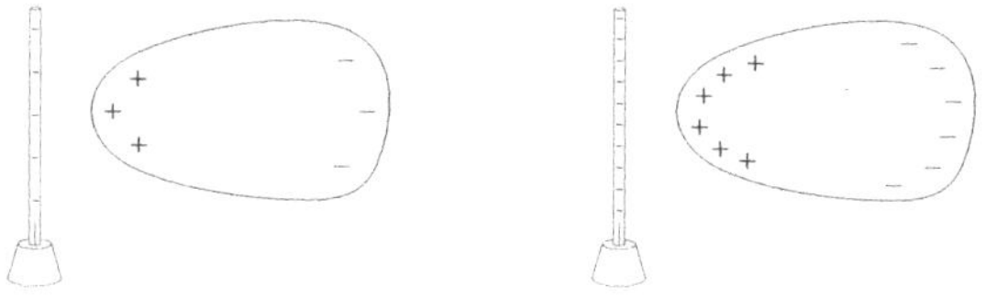

(a) (b)

Рис. 7.10: (a) Поляризация проводника близлежащим электризованным изолятором. (b) При увеличении электризации изолятора, количество положительных и отрицательных зарядов, индуцированных на проводнике, увеличивается.

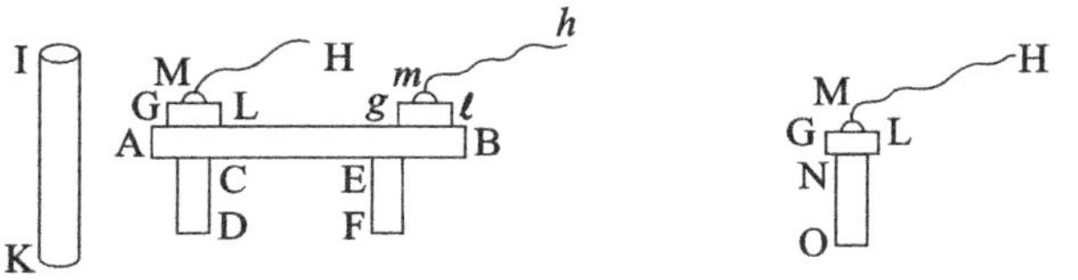

(a) (b)

Рис. 7.11: Эксперимент Эпинуса для доказательства поляризации проводников вблизи заряженных тел.

тем он поднимал кусок металла GL с помощью шелковой нити HM и клал его на стеклянную опору NO (Рис. 7.11 (b)). Когда он поднес положительное и отрицательное тела близкие к коллектору заряда, расположенному на NO, он пришел к выводу, что коллектор приобрел заряд со знаком, противоположным заряду цилиндра. Когда он провел тот же тест с другим коллектором заряда $g\ell$, он пришел к выводу, что он приобрел суммарный-заряд того же знака, что и цилиндр. То есть концы A и B проводящего стержня приобрели заряды разных знаков, с зарядом на конце B одного знака, что и заряд на цилиндре IK.

7.4 Притяжения и отталкивания, оказываемые поляризованным телом

Эксперимент 7.9

В этом эксперименте мы используем тонкий картонный прямоугольник из эксперимента 7.6, электрический маятник и пластиковую соломку. Мы разряжаем прямоугольник и маятник, прикоснувшись к ним пальцем. Затем мы размещаем их бок о бок вдоль одной и той же плоскости, маятник при этом расположен близко к правому краю B пластины. Расстояние между краем диска и картоном должно быть от 2 до 5 см (Рис. 7.12 (a)).

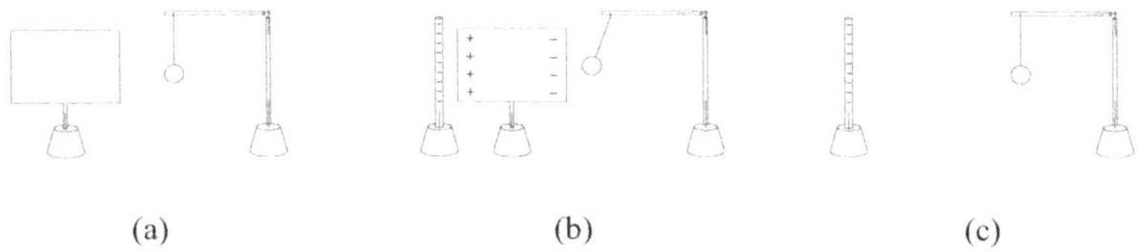

Рис. 7.12: (a) Нейтральный маятник висит вертикально рядом с нейтральной проводящей пластиной (левый край A и правый край B). (b) При приближении натертой соломки к одному из краев пластины, маятник притягивается к другому краю. (c) Когда мы удаляем пластину, маятник возвращается в вертикальное положение.

Мы электризацируем пластиковую соломинку отрицательно трением о наши волосы по всей длине, предварительно закрепив ее вертикально на опоре. Затем мы помещаем ее в плоскости картона, напротив маятника, и далеко от них. Затем подносим соломку медленно к левому краю A картона. При достаточном сближении, маятник склоняется в сторону прямоугольника (Рис. 7.12 (b)). соломку следует держать на достаточном удалении от прямоугольника, чтобы предотвратить контакт между диском и прямоугольником. При удалении соломинки маятник возвращается в вертикальное положение.

Подносим снова натертую соломку к прямоугольнику таким образом, чтобы маятник наклонился к картону, как показано на Рис. 7.12 (b). Теперь мы удаляем картон, не прикасаясь к соломке и маятнику. Удаление прямоугольника должно производиться в направлении, перпендикулярном к его плоскости. После удаления прямоугольника маятник возвращается в вертикальное положение (Рис. 7.12 (c)).

Этот эксперимент показывает, что маятник притягивается поляризованным картоном, а не натертй соломкой, которая находится слишком далеко от маятника. Электризованная соломка является причиной поляризации проводящего картона, но она находится слишком далеко, чтобы заметно повлиять на маятник.

Эксперимент 7.10

В этом эксперименте мы используем тонкий картонный прямоугольник из эксперимента 7.6, электрический маятник и пластиковую соломку. Мы заряжаем соломку негативно по всей ее длине трением о волосы и устанавливаем ее вертикально на опоре. Когда мы приближаем нейтральный маятник очень близко к натертой соломке, мы наблюдаем притяжение. Об этом свидетельствует отклонение диска маятника в сторону натертой соломки. С другой стороны, когда расстояние между натертой соломкой и бумажным диском маятника больше или равно приблизительно 15 см, маятник остается в вертикальном положении. Несмотря на это, натертая соломка все же притягивает его; но эта сила настолько мала, что ее трудно заметить (Рис. 7.13 (a)).

(a) (b)

Рис. 7.13: (a) Отрицательная соломка на расстоянии 15 см от нейтрального маятника. (b) Когда мы помещаем проводящую пластину между ними, мы наблюдаем притяжение маятника пластиной.

Предположим теперь, что натертая вертикальная соломка и вертикальная нить нейтрального электрического маятника разделены на 15 см, а прямоугольный картон расположен далеко от них, как показано на Рис. 7.13 (a). Мы затем помещаем плоскость картона размером 10 на 7 см параллельно плоскости, которую образуют соломка и нить маятника, но не совпадает с этой плоскостью. После этого мы перемещаем картон в направлении, перпендикулярном к его плоскости, таким образом, чтобы он оставался между натертой соломкой и маятником, пока все они не окажутся в одной плоскости (Рис. 7.13 (b)). Заметим, что маятник притягивается картоном, склоняясь к нему. На этом этапе мы будем избегать контакта между ними.

Эксперименты 7.9 и 7.10 показывают новый вид притяжения. До сих пор мы видели, как заряженное тело (проводник или изолятор) притягивает нейтральные тела. В данном же случае, натертая соломка находится далеко от маятника и не притягивает его достаточно сильно, чтобы вызвать отклонение маятника. Но в разделе 7.3 мы видели, что проводящая пластина поляризуется в присутствии рядом натертой соломки. Это разделение зарядов по всему телу пластины показано на Рис. 7.13 (b). Суммарный заряд на пластине отсутствует. Сумма ее положительных (близко к натертой соломке) и отрицательных зарядов (в самом дальнем краю) равна нулю. Несмотря на это, она притягивает нейтральный маятник, расположенный рядом с ее отрицательной краем. Об этом свидетельствует наклон маятника на Рис. 7.13 (b). Поскольку отрицательные заряды пластины находятся ближе к диску маятника, чем ее положительные заряды, маятник притягивается пластиной. То есть влияние близко расположенных отрицательных зарядов на диск больше, чем противоположное влияние далеко расположенных положительных зарядов.

Как будет видно в Приложении B, этот новый вид притяжения был открыт Стивеном Греем в 1729 году, кто первым распознал его как чисто электрическое явление. Хотя он открыл этот новый вид притяжения, он не знал о поляризации проводника, и его интерпретация своих собственных экспериментов отличается от современной интерпретации. Общепринятой сегодня интерпретацией мы обязаны в основном Эпинусу. Суть ее состоит в том, что хотя проводящая пластина не имеет суммарного заряда, она может притягивать другое нейтральное тело *II*, которое расположено близко к одной из ее сторон, при условии, что пластина поляризована заряженным телом *I*, расположенным близко к пластине с другой ее стороны.

Эксперимент 7.11

В этом эксперименте мы снова используем тонкий картонный прямоугольник из эксперимента 7.6, электрический маятник и пластиковую соломку.

Мы трем соломку о волосы и заряжаем бумажный диск электрического маятника по методу *ПКО*, как описано в разделе 4.8. При приближении натертой соломки к заряженному маятнику наблюдается отталкивание, как указывает на это отклонение маятника от вертикали. С другой стороны, когда расстояние между натертой соломкой и бумажным диском маятника больше или равно 15 см, маятник остается в вертикальном положении. Хотя оба они заряжены отрицательно, сила отталкивания на таком расстоянии слишком мала, чтобы можно было легко обнаружить ее (Рис. 7.14 (a)).

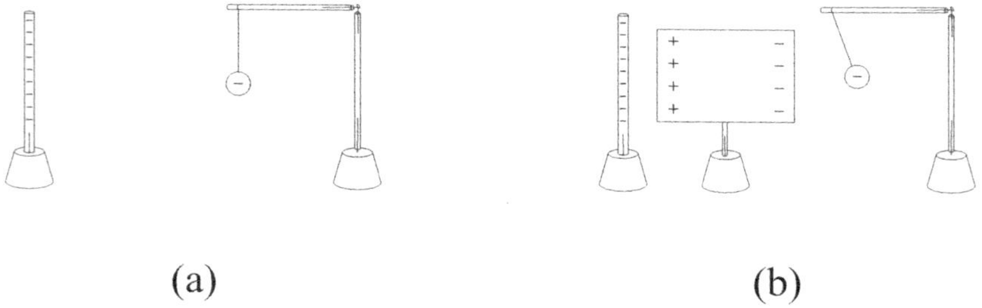

Рис. 7.14: (a) Отрицательно заряженная соломка не оказывает заметного влияния на отрицательно заряженный маятник, который находится далеко от нее. (b) Если поместить нейтральный прямоугольный проводник между ними, возникает отталкивание.

Теперь мы подносим натертую соломку вертикально близко к одному краю тонкого картонного прямоугольника, предотвращая их от вступления в контакт. В той же вертикальной плоскости, мы размещаем вертикальную натертую соломку, тонкий картонный прямоугольник и заряженный маятник. Первоначально заряженная соломка находится вблизи одного из вертикальных краев прямоугольника, а маятник — далеко от другого края. Мы теперь медленно приближаем маятник к прямоугольнику. Заметим, что маятник отталкивается от прямоугольника. Это отталкивание увеличивается, когда мы уменьшаем расстояние между ними. Когда расстояние между натертой соломкой и вертикальной проекцией точки подвеса шелковой нити маятника равно 15 см, нить заметно отклонится от вертикали, так как маятник отталкивается от прямоугольника, находящегося между соломкой и маятником (Рис. 7.14 (b)).

Теперь мы удаляем прямоугольник, сохраняя натертую соломку и маятник в неподвижном относительно земли состоянии. Прямоугольник следует удалять в горизонтальном направлении, перпендикулярном к его плоскости. После удаления прямоугольника, заметим, что заряженный маятник возвращается в вертикальное положение, и маятник остается на расстоянии 15 см от него.

Этот эксперимент является еще одним доказательством поляризации проводящей пластины в присутствии натертой соломки.

Эксперимент 7.12

Можно провести эксперимент, аналогичный эксперименту 7.11, с использованием тонкой картонной пластины, как в эксперименте 7.6, натертой пластиковой соломки и разряженного электрического маятника. Натертая соломка расположена вертикально, рядом с одним краем пластины (левый, например), а заряженный маятник — далеко от пластины, но в той же вертикальной плоскости (Рис. 7.15 (a)).

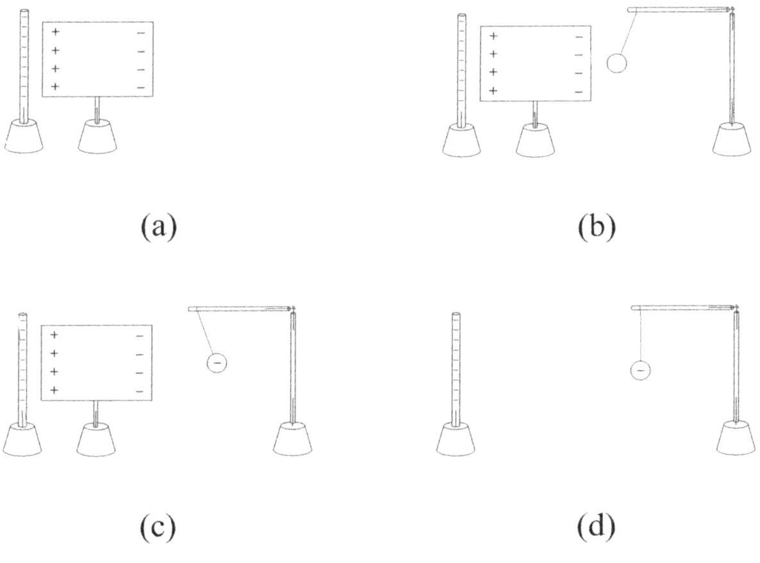

Рис. 7.15: (a) Проводящая пластина рядом с заряженной соломкой. (b) Почти нейтральный маятник притягивается пластиной. (c) После контакта, маятник отталкивается от пластины. (d) При удалении пластины, отрицательный маятник висит вертикально, так как он находится далеко от отрицательной соломки.

Мы теперь медленно приближаем маятник к левому краю пластины. На некотором расстоянии от пластины, мы видим, что бумажный диск маятника притягивается пластиной, как показано на Рис. 7.15 (b).

Когда заряженная соломка подносится еще ближе к левому краю пластины, диск касается пластины и начинает отталкиваться от нее согласно механизму ПКО. Затем мы приходим к ситуации, аналогичной Рис. 7.14, как показано на Рис. 7.15 (c).

При удалении пластины, маятник возвращается в вертикальное положение (Рис. 7.15 (d)). При приближении натертой соломки к маятнику, появляется отталкивание. Это означает, что оба тела (соломка и маятник) электризованы зарядами одного знака.

Эксперимент 7.13

Опыт, аналогичный эксперименту 7.12 предполагает поднесение первоначально разряженного электрического маятника близко к одному краю разряженной проводящей пластины, не прикасаясь к ней. Маятник остается в вертикальном положении. Мы теперь медленно подносим натертую вертикальную соломку близко к другому краю пластины. На определенном расстоянии, маятник начинает притягиваться пластиной, касается ее, а затем отталкивается от нее. Мы теперь удаляем пластину. При поднесении заряженной соломки близко к маятнику, появляется отталкивание. Это означает, что они имеют заряды одного знака.

7.5 Использование эффекта поляризации для зарядки электроскопа

Мы уже видели, как можно зарядить тело положительно или отрицательно через трение. Кроме того, мы уже знаем, как с помощью механизма *ПКО* можно электризовать проводник зарядом того же знака, что и предварительно натертое тело. Теперь мы используем эффект электрической поляризации проводников и тот факт, что заряды свободно перемещаются по их поверхностям, как третий механизм электризации.

Определения: Следуя определениям раздела 7.3, механизмы зарядки, описанные в этом разделе, называются *электризацией через индукцию*, *зарядкой посредством индукции*, *заряжением по индукции*, *электризация влиянием*, *зарядкой влиянием*, или *заряжением через влияние.*

7.5.1 Первая схема электризации по индукции

Эксперимент 7.14

Сначала надо приготовить два электроскопа с тонкими картонными прямоугольниками размером 10 на 7 см, A и B, как это было описано в разделе 6.1. Длинные стороны будут расположены по вертикали. Полоска папиросной бумаги прикреплена к верхней части каждого электроскопа в середине. Эти два электроскопа размещены бок о бок в одной вертикальной плоскости, а ближние стороны соприкасаются, как показано на Рис. 7.16 (a). Мы разряжаем их, прикоснувшись к ним пальцами. Полоски остаются в вертикальном положении. Мы трем пластиковую соломку о волосы так, чтобы она получила хорошую дозу электрического заряда, в чем можно убедиться с помощью теста со стенкой, как в эксперименте 3.6. Эта натертая соломка крепится вертикально на подходящей подставке, и первоначально находится далеко от электроскопов.

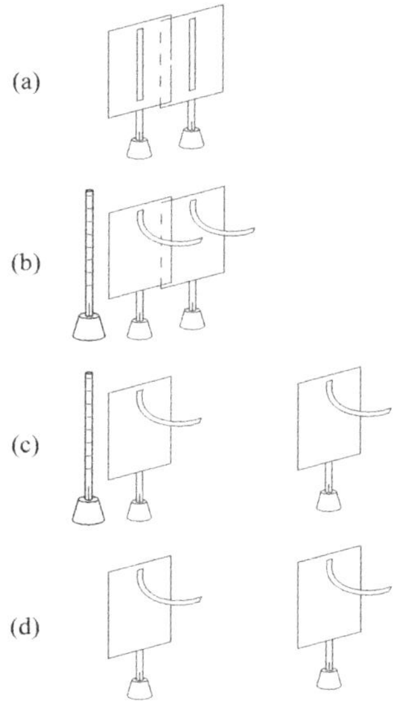

Рис. 7.16: Первая схема зарядки по индукции.

Мы медленно подносим эту натертую соломку вблизко к свободной вертикальной кромке электроскопа A, избегая контакта. Она должна оставаться недалеко от этого края, с электроскопом A между ней и электроскопом B. Полоски поднимаются, указывая на то, что каждый электроскоп зарядился, как показано на Рис. 7.16 (b).

Удерживая натертую соломку рядом со свободным краем электроскопа A, мы удаляем электроскоп B от электроскопа A. При этом можно трогать пластиковую соломку и опору электроскопа B, но нельзя трогать картон и полоску этого электроскопа. Мы наблюдаем, что полоски обоих электроскопов остаются в поднятом состоянии, как показано на Рис. 7.16 (c).

После этой процедуры, мы убираем натертую соломку подальше от обоих электроскопов. Заметим, что две полоски остаются поднятыми, как показано на Рис. 7.16 (d), указывая, что электроскопы заряжены.

Теперь мы держим натертую соломку горизонтально на той же высоте, что и нижние концы поднятых полосок электроскопов. Когда мы подносим горизонтального натертую соломку близко к полоске электроскопа B, не допуская контакта, мы наблюдаем отталкивание полосы. То есть полоска отходит от натертой соломки в сторону пластины электроскопа B. Это показывает, что это электроскоп электризовался зарядом того же знака, что и натертая соломка.

Когда натертая соломка медленно приближается к полоске электроскопа A, не приходя в контакт с ней, возникает притяжение. То есть полоска электроскопа перемещается от картона в сторону соломки. Это означает, что этот электроскоп получил заряд, противоположный по знаку заряду натертой соломки.

Теперь мы убираем натертую соломку. Затем размещаем оба электроскопа в параллельных плоскостях, лицом к лицу, с их полосками, указывающими друг на друга. При сближении этих двух электроскопов, без контакта между двумя полосками, можно заметить их взаимное притяжение. Это еще раз показывает, что они заряжены зарядами противоположного знака (Рис. 7.17).

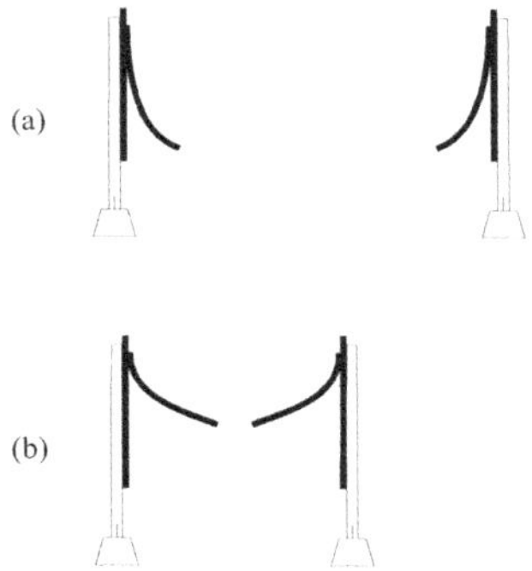

Рис. 7.17: Два электроскопа, наэлектризованные индукцией, получают заряды противоположного знака.

Этот эксперимент дает дополнительное доказательство электрической поляризации проводников. В этой схеме электроскопы A и B, которые первоначально касались друг друга, вели себя как единый проводник. Когда мы приблизили натертую соломку к электроскопу A, этот электроскоп электризовался зарядом противоположного знака, а электроскоп B — зарядом того же знака, что и соломка. Когда мы удалили электроскоп B, он сохранил свой заряд.То же самое произошло с электроскопом A при удалении соломки.

Этот эксперимент показывает также сохранение заряда. Причина состоит в том, что электроскопы были первоначально разряжены. В ходе экспериментов они были изолированы от земли, и мы их не трогали натертой соломкой. После того как они были электризованы, один из них получил положительный заряд, а другой — отрицательный заряд. Этот эксперимент также показывает, что электрические заряды могут свободно перемещаться по поверхности проводников. Это также показывает, что мы можем пространственно разделить положительные и отрицательные заряды, накапливая их на отдельных электроскопах.

7.5.2 Вторая схема электризации по индукции

Эксперимент 7.15

Опишем теперь вторую схему электризации по индукции. Полоса на первоначально разряженном электроскопе висит вертикально вниз. Мы тщательно трем пластиковую соломинку о волосы, чтобы она получила хорошую дозу заряда, как в эксперименте 3.6. Эта натертая соломка закреплена вертикально на подходящей подставке, вдали от электроскопа.

Мы медленно подносим натертую соломку к одному краю электроскопа, предотвращая контакт. Его полоса поднимается и остается в этом состоянии.

Сохраняя натертую соломки вблизи края электроскопа, мы трогаем другой край пальцем. Полоса падает и остается в этом висячем положении.

Сохраняя натертую соломки вблизи края электроскопа, мы убираем палец с другого края. Полоса продолжает висеть вертикально вниз.

Теперь мы удаляем натертую соломку далеко от электроскопа. После этого полоска поднимается и остается в этом состоянии! Это означает, что таким образом мы зарядили электроскоп.

Эти пять шагов показаны на Рис. 7.18.

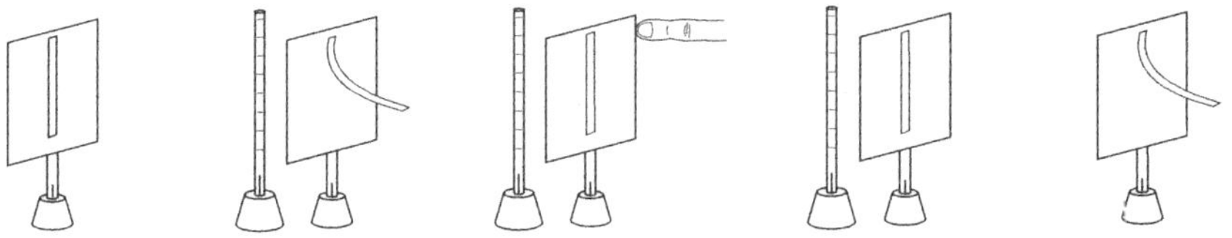

(a) (b) (c) (d) (e)

Рис. 7.18: Вторая схема для зарядки электроскопа по индукции.

натертую соломку мы теперь помещаем горизонтально на той же высоте, что и нижний конец поднявшейся полоски. Мы медленно подносим ее к этой полосе, предотвращая контакт. Заметим, что они притягивают друг друга; полоска отталкивается от картона электроскопа и тянется к соломке. Перемещая вверх натертую соломку, можно даже вызвать поднятие свободного конца полоски выше верхнего края электроскопа (Рис. 7.19).

Это означает, что электроскоп получил от натертой соломки заряд противоположного знака.

Мы можем описать то, что произошло, с помощью предыдущих результатов. Когда натертую соломку поместили рядом с электроскопом, произошла электрическая поляризация электроскопа. Край, близко расположенный к соломке, электризовался зарядом противоположного знака, в то время как противоположный край электризовался зарядом того же знака,

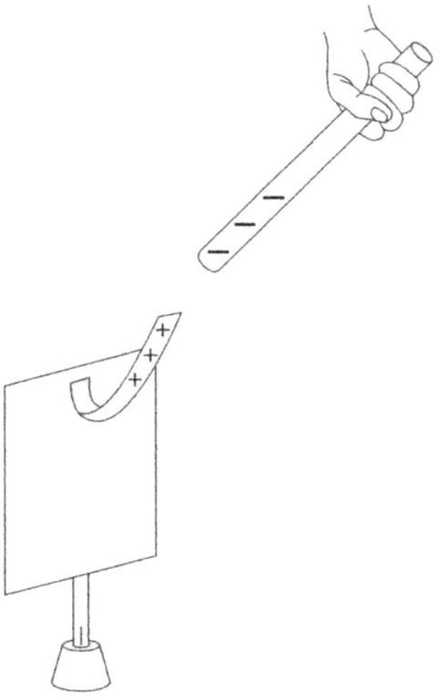

Рис. 7.19: Отрицательно заряженная соломка притягивает полоску электроскопа на Рис. 7.18 после эксперимента.

что и соломка. Когда мы коснулись противоположный край электроскопа, мы разрядили электричество, которое было накоплено на этой стороне. Поскольку натертая соломка оставалась вблизи первого края, заряды на этой стороне сохранились благодяря их взаимному притяжению. То есть они не разрядились в результате прикосновения пальцем другого края. Когда мы удалили палец со второго края, это не повлияло на заряды на другой стороне. Наконец, мы убрали заряженную соломку, после чего заряды, которые были сосредоточены на первом краю, распределились по всему электроскопу. Это привело к поднятию полоски. Это распределение зарядов показано на Рис. 7.20.

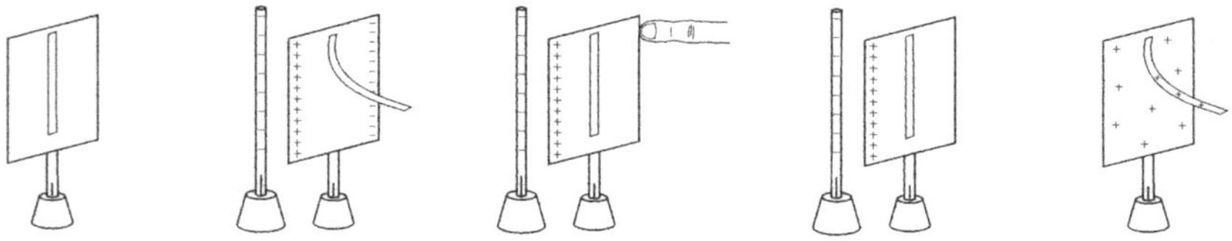

Рис. 7.20: Распределение зарядов на Рис. 7.18.

Этот эксперимент демонстрирует эффект, обратный тому, что мы видели в экспериментах 6.2 и 6.5, где, когда мы зарядили электроскоп трением или через контакт, он приобрел заряд того же знака, что и тело, с помощью которого производилась электризация. В этом же эксперименте, электроскоп приобрел заряд, противоположный по знаку заряду натертого тела, которое было помещено рядом с ним.

В данном случае картонная пластина электроскопа была изначально в нейтральном состоянии. В конце процесса она была электризована. Для выяснения степени электризации электроскопа, мы использовали следующую схему. Сперва мы поляризовали электроскоп в присутствии заряженного тела, заземлили свободный конец электроскопа, убрали заземление и, наконец, удалили натертое тело. Заземление было необходимо для нейтрализации заряда, который накопился на свободном конце проводника вследствие поляризации. В конечном итоге электроскоп электризовался. В этом случае, именно заземление электроскопа привело к его электризации! Это показывает, что заземление не всегда разряжает тело, как это было в эксперименте 4.9.

7.5.3 Третья схема электризации по индукции

Эксперимент 7.16

Эксперимент 7.15 можно провести по-другому с использованием вновь электроскопа. Сначала мы заземляем один край электроскопа, прикоснувшись к нему пальцем, или посредством подключения его к земле кусочком металлической проволоки. В момент заземления, мы подносим натертую соломку к другому краю электроскопа, не прикасаясь к нему. В тот момент, когда натертая соломка находится близко ко второму краю, мы удаляем заземление с первого края. Затем мы убираем натертую соломку и замечаем, что в конце процесса электроскоп зарядился, как это видно по поднятию полоски (Рис. 7.21). Протестировав приобретенный электроскопом заряд, мы убеждаемся, что он противоположен по знаку заряду на соломке.

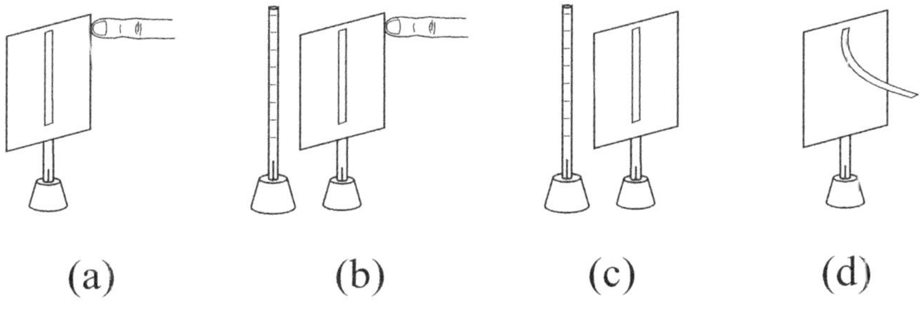

Рис. 7.21: Третья схема индукционной зарядки электроскопа.

Распределение зарядов в этом эксперименте показано на Рис. 7.22.

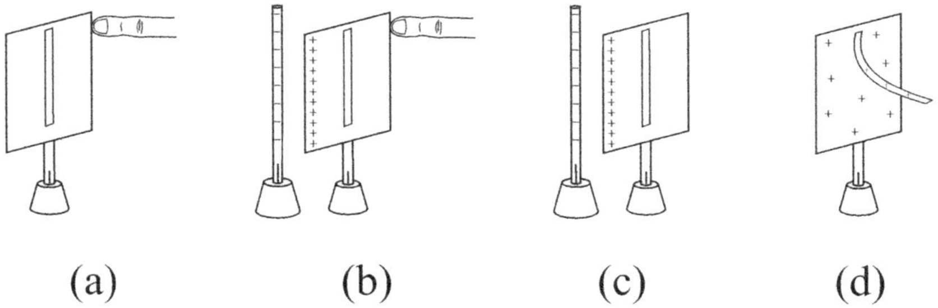

Рис. 7.22: Распределение зарядов на Рис. 7.21.

7.6 Электрическая поляризация изоляторов

Теперь мы рассмотрим другие различия между проводниками и изоляторами.

Эксперимент 7.17

Мы повторяем эксперимент 7.11 с нейтральной пенопластовой пластиной размером 10 на 7 см, вместо тонкой картонной пластины. Пенопласт является диэлектриком, в то время как картон является проводником. Мы натираем пластиковую соломинку о волосы и заряжаем маятник по методу *ПКО*, который получает в результате отрицательный заряд.

Когда натертая соломка находится на расстоянии, большем или равном 15 см от заряженного маятника, шелковая нить остается в вертикальном положении. Отталкивание между ними слишком мало, чтобы можно было его обнаружить. С другой стороны, когда это расстояние равно 15 см, и когда пенопластовая пластина помещается между натертой соломкой и маятником, видно, что заряженный маятник отталкивается от пластины.

Это отталкивание не может быть связано непосредственно с натертой соломкой, так как она находится далеко от маятника. Следовательно, отталкивание вызвано поляризацией пенопласта. То есть ближний к натертой соломке край пенопласта становится положительно заряженным, в то время как дальний край становится отрицательно заряженным. Эта поляризация проявляется в отталкивании отрицательно заряженного маятника, когда он находится на расстоянии более 15 см от натертой соломки.

Эксперимент 7.18

Мы строим теперь *пластиковый электрический маятник*, или коротко пластиковый маятник (Рис. 7.23).

В обычном электрическом маятнике из раздела 4.4, на нижнем конце шелковой нити прикреплен бумажный дис. Бумага является проводником. В пластиковом электрическом маятнике мы заменяем бумажный диск изолятором.

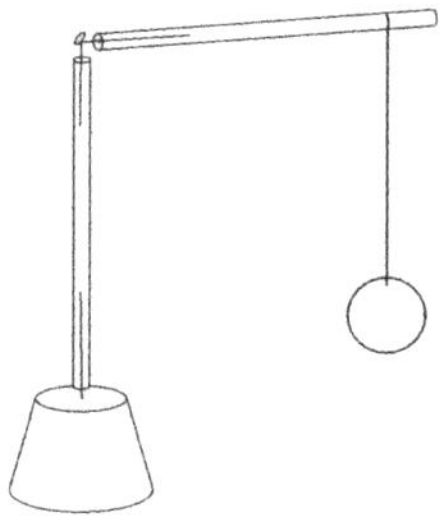

Рис. 7.23: Пластиковый электрический маятник.

Пластики, как правило, ведут себя как изоляторы. Но некоторые из них ведут себя как проводники. Это может быть связано с влажностью, накопленной за их поверхности, или с их химическим составом. Поэтому, прежде всего следует подобрать такой пластиковый пакет, который не разряжает электризованный электроскоп, когда мы этим пластиком, держа его в наших руках, трогаем верхний край тонкого картона. Этот изолирующий пластик мы и будем использовать для приготовления электрического маятника.

Маятник строится следующим образом. Вырезаем диск из тонкого пластикового пакета диаметром в 1 или 2 см. Делаем отверстие в диске с помощью иглы и привязываем его к шелковой или нейлоновой нити.

Перед началом эксперимента важно убедиться, что пластиковый маятник действительно является нейтральным. Мы подносим палец к диску маятника и наблюдать за его поведением Если пластиковый остается в покое, мы заключаем, что он нейтрален. Если пластиковый диск притягивается пальцем, ясно, что он заряжен. Мы тогда отбрасываем этот заряженный маятник и строим новый нейтральный маятник. Часто пластиковый маятник может получить заряд в процессе приготовления, когда мы вырезаем диск и привязываем к нему нить.

Мы натираем пластиковую соломинку о волосы и подносим ее близко к нейтральному пластиковому маятнику. Пластиковый диск притягивается к натертой соломке. Но это притяжение значительно меньше, чем аналогичное притяжение между натертой соломкой и бумажным диском обычного электрического маятника. На эту силу указывает угол наклона диска относительно вертикали, когда натертая соломка находится на одинаковом расстоянии от обоих маятников.

Если позволить натертой соломке и пластиковому диску пластикового маятника соприкоснуться, они прилипнут друг к другу. То есть явление *ПКО*, описанное в эксперименте 4.10 и в разделе 4.8, не наблюдается с пластиковым маятником. Феномен в виде привлечения, контакта, и отталкивания обычно имеет место только для проводника. Когда притягиваемое тело является нейтральным изолятором, он может войти в контакт с притягивающим телом без последующего отталкивается от него. Механизм *ПКО* срабатывает для изолятора только после нескольких контактов с натертым телом, или когда мы царапаем натертым телом по изолятору.

Это одно из важных различий между проводниками и изоляторами. Чтобы зарядить изолятор вроде пластика, его нужно натереть как в эксперименте 2.1. Проводник, с другой стороны, можно зарядить не только за счет трения, как было показано в экспериментах 6.2 и 6.24, но также с помощью механизма *ACR*. В этом случае контакт между проводником и предварительно заряженным телом обычно достаточен для того, чтобы часть заряда перешла от заряженного тела к проводнику.

Эксперимент 7.19

Мы повторяем эксперимент 7.3 с нейтральным диском из твердого пластика или пенополистирола, вместо тонкого картонного диска. На этот раз мы видим, что ни одна из проверочных плоскостей Кулона не наэлектризовалась.

Однако, мы видели в эксперименте 7.17, что в присутствии натертой соломки пенополистирол электрически поляризуется. Это показывает, что поляризация в изоляторе отличается от поляризации в проводнике.

7.7 Какой материал притягивается сильнее заряженным телом — проводник или изолятор?

В этом разделе мы обсудим интересный вопрос. Сначала мы электризуем пластиковую соломинку трением о волосы. Мы размещаем на столе маленький легкий проводник и маленький легкий изолятор на некотором удалении друг от друга. Положим, проводник и изолятор имеют одинаковые вес и размер. Если поднести натертую соломку близко к проводнику и изолятору, который из них будет притягиваться сильнее? То есть, какой из них будет испытывать большую силу воздействия со стороны электризованой соломки?

В экспериментах 2.3 и 2.4 мы видели, что натертый пластик притягивает проводящее вещество (как бумага и металл, например) сильнее, чем изолирующее вещество того же веса, размера и формы (например, пластика или шелк).

Эксперимент 7.20

На этом эксперименте мы покажем, что проводник испытывает большую силу притяжения от близлежащего заряженного тела, чем изолятор. Для этого не обязательно прибегать к взвешиванию проводника или изолятора. Вместо этого, мы используем два одинаковых по размеру и форме пластиковых маятника, изготовленных из одного и того же материала (Рис. 7.23). В маятнике *II* бумажный диск или диск из алюминиевой фольги прикреплен к пластиковому диску. Из-за дополнительного материала, прикрепленной к нему, он весит больше, чем маятник I, к которому ничего не было добавлено.

Перед началом эксперимента, мы подносим палец близко к обоим маятникам. Если они не реагируют на палец, это означает, что они не были случайно наэлектризованы в процессе их приготовления. Это не всегда имеет место, поскольку пластиковый маятник может легко приобрести заряд во время его приготовления (трение с рукой во время вырезания или прикрепления пластикового диска к шелковой нити). Но маятник можно легко разрядить. Нужно лишь подождать некоторое время (несколько часов), пока пластиковый диск не потеряет этот заряд через окружающий воздух. В разделе 7.14 мы обсудим эту тему более подробно.

Далее мы будем считать, что оба маятника приведены в электрически нейтральное состояние.

Теперь мы подносим натертую соломку близко к обоим маятникам, не допуская контакта между соломкой и дисками маятников. Пластиковый маятник слегка притягивается натертой соломкой (Рис. 7.24 (a)). Маятник с бумажным диском, с другой стороны, притягивается значительно сильнее, чем пластиковый маятник (Рис. 7.24 (b)). Эти силы можно сравнить по углу отклонения каждого маятника от вертикали (в предположении, что электризованная соломка расположена на одинаковом расстоянии от диска каждого маятника). Хотя маятник II тяжелее маятника I, он испытывает большую силу притяжения, чем первый маятник.

(a) (b)

Рис. 7.24: (a) Пластиковый маятник слабо притягивается натертой соломкой. (b) Пластиковый маятник, к которому был добавлен проводящий диск, с другой стороны, испытывает сильное притяжение к натертой соломке, несмотря на больший его вес.

Эксперимент 7.21

Аналогичный эксперимент можно провести с двумя маятниками, где мы заменяем пластиковые диски шариками из пенопласта. Как и пластик, пенополистирол является изолятором. Мы размещаем сферы, одинаковые по размеру, на обоих маятниках. Затем мы покрываем маятник II алюминиевой фольгой и подносим натертую соломку близко к обоим маятникам. Заметим, что маятник с алюминиевой фольгой притягивается сильнее, чем маятник I, к которому ничего не было добавлено.

Эксперимент 7.22

Построим теперь две „изоляторные подвесные нити“, как показано на Рис. 7.25. Они аналогичны маятниковой нити Грея (Figure 4.28). Но теперь мы заменим деревянную шпажку на пластиковую соломку, а хлопковую нить на гибкую пластиковую полоску. Обе изоляторные подвесные нити должны иметь одинаковую длину и форму, и быть изготовлены из одного и того же материала. Теперь оберните пластиковую полоску маятника II легкой хлопковой нитью по спирали вокруг него. Когда все готово, следует убедиться, что обе подвесные нити находятся в электрически нейтральном состоянии до начала эксперимента.

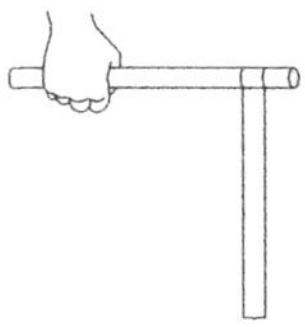

Рис. 7.25: Изоляторная подвесная нить.

Мы подносим натертую соломку близко к обем подвесным нитям. Заметим, что подвесная нить II с проводящей хлопковой нитью притягивается сильнее, чем подвесная нить I, к которой ничего не было добавлено (Рис. 7.26). Хотя подвесная нить I легче, чем нить II, она притягивается слабее, чем вторая маятниковая нить.

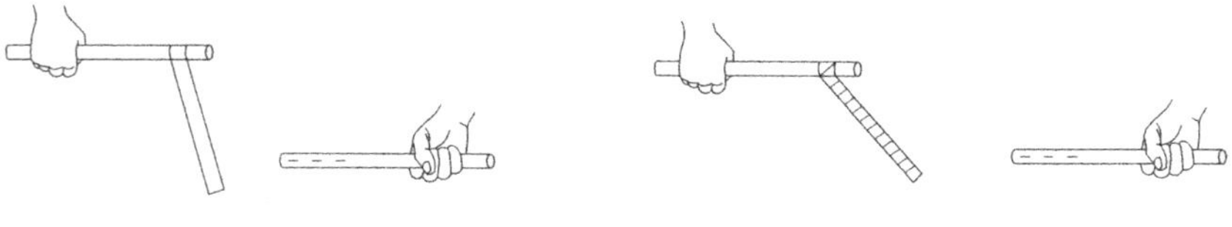

(a) (b)

Рис. 7.26: (a) Изоляторная подвесная нить притягивается слабее электризованным телом, чем другая изоляторная маятниковая нить, к которой была добавлена проводящая нить (b).

Эти эксперименты показывают, что проводник испытывает большую силу, чем изолятор, от одного и того же заряженного тела. Этот факт был открыт экспериментально рядом исследователей, в частности, Дюфе и Эпинус.[6]

[6][DF33d, стр. 233—234] и [Аер79, стр. 261, 274 и 309—315].

7.7.1 Обсуждение электрического маятника Грея

Как было упомянуто в разделе 4.6, в 1720 году Грей дал описание электрического маятника, где он привязал перо к подвешенной на палке шелковой нити. В то время никто не знал, в чем состояло различие между проводниками и изоляторами. Это означает, что выбор шелковой нити был случайным. Шелк является изолятором. В то время Грей с таким же успехом мог использовать льняную или хлопковую нить, которые являются проводниками. Грей нагрел кусок оберточной бумаги (трансформируя тем самым эту бумагу в изолятор), и зарядил ее трением. Приближая эту тонкую оберточную бумагу к перу, привязанному к шелковой нити, он мог поднять его до тех пор, пока шелковая нить не приняла горизонтальное положение, под прямым углом к вертикальной палочке. Поднимая натертую оберточную бумагу еще выше, он мог заставить шелковую нить подняться выше горизонтальной плоскости, оставаясь в вертикальном положении в воздухе, как показано на Рис. 4.21 (c). В послесловии к этому эксперимента он упомянул следующее:[7]

> Затем я повторил этот эксперимент без пера, то есть только с шелковой нитью длиной около 5 или 6 дюймов [13 или 15 см], которая вытянулась вертикально вверх, как в вышеупомянутом случае, не касаясь [натертой и нагретой] бумаги; [...]

Иллюстрация этого эксперимента дается на Рис. 7.27.

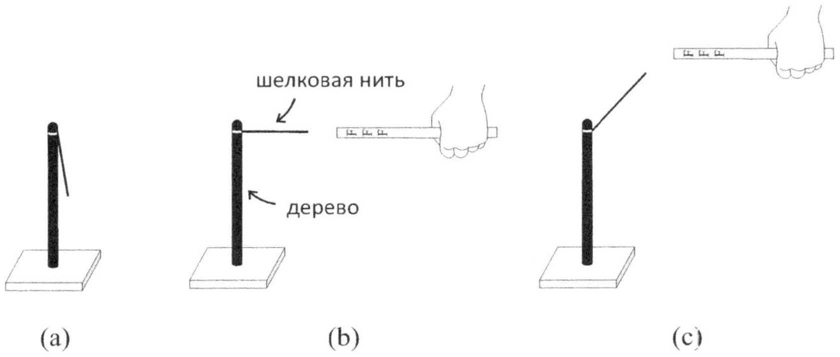

Рис. 7.27: Грей притягивает шелковую нить, поместив кусок натертой бумаги около нее.

Это показывает, что перо играло лишь второстепенную роль в этом эксперименте, так как он мог поднять шелковую нить даже без пера. Есть два возможных объяснения этого любопытного эффекта. Первое состоит в том, что, когда он привязал перо к шелковой нити, а затем отвязал его, шелк вел себя как изолятор и его нижний конец зарядился от случайного трения. Подогретая и натертая коричневая бумага могла быть электризована зарядом,

[7] [Grab, стр. 107].

противоположным по знаку с зарядом на шелке. Когда Грей приблизил эти два вещества, они притягивали друг друга. Грей мог тогда поднять шелковую нить выше горизонтальной линии. Второе объяснение состоит в том, что, когда он привязал и отвязал перо, шелковая нить могла стать влажной, возможно, из-за влаги на руках Грея. Если это имело место, шелковая нить затем вела бы себя как проводник. При поднесении подогретой и натертой оберточной бумаги к нити, проводящая нить стала бы тогда поляризованной. То есть ее нижний конец, расположенный ближе к заряженной бумаге, мог получить заряд противоположного знака. Благодаря сильному притяжению между зарядами бумаги и зарядами, расположенными на свободном конце нити, Грей мог поднять нить выше горизонтальной линии. Это было бы аналогично нашему эксперименту 6.6.

С другой стороны, сухая и разряженная шелковая нить будет вести себя как обычный нейтральный изолятор. В этом случае Грей не был бы в состоянии поднять нить выше горизонта, даже если бы он поднес заряженную оберточную бумагу очень близко к нити. Обычно притяжение между заряженным телом и нейтральным изолятором гораздо слабее, чем притяжение между заряженным телом и нейтральным проводником. Оно также намного слабее, чем притяжение между двумя противоположно заряженными телами.

7.8 Силы неэлектростатического происхождения

Как мы видели в главе 5, два положительно заряженных тела отталкивают друг друга, два отрицательно заряженных тела отталкивают друг друга, в то время как положитнльное тело и отрицательное тело притягивают друг друга. Другими словами, заряды одного знака отталкиваются, в то время как противоположные заряды притягиваются. Электрические силы, с которыми эти тела действуют друг на друга, когда они находятся в состоянии покоя, называются электростатическими силами.

Во всех ситуациях когда есть два заряда или больше, в состоянии покоя относительно друг друга, в конфигурации устойчивого равновесия, нужны силы неэлектростатической природы, чтобы сбалансировать электростатические силы, действующие между зарядами.[8] Проиллюстрируем это здесь в случае отрицательно заряженной проводящей сферы. Сферу можно наэлектризовать, например, с помощью натертой о волосы пластиковой соломки. Заряды на проводнике отталкивают друг друга. С достижением равновесия, они равномерно распределены по поверхности сферы (Рис. 7.28).

Рассмотрим отрицательный заряд на верхней части сферы. Он отталкивается от всех других отрицательных зарядов. Следовательно, на него действует электростатическая сила вдоль вертикальной линии, в направлении от центра сферы. Сила неэлектростатического происхождения — равная по

[8] See [AH07, Section 5.3], [AH09, Section 5.3], и ссылки в них.

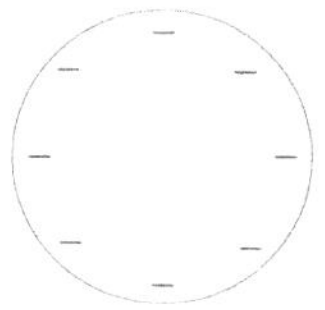

Рис. 7.28: Равномерно заряженная сфера.

интенсивности, но направленная в противоположную сторону — необходима для удержания этого отрицательного заряда в покое. В данном конкретном случае, эту неэлектростатическую силу иногда называют контактной силой. Но нет ясного понимания происхождения этой силы. Мы также не знаем, как она производится и т.д.

Аналогичная ситуация имеет место, когда проводящая сфера заряжена положительно. И то же самое рассуждение годится для диэлектрической сферы, равномерно наэлектризованной положительно или отрицательно.

7.9 Микроскопические модели проводников и изоляторов

Чтобы понять весь этот набор опытов, показывающих сходства и различия между проводниками и изоляторами, предлагаются микроскопические модели этих тел. Эти модели помогают нам понять и визуализировать описанные здесь процессы. Модели были созданы с использованием результатов экспериментов, аналогичных тем, которые описаны в этой книге. Затем подход инвертируется. То есть сначала постулируются модели, которые затем используются для иллюстрации или описания того, что происходит в экспериментах.

Такой подход приводит к двум различным микроскопическим моделям для поляризованных проводников и поляризованных изоляторов. Для проводников мы допускаем существование свободных зарядов. Мы предполагаем, что в проводниках существуют заряды, которые не прикреплены к молекулам материала, и, таким образом, могут свободно перемещаться по всему проводнику. Когда проводник нейтрален, эти свободные заряды не испытывают никакого суммарного макроскопического движения и не производят никаких внешних эффектов. С другой стороны, когда мы подносим заряженное тело близко к этому проводнику, он поляризуется. То есть та часть проводника, которая находится ближе всего к заряженному телу, получает суммарный заряд противоположного знака, в то время как противоположная часть проводника электризуется зарядами того же знака, что и заряженное тело (Рис. 7.29). Эти поляризованные свободные заряды могут быть переданы другим проводникам, когда эти другие проводники приходят в контакт с этим поляризованным проводником.

Мы предполагаем существование силы неэлектростатического происхож-

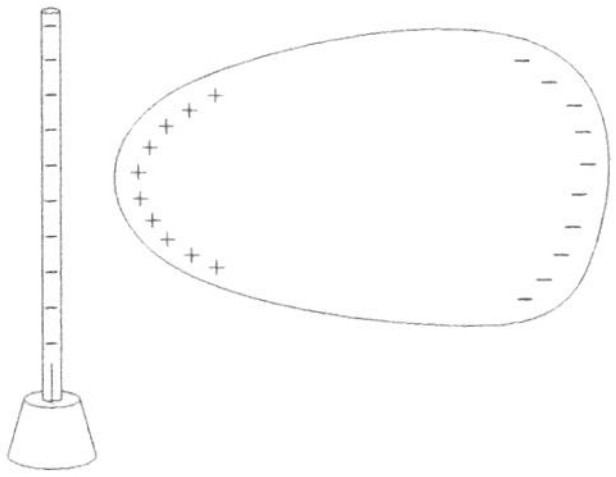

Рис. 7.29: Микроскопическая модель идеализированного поляризованного проводника вблизи другого заряженного тела.

дения, которая достаточна для удерживания этих свободных зарядов на поверхности проводника, за исключением пробоя, когда происходит электрический разряд через воздух.

Заземление проводника в присутствии поблизости заряженного тела, как показано в экспериментах 7.15 и 7.16, показано на Рис. 7.30.

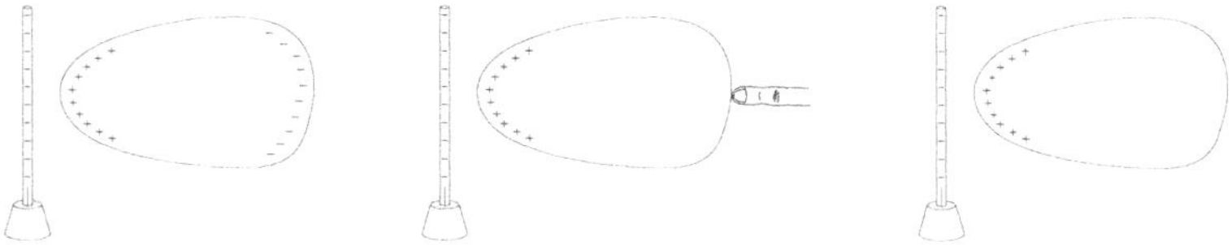

(a) (b) (c)

Рис. 7.30: Заземление проводника в присутствии поблизости заряженного тела.

Приведем теперь микроскопическую модель для изолятора. В этом случае мы предполагаем, что, когда мы подносим заряженное тело к изолятору, поляризация происходит только в самих молекулах изолятора. То есть те части молекул диэлектрика, которые расположены ближе к заряженному телу, электризуются зарядами, которые противоположны по знаку заряженному телу. С другой стороны, участки молекулы диэлектрика, которые расположены дальше от заряженного тела, электризуются зарядами того же знака, что и тело. Для изоляторов нет никакого суммарного движения свободных зарядов, есть только поляризация его молекул (Рис. 7.31 (a)).

Во внутренней части изолятора тогда будут равные количества положительных и отрицательных зарядов, расположенных очень близко друг к другу. Для любого небольшого объема внутри изолятора, содержащий много молекул, сумма этих зарядов будет близка к нулю. Это значит, что мы можем рассматривать объем поляризованного диэлектрика как макроскопически нейтральный. Но этого нельзя сказать о поверхности диэлектрика. Суммарный эффект этих молекулярных поляризаций состоит в том, что поверхность изолятора, которая расположена ближе к заряженному телу, будет вести себя так, как будто она электризована зарядами противополож-

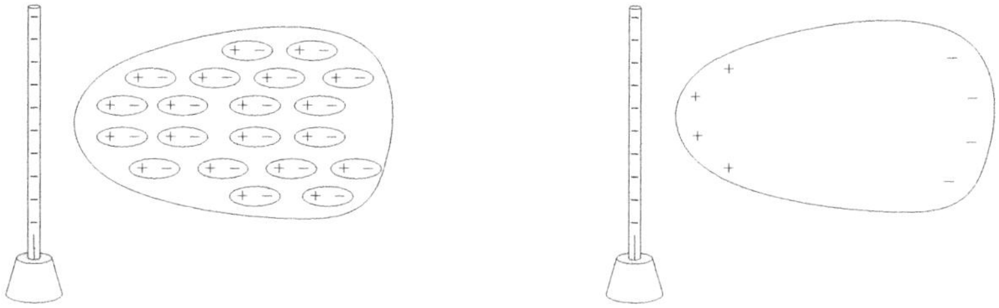

(a) (b)

Рис. 7.31: (a) Микроскопическая модель идеализированного изолятора, поляризованного в присутствии другого заряженного тела. (b) Эффективная поляризация диэлектрика в ситуации (a).

ного знака в сравнении с внешним заряженным телом. А та часть поверхности изолятора, которая находится дальше всего от заряженного тела, будет вести себя так, как будто она электризована зарядами того же знака, что и заряженное тело. Эта эффективная поляризация показана на Рис. 7.31 (b).

И здесь тоже сила неэлектростатического происхождения требуется для того, чтобы предотвратить движение поляризованных зарядов каждой молекулы через диэлектрик.

Поляризация, представленная на Рис. 7.29, сильнее, т.е. интенсивнее, чем поляризация, представленная на Рис. 7.31 (b). Эти рисунки требуют некоторого пояснения. Предполагается, что проводники и изоляторы имеют одну и ту же форму и размеры, и находятся на том же расстоянии от соломки, заряженной с одной и той же интенсивностью в обоих случаях. Обоснование конкретных количеств зарядов на этих рисунках, было данов разделе 7.7. Эксперименты показывают, что заряженное тело действует на проводник с большей силой, чем на изолятор. Это указывает на то, что поляризация проводника интенсивнее, чем эффективная поляризация диэлектрика. Интенсивность или степень этой поляризации представлена количеством противоположных зарядов, распределенных по обеим сторонам поляризованного тела. Для проводника есть больше поляризованных зарядов, чем для диэлектрика, как это показано на Рис. 7.29 и 7.31 (b).

Кроме того, приближая заряженное тело к проводникам и изоляторам, мы увеличиваем их поляризацию. Поляризация проводника и диэлектрика увеличивается также при увеличении электризации тела, вызывающего поляризацию.

В действительности, ни одно тело не является идеальным проводником или идеальным изолятором. Поэтому эти микроскопические модели являются идеализациями. Реальные тела, в большей или меньшей степени, ведут себя и как проводники и как изоляторы. Существует определенная градация между хорошими проводниками и хорошими изоляторами.

В любом случае, эти идеализированные модели помогают нам понять и представить себе механизмы, лежащие в основе многих электрических явлений.

7.10 Могут ли тела, электризованные зарядами одного знака, притягивать друг друга?

Эксперимент 7.23

Мы повторяем эксперимент 6.5 (Рис. 6.7). Но теперь отрицательная соломка подносится еще ближе к полоске отрицательно заряженного электроскопа. Мы замечаем, что на расстояниях, меньших или равных определенному значению, порядка от 2 до 4 см, отталкивание между полоской и соломкой переходит в притяжение. Полоса касается соломки и прилипает к ней.

Эксперимент 7.24

Мы повторяем эксперименты 4.7 и 5.23 (Рис. 4.18 и 5.27). Но теперь отрицательная соломка подносится еще ближе к отрицательному диску маятника. Заметим, что угол отклонения маятника от вертикали увеличивается, когда расстояние между соломкой и маятником падает где-то с 15 до 5 см. Это показывает, что интенсивность силы отталкивания увеличивается, когда расстояние между ними уменьшается в этом диапазоне.

Однако, на расстояниях ниже определенного значения, порядка 5 см, уже нет отталкивания между отрицательной соломкой и отрицательным диском. На таких малых расстояниях они притягивают друг друга. Диск касается отрицательной соломки во второй раз и снова отталкивается от нее.

После 2 или 3 таких контактов между отрицательной соломкой и диском маятника, снова наблюдается то же самое явление, но на несколько отличных расстояниях. Когда диск имеет большую степень электризации, отталкивание между диском и отрицательной соломкой может наблюдаться на расстояниях, больших чем раньше, порядка 20 см. Интенсивность силы отталкивания возрастает, когда это расстояние снижается с 20 см до нижнего предела 2 или 3 см. Когда расстояние между соломкой и диском падает ниже этого предела, снова возникает притяжение между ними, и вступает в действие механизм *ПКО*.

Эти эксперименты можно понять на основе описанных выше принципов.

Давайте предположим, что тело I, изолятор, было заряжено отрицательно трением. Оно находится рядом с нейтральным телом II, проводником, суммарный заряд которого равен нулю. Между ними есть сила притяжения. Эта сила притяжения связана с поляризацией тела II в присутствии тела I, как показано на Рис. 7.29. Мы обозначаем эту силу притяжения через $F_A > 0$ (Рис. 7.32 (a)). Теперь мы электризуем тело II зарядом того же знака, что и заряд притягивающего тела I. Это можно сделать, например, по механизму *ПКО*. Это создаст новую силу между ними. Эта сила — отталкивающая, и ее мы будем обозначать здесь через $F_R < 0$. На Рис. 7.32 (b) мы представляем эту новую силу отталкивания, не обращая внимания на предыдущую, связанную с поляризацией проводника, силу притяжения. Новый отрицательный заряд на проводнике представлен в середине тела II только для того, чтобы отличить его от поляризованных зарядов. Этот новый заряд на теле II будет стремиться поляризовать тело I, создавая силу притяжения между ними, но мы будем игнорировать здесь эту небольшую составляющую силы. В любом случае, притяжение, которое произошло между ними раньше, все еще остается. Результирующая сила будет приблизительно равна $F_n = F_A + F_R$. Если $F_A > |F_R|$, результирующая сила будет притягивающей. Если $F_A < |F_R|$, результирующая сила будет отталкивающей. На Рис. 7.32 (c) показан пример, где $F_A < |F_R|$.

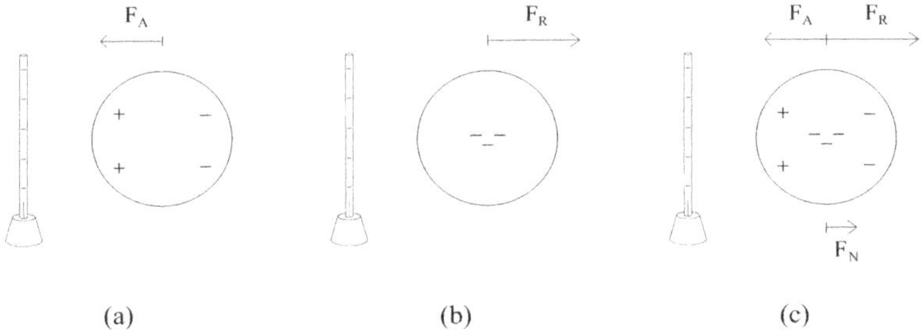

Рис. 7.32: (a) Сила притяжения, обусловленная поляризацией нейтрального проводника в окрестности электризованного изолятора. (b) Сила чистого отталкивания между отрицательным изолятором и отрицательным проводником при условии, что проводник не поляризован отрицательной соломкой. (c) Суммарная сила $F_n = F_A + F_R$ между электризованным изолятором и проводником в предположении, что проводник электризован и поляризован. Ситуация, где $F_A < |F_R|$.

Из того, что мы видели до сих пор, мы можем дать три условия, при каждом из которых мы будем иметь в сумме силу притяжения между этими телами, наэлектризованными зарядами одного знака.

- Начальная сила притяжения не зависит от величины нового заряда, переданного первоначально нейтральному телу II, в то время как новая сила отталкивания зависит от величины этого нового заряда. Если этот новый заряд очень большой, то $|F_R|$, как правило, будет больше, чем F_A (Рис. 7.33 (a)). Уменьшая величину этого нового заряда на теле II, мы можем уменьшить величину новой силы отталкивания таким образом, что суммарное притяжение будет оставаться между двумя телами, имеющими суммарный заряд того же знака (Рис. 7.33 (b)).

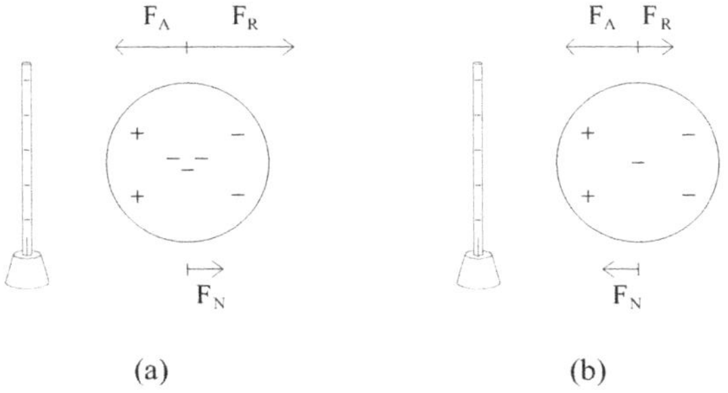

Рис. 7.33: (a) При значительном суммарном заряде на проводнике, суммарная отталкивающая сила сохранится между ним и отрицательным изолятором. (b) Если проводник имеет лишь небольшой суммарный заряд, сила притяжения, связанная с его поляризацией, будет превышать силу отталкивания, обусловленную наличием суммарного заряда, что дает в итоге притягивающую силу.

- Предположим, что проводник и изолятор оба являются отрицательными, а $|F_R| > F_A$, так что существует суммарное отталкивание между ними (Рис. 7.34 (a)). Когда мы увеличиваем количество заряда в диэлектрике, мы увеличиваем интенсивность силы отталкивания $|F_R|$. Интенсивность силы притяжения F_A возрастает, но она растет быстрее, чем рост в $|F_R|$. Это объясняется тем, что мы также увеличиваем количество поляризованных зарядов на проводнике, как в разделе 7.3 (Рис. 7.10). Например, если заряд диэлектрика повышается в три раза, $|F_R|$ также увеличивается примерно в три раза. Но, с другой стороны, F_A возрастает примерно в девять раз. Когда количество заряда на изоляторе увеличивается, наступит момент, когда F_A будет больше, чем $|F_R|$, что в сумме дает силу притяжения между ними (Рис. 7.34 (b)).

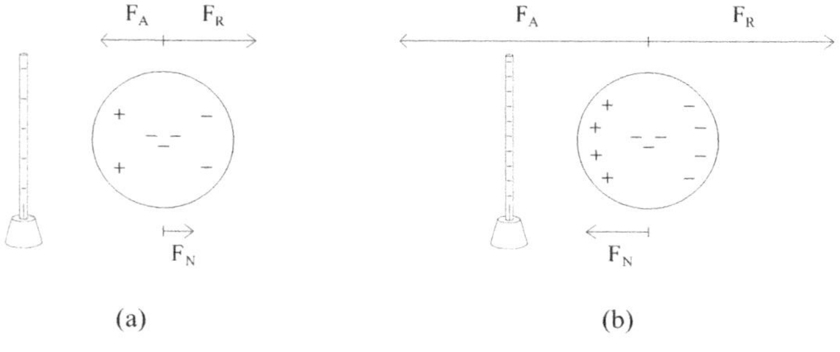

Рис. 7.34: (a) Сила отталкивания больше, чем сила притяжения. (b) F_A возрастает быстрее, чем $|F_R|$ за счет увеличения количества заряда в близлежащем изоляторе. Здесь мы представляем ситуацию, где сила притяжения превысила силу отталкивания.

- Существует также и другая ситуация, где между двумя телами, имеющими заряды одного знака, возникает суммарная сила притяжения. Предположим, что и проводник и изолятор являются отрицательными, а $|F_R| > F_A$ так, что возникает суммарное отталкивание между ними, когда они находятся друг от друга на расстоянии D (Рис. 7.35 (a)). Интенсивности сил притяжения и отталкивания ведут себя поразному в зависимости от расстояния между этими двумя телами. Уменьшая это расстояние, мы увеличиваем величину F_R только за счет сближения между отрицательным зарядом I и суммарным отрицательным зарядом II. Сила притяжения F_A, с другой стороны, увеличивается вследствие двух различных причин. (a) Первая причина связана с уменьшением расстояния между отрицательным зарядом I и поляризованными зарядами II. (b) Вторая причина состоит в том, что количество поляризованных зарядов на II также возрастает, когда расстояние между I и II уменьшается, как в разделе 7.3 (Figure 7.8). Поскольку сила зависит не только от расстояния, но и от количества зарядов в телах, более интенсивная поляризация ведет, соответственно, к большей силе притяжения. Это означает, что если тела I и II расположены очень близко друг к другу, между ними может сохраняться суммарное притяжение, даже если каждое из этих двух тел имеет суммарный заряд одного и того же знака (Рис. 7.35 (b)).

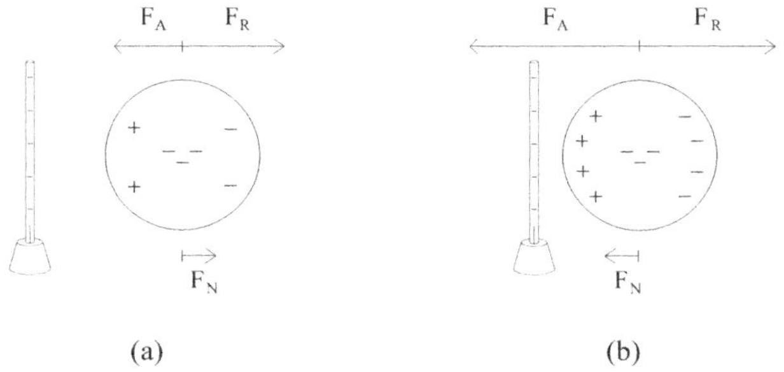

Рис. 7.35: (a) Сила отталкивания $|F_R|$ больше, чем сила притяжения F_A. (b) С уменьшением расстояния между двумя телами, F_A возрастает быстрее, чем $|F_R|$. Здесь представлено небольшое расстояние, для которого сила притяжения становится больше, чем сила отталкивания.

Знак результирующей силы (то есть будет ли она притягивающей или отталкивающей) будет зависеть от величин зарядов, расстояния между телами, их формы, их размеров и их электрических свойств (то есть являются ли они проводниками или изоляторами, так как это влияет на степень их поляризации).

Сам Дюфе знал, что, в определенных условиях, два тела, электризованные зарядами одного знака, могут притягивать друг друга:[9]

[9] [DF, стр. 265].

> Для успешного проведения этих экспериментах [по притяжению между противоположно заряженными телами, и отталкиванию между телами с одинаковыми по типу зарядами], два тела, расположенные рядом друг с другом, чтобы выяснить их электрические свойства, следует наэлектризовать как можно сильнее; ибо, если одно из них вообще не заряжено, или слабо заряжено, оно будет притягиваться другим, даже если первое тело того вида, что [если хорошо потереть], естественно, должно отталкиваться от второго. Но эксперимент всегда будет успешным, если оба тела достаточно хорошо наэлектризованы.

Эпинус сделал первую попытку математического объяснения принципиальной возможности притяжения между телами, заряженными зарядами одного знака. Он показал теоретически и экспериментально, что если два тела, наэлектризованные зарядами одного знака, поднести достаточно близко друг к другу, или если один из зарядов значительно слабее другого, эффект взаимной поляризации может оказаться достаточным, чтобы изменить отталкивание на притяжение.[10]

Мы не будем здесь вдаваться в подробности, но современный математический анализ, указывающий на условия, при которых одноименно заряженные тела могут притягивать друг друга, можно найти, например, в работе Максвелла, в статье Мелехи и в книге Джексона.[11]

7.11 Проводимость воды

В разделе 6.3 мы видели, что пресная вода разряжает электризованный электроскоп. Это означает, что она ведет себя как проводник для обычных электростатических экспериментов, описанных в этой книге. С другой стороны, когда она подвергается воздействию разности потенциалов от нескольких вольт до нескольких сотен вольт, она ведет себя как изолятор, как мы видели в разделе 6.6. В экспериментах раздела 2.5 мы имеем дело с разностью потенциалов в несколько тысяч вольт, когда вода ведет себя как проводник. Такое поведение воды связано с разными причинами. Одной из причин является то, что в естественном состоянии пресная вода содержит положительные ионы, H_3O^+, и отрицательные ионы, OH^-, в дополнение к молекулам H_2O. Кроме того, пресная вода содержит много солей, минералов и примеси, которые изобилуют в электрически заряженных частицах, называемых также ионами. В присутствии высоких разностей потенциалов, эти электризованные ионы движутся в воде, придавая ей свойства проводника.

Проанализируем теперь эксперименты раздела 2.5. Предположим, что капля воды в эксперименте Гильберта, эксперимент 2.10, находится над

[10] [Aep79, стр. 126 и 315—325], [BWc] и [Hei99, стр. 396—398].

[11] [Max81, Глава VII: Теория электрических отображений, стр. 80—88], [Mel98] и [Jac99, Раздел 2.3].

проводящей поверхностью, как дерево, металл, или большинство других твердых веществ. Когда мы подносим натертую пластиковую соломинку близко к ней, капля меняет свою форму. То есть она вытягивается в сторону натертой части соломки. При низком коэффициенте трения между водой и поверхностью, на которой она покоится, капля может даже двигаться как единое целое в направлении соломки. Опираясь на полученные в этой главе результаты, можно проиллюстрировать то, что происходит в этом эксперименте. Это сделано на Рис. 7.36. Предположим, что соломка была отрицательно заряжена трением о волосы. Когда она подносится к капле, вода поляризуется в целом, аналогично тому, что мы видели на Рис. 7.29. То есть, она становится положительно заряженной в той части, которая находится ближе всего к натертой соломке, и отрицательно заряженной в наиболее удаленной части, которая находится в контакте с сухой поверхностью. Поскольку мы предположили с самого начала, что имеем дело с проводящой твердой поверхностью, имеет место электрическая нейтрализация той части воды, которая находится в контакте с поверхностью. Это аналогично заземлению на Рис. 7.20, 7.22 и 7.30. В итоге вода в целом электризуется, т.е. она получает суммарный положительный заряд, противоположный по знаку заряду на соломке. Поскольку заряды противоположного знака притягиваются, капля деформируется и указывает в сторону натертой соломки. Она может даже двигаться к ней как целое.

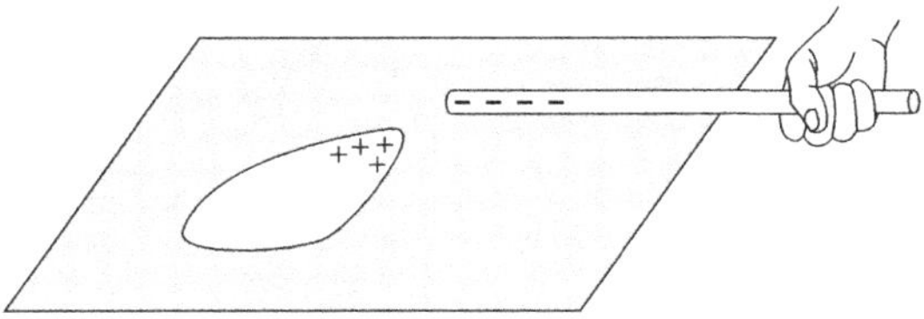

Рис. 7.36: Электрические заряды на капле воды, находящейся рядом с натертой пластиковой соломкой.

То есть мы считаем, что такое поведение капли воды не есть просто следствие ориентации или организации поляризованных молекул воды (хотя молекула H_2O не имеет суммарного заряда, она естественно поляризована, наподобие постоянного электрического диполя). Если бы имело место только выравнивание или переориентация полярных молекул в воде, вследствие наличия поблизости натертой соломки, мы имели бы нечто, подобное тому, что показано на Рис. 7.31 (a). Вместо этого, кажется, разумнее сказать, что капля воды, покоящаяся на проводящей поверхности рядом с натертой соломкой, в целом приобрела суммарный заряд. Кроме того, этот суммарный заряд на капле должен быть противоположен по знаку заряду на натертой соломке, как показано на Рис. 7.30 (c).

Нечто аналогичное происходит в эксперименте Дезагюлье (эксперимент 2.8). Есть поток пресной воды из крана. Из-за высокой разности потенциалов в этом эксперименте, поток воды ведет себя как проводник. Кроме того, непрерывный поток воды заземлен через контакт с металлическим краном, который находится в контакте с землей. Предположим, что мы подносим отрицательно заряженную пластиковую соломку к потоку воды. Поток воды вначале поляризован (в результате движения присутствующих в воде ионов, таких как H_3O^+ и OH^-, в противоположные стороны), как на Рис. 7.29. Часть потока ближе к отрицательной соломке положительно заряжается. С другой стороны, отрицательные заряды, находящиеся в дальней части потока, нейтрализованы за счет заземления потока воды. Это аналогично заземлению на Рис. 7.20, 7.22 и 7.30. По этой причине, поток в целом должен стать положительно заряженными, главным образом в той части, которая находится ближе к отрицательной соломке. Тогда возникает притяжение между отрицательными зарядами пластиковой соломки и положительными зарядами в потоке. Следовательно, поток целиком склоняется к соломке. Рис. 7.37 иллюстрирует распределение зарядов вдоль потока воды.

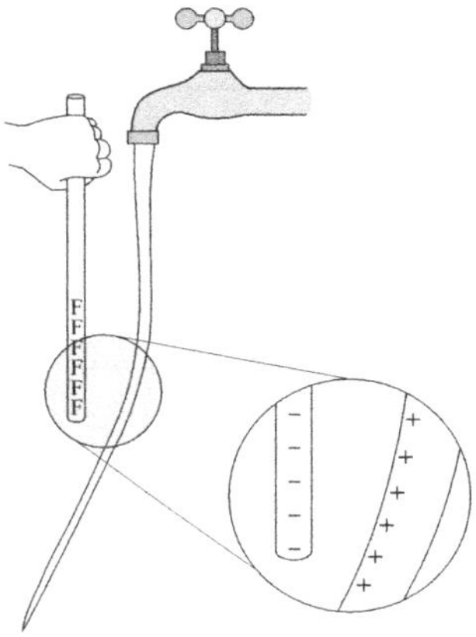

Рис. 7.37: Электрические заряды в потоке воды вблизи натертой пластиковой соломки.

7.12 Можно ли электризовать воду?

Вода ведет себя как проводник в обычных экспериментах электростатики. Следовательно, ее можно электризовать точно таким же образом, как это делается с обычными твердыми проводниками. Для этого воду следует держать в изолирующем сосуде, который предотвращает утечку электрического заряда в землю.

Как обсуждалось в разделе 7.11, в эксперименте Гильберта вода в небольшом количестве притягивалась к натертому янтарю. По-видимому вода в целом была наэлектризована в этой ситуации. Но Гильберт не анализировал возможную электризацию воды в этом случае, он просто наблюдал факт ее притяжения. Возможно Грей был первым, кто наэлектризовал воду в 1731 году, и подтвердил ее электризацию.[12] Он разместил воду на изолирующем основании, изготовленном из смолы или стекла. Затем он поднес электризованную трубку 3 или 4 раза близко к воде. После этой процедуры, он удалил электризованную трубку подальше от воды. Приближая подвесную нить к воде, он обнаружил притяжение нити водой. Этим он доказал, что вода была наэлектризована заряженной трубкой, когда он поднес трубку близко к воде. Механизмом электризации в данном случае, вероятно, были незаметные искры между трубкой и водой. Это вызвало перенос заряда от трубки к проводящей воде. Вода могла удержать этот приобретенный заряд благодаря тому, что она находилась на изолирующей поддержке. Дюфе позже подтвердил этот эксперимент.[13]

С некоторыми модификациями, можно воспроизвести многие эксперименты главы 7, используя воду в пластиковом сосуде взамен тонкого картона, прикрепленного к пластиковой соломке. Роль проводника тока будет испольнять в этом случае вода вместо картона. Пластиковый сосуд будет предотвращать заземление воды точно также, как пластиковая соломка изолировала картон электроскопа.

7.12.1 Электростатический генератор Кельвина

Один из самых интересных экспериментов, показывающих, что вода ведет себя как проводник в обычных электростатических условиях, был проведен У. Томсоном в 1867 году (лорд Кельвин) (Рис. 7.38).

Рис. 7.38: У. Томсон (лорд Кельвин) (1824—1907).

Он построил прибор, известный как электростатический генератор Кельвина на падающей капле воды.[14] Мы опишем здесь механизм работы этого генератора. Первоначально вода помещается в изолирующий сосуд, например, пластиковую чашку. В нижней части чашки имеется отверстие, которое находится в закрытом состоянии в начале эксперимента. Мы прикреп-

[12] [Grad] и [Hei99, стр. 253].
[13] [DF33a, стр. 34] и [DF33c, стр. 84].
[14] [Tho], [Llo80] и [CA08].

ляем металлическое кольцо к чашке с помощью изолирующего материала. Кольцо должно находиться очень близко к отверстию, на расстоянии нескольких сантиметров от него. Мы натираем пластиковую соломинку о волосы, чтобы зарядить ее отрицательно. Затем царапаем отрицательной соломкой металлической кольцо, чтобы зарядить его отрицательно, после чего удаляем пластиковую соломку подальше от кольца. Поскольку вода ведет себя как проводник, она поляризуется находящимся чуть ниже нее отрицательным кольцом. Нижняя часть воды заряжается положительно, в то время как верхняя часть, которая находится в контакте с воздухом, становится отрицательной (Рис. 7.39 (a)). Это аналогично поляризации, описанной на Рис. 7.29.

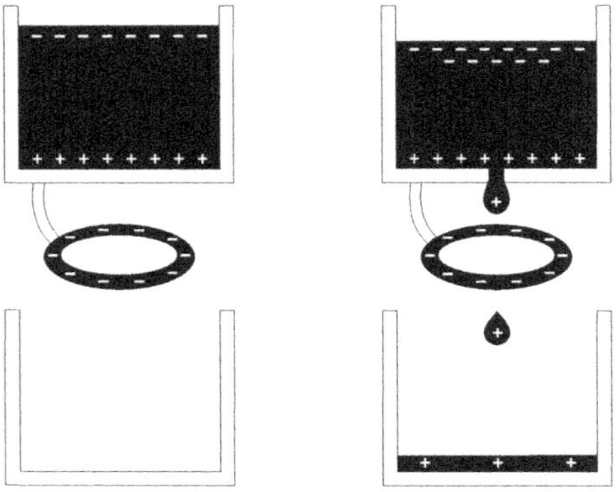

Рис. 7.39: (a) Поляризация воды отрицательным кольцом. (b) Падающие капли воды наэлектризованы положительными зарядами.

После отрицательной электризации кольца, мы открываем отверстие. Капли воды должны проходить через кольцо, не вступая в контакт с ним. Нижняя часть воды в верхнем сосуде заряжена положительно. Следовательно, капли тоже будут заряжены положительно. Эти положительные капли попадают затем во второй изолирующий сосуд, расположенный под кольцом (Рис. 7.39 (b)). Пока вода капает, количество зарядов, накопленных в нижнем сосуде, растет. На этом рисунке показан в общих чертах механизм работы генератора Кельвина.

Генератор Кельвина, как правило, снабжен двумя капельницами. Одно кольцо заряжено положительно, а другое отрицательно (Рис. 7.40). Металлический провод, с металлической сферой на верхнем конце, крепится внутри каждого нижнего сосуда. Металлические сферы должны быть расположены очень близко друг к другу, на расстоянии в несколько миллиметров. Капли воды, падающие через отрицательное кольцо, заряжены положительно, в то время как капли, падающие через положительное кольцо, заряжены отрицательно.

Со временем, количество зарядов, накопленных в каждой из нижних

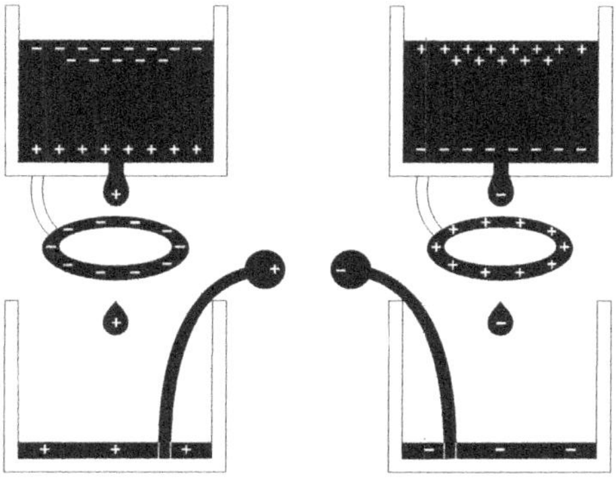

Рис. 7.40: Начальная фаза работы генератора Кельвина.

сосудов, растет. Следовательно, разность потенциалов между двумя металлическими сферами также увеличивается. Сухой воздух, как правило, является хорошим изолятором, особенно если интенсивность электрической силы ниже определенного предела. Когда сила, приходящаяся на единицу заряда, выше, чем этот предел, он становится проводником и происходит искровой разряд через воздух. Этот предел называется пробоем электрического поля или коронным пробоем. При атмосферном давлении его значение равно приблизительно 3×10^6 В/м. Когда электрическая сила на единицу заряда в области между двумя сферами превосходит этот предел, происходит электрический разряд через воздух (Рис. 7.41).

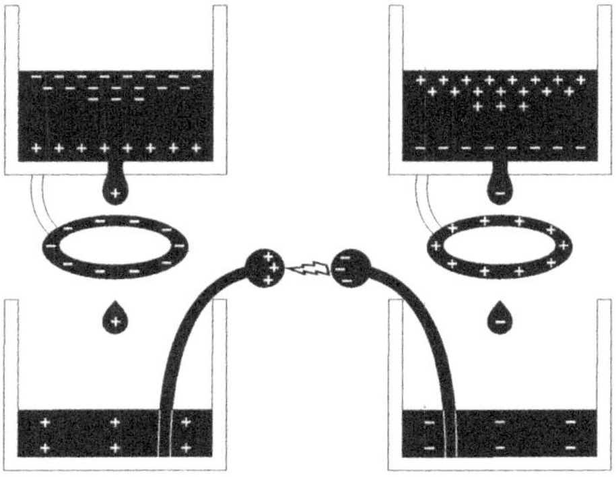

Рис. 7.41: Электрический разряд между противоположно заряженными сферами.

В результате разряда, происходит нейтрализация противоположных зарядов, которые были накоплены в нижних сосудах. Если капли продолжают падать после искры, процесс повторяется, как показано на Рис. 7.40 и 7.41. Временной интервал между двумя последовательными искрами, будет зависеть от частоты падения капель, расстояния между металлическими сферами, количества зарядов на кольцах и расстояния между кольцами и капельницами. Как правило, искровой разряд происходит каждые 10 секунд. Разряды будут продолжаться до тех пор, пока вода капает.

Этот эксперимент демонстрирует два важных момента. Во-первых, вода ведет себя как проводник в обычных экспериментах электростатики, как мы видели в разделах 6.3 и 7.11. Во-вторых, если имеется заряженное тело рядом с падающими каплями, капли воды получают заряд, противоположный по знаку заряду этого тела.

7.13 Проводимость воздуха

Эксперимент 7.25

Элетроскоп легко электризовать в сухую погоду. Достаточно потереть пластиковую соломинку о волосы, а затем поцарапать этой соломкой край тонкого картона электроскопа, как мы делали в эксперименте 6.2 (Рис. 6.5). Электроскоп остается заряженным в течение нескольких секунд или нескольких минут после этой процедуры. Это означает, что сухой воздух является хорошим изолятором.

Но он не является идеальным диэлектриком. Через несколько минут электроскоп полностью разряжается, как мы видели в эксперименте 6.21. В любом случае, в соответствии с определением из подраздела 6.7.1, его можно рассматривать как хороший изолятор.

Эксперимент 7.26

Эксперимент 7.25 проводится повторно в влажную погоду или дождливый день. Полоса электроскопа остается в поднятом состоянии, когда мы царапаем натертой соломкой край картона электроскопа, как показано на Рис. 6.5 (b).

Мы затем удаляем натертую соломку. Вскоре после этого, полоса падает, возвращаясь в исходное положение, как показано на Рис. 6.5 (a). Чем выше влажность воздуха, тем быстрее будет происходить разрядка электроскопа. В зависимости от степени влажности, воздух может вести себя как плохой или хороший проводник. Именно присутствие воды в влажном воздухе заставляет его вести себя как проводник, ибо сама вода является хорошим проводником для обычных экспериментов электростатики, как описано в разделе 7.11.

Эксперимент 7.27

Существует еще одна простая процедура, которая может повлиять на изолирующее свойство воздуха. Мы повторяем эксперименты 6.2 и 7.25 в сухую погоду. Электроскоп изначально электризован. Его полоса приподнята, как показано на Рис. 7.42 (a).

Рис. 7.42: (a) Электризованный электроскоп. (b) Полоса падает в течение нескольких секунд, если зажечь спичку или зажигалку в ее окрестности. (c) После удаления спички, полоса остается в висячем положении.

Мы зажигаем спичку или зажигалку в непосредственной близости от электризованного электроскопа. Полоса падает в течение нескольких секунд (Рис. 7.42 (b)). Полоса не поднимается после удаления спички (Рис. 7.42 (c)).

Этот эксперимент показывает, что электроскоп разряжается очень быстро в присутствии рядом пламени.

Современное объяснение этого явления состоит в том, что пламя сильно увеличивает ионизацию воздуха. С увеличением числа подвижных положительных и отрицательных зарядов в воздухе, эти ионы быстро нейтрализуют заряды в электроскопе. С увеличением проводимости воздуха, электроскоп также разряжается в землю через руки. Огонь превращает воздух в хороший проводник.

7.14 Как разрядить электризованный изолятор?

Заземление — самый простой способ разрядки электризованного проводника, как мы видели в разделах 4.5, 6.2 и 6.3. Для этого достаточно привести проводник в контакт с землей. Другой способ состоит в соединении электризованного проводника с землей через проводящее вещество (например, человеческое тело или металлический провод).

Но мы не можем разрядить электризованный изолятор таким способом. Это видно на примере эксперимента с эффектом янтаря, который дал начало науке об электричестве, разделы 2.1 и 2.2. На Рис. 2.3 мы видим натертую соломку, которая притягивает небольшие кусочки бумаги. Пластиковую соломку мы держим в руке, когда она притягивает кусочки бумаги. Несмотря на это, соломка не разряжается. Как описано в разделе 7.1, это одно из основных различий между проводниками и изоляторами.

Эксперимент 7.28

Пластиковая соломка трется о волосы, после чего соломка начинает притягивать бумажки, как в эксперименте 2.1. Затем мы пытаемся заземлить соломку. Для этого мы соединяем металлической проволокой землю с одним из натертых участков соломки. После этой процедуры, металлическая проволока удаляется. Мы снова подносим соломку к маленьким кусочкам бумаги. Заметим, что соломка по-прежнему притягивает эти бумажки.

Нетрудно описать то, что происходит в этом эксперименте. Только конкретный участок пластиковой соломки, который вступил в контакт с металлической проволокой, разрядился в землю. То есть другие натертые участки соломки не разрядились через это электрическое заземление. В конце концов, эти заряды не могут двигаться через соломинку, потому что пластик является очень хорошим изолятором.

В следующем эксперименте мы увидим три способа разрядки электризованного изолятора.

Эксперимент 7.29

Три пластиковые соломинки в равной степени заряжаются трением о волосы. Назовем их соломками I, II и III. После электризации, соломки II и III держатся вертикально на отдельных изолирующих опорах, наподобие тех, на котоых стоят электрические маятники. В качестве опор могут быть, например, скрепки в гипсе или белом цементе, заполняющем пластиковый стаканчик для кофе (Рис. 7.43). С соломкой I мы повторяем эксперимент 2.1 и наблюдаем, как она притягивает небольшие кусочки бумаги на близких расстояниях.

Через несколько минут или несколько часов, этот эксперимент повторяется с соломкой II, которая получила только начальное трение вместе с соломками I и III. Как правило, она будет притягивать незначительное количество листочков бумаги, явно меньше, чем в случае с соломкой I. Количество кусочков бумаги будет зависеть от периода ожидания после первого трения, рода трения, сорта пластика и состояния погоды на текущий момент (в частности, от степени влажности воздуха).

Эксперимент повторяется с соломкой III на следующий день. Никаких операций не было проделано с этой соломкой после первоначального трения — вплоть до начала эксперимента. Заметим, что она больше не притягивает кусочки бумаги (Рис. 7.43).

Буква F на Рис. 7.43 указывает лишь на то, что соломка была натерта несколько часов назад. Это все, что было проделано с этой соломкой. Несмотря на это трение, она теряет свою электризацию по прошествии длительного периода времени. То есть она теряет свою способность притягивать небольшие кусочки бумаги при приближены к ним. По определению раздела 2.1, это означает, что соломка снова стала электрически нейтральной, как это было до трения. То есть она потеряла свою электризацию, или заряды, которые она приобрела в результате трения. Эти заряды утекли через окружающий воздух. Хотя сухой воздух хороший изолятор, все же он не является идеальным диэлектриком, как мы видели это в подразделе 6.7.1.

Эксперимент 7.30

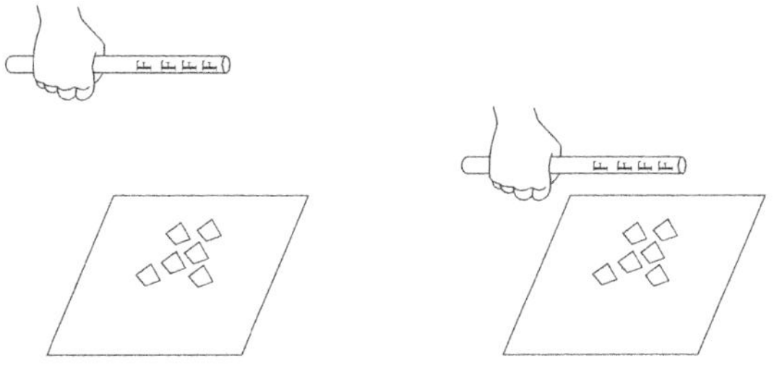

Рис. 7.43: натертая соломка теряет свой заряд спустя несколько часов после первоначального трения. Она больше не притягивает лежащие рядом с ней небольшие кусочки бумаги.

Опишем теперь второй метод разрядки электризованного диэлектрика.

Сперва мы натираем с помощью волос пластиковую соломинку. Она притягивает бумажки, как в эксперименте 2.1. Затем пластиковая соломка погружается в сосуд, наполненный свежей водой. Вытаскиваем соломку из воды, и снова подносим ее близко к кусочкам бумаги. Она больше не притягивает их, как видно на Рис. 7.43. Как и в других экспериментах, соломку следует подносить к кусочкам бумаги так, чтобы не было контакта между ними. При контакте, кусочки бумаги могут прилипнуть к соломке ввиду присутствующей на ней влаги. Можно также отряхнуть соломку после ее удаления из воды, или сдуть избыток влаги с ее поверхности.

Этот эксперимент показывает, что натертая соломка потеряла свою притягательную сила после погружения в воду. Это означает, что вода нейтрализовала соломку. Эта нейтрализация тоже объясняется проводящей способностью свежей воды. Когда вода приходит в тесный контакт со всеми натертыми участками пластиковой соломки, получившими заряд в результате трения, она нейтрализует эти поверхностные заряды, благодаря большому количеству своих мобильных положительных и отрицательных ионов. Этот эксперимент отличается от эксперимента 7.28 тем, что здесь у нас есть заземление всех электризованных участках натертой соломки, что ведет к одновременной нейтрализации всех этих участков.

Эксперимент 7.31

Третий способ разрядки электризованного диэлектрика тоже очень прост.

Сначала мы заряжаем пластиковую соломинку трением о волосы. Она притягивает тогда бумажки, как в эксперименте 2.1. Мы удаляем натертую соломку далеко от стола. Затем мы зажигаем спичку или зажигалку вблизи соломки. Пламя следует подносить ко всем участкам натертой соломки, как показано на Рис. 7.44.

Затем мы снова подносим соломку близко к кусочкам бумаги. Она больше не притягивает их, как это показано на Рис. 7.43. соломка разрядилась

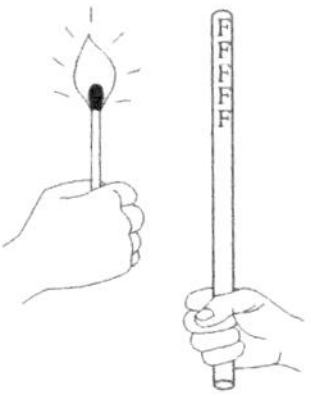

Рис. 7.44: Мы зажигаем спичку возле натертой соломки.

в результате этой процедуры.

Как мы видели в разделе 2.6, Гильберт первым описал это явление. Он заметил, что пламя лишает натертые вещества присущей им притягательной силы. Вместо того, чтобы наблюдать притяжение или отсутствие притяжения, оказываемое подобными телами на клочки бумаги, он проанализировал влияние натертого янтаря на помещенный рядом версориум. По его словам, " [натертый электрик] не имеют никакого эффекта на версориум, в присутствии рядом с ним на любой стороне горящей лампы. " Он объяснял этот факт тем, что пламя якобы потреблял испускаемые натертым веществом гипотетические миазмы. Он полагал, что обычные электрические свойства, проявляемые натертым янтарем, были связаны с действием этих испарений.

В настоящее время принято другое толкование этого явления. Мы имеем здесь ситуацию, аналогичную той, что описано в эксперименте 7.27. То есть, пламя сильно увеличивает ионизацию молекул воздуха. Таким образом, воздух начинает вести себя как хороший проводник, благодаря большому количеству подвижных положительных и отрицательных ионов. Тесный контакт между этим ионизированным воздухом и всеми частями натертой соломки нейтрализует заряды, которые распределены по всей поверхности пластика. Таким образом, соломки теряет приобретенные за счет трения заряды. Поэтому она больше не притягивает кусочки бумаги.

7.15 В каком случае кусочек бумаги притягивается сильнее — когда он лежит на изоляторе или на проводнике?

Эксперимент 7.32

Мы выбираем пластиковый пакет, который ведет себя как изолятор, то есть не разряжает электризованный электроскоп при контакте с ним. Вырезаем несколько кусков из этого пакета и несколько кусков из листа бумаги. Затем мы создаем две поверхности: изолирующую поверхность, состоящую из пенополистироловой пластины, и проводящую поверхность, состоящей из листа бумаги (или металлической пластины). Набор кусков пластика, набор I, размещается на пластине из пенополистирола. На той же пластине мы помещаем также набор фигур из бумаги, набор II, отдельно от первой группы. На проводящей поверхности размещается другой набор из кусков пластика, набор III. На той же проводящей поверхности мы размещаем набор фигур из бумаги, группа IV, отдельно от третьей группы.

Перед началом эксперимента, важно убедиться, что маленькие кусочки пластика на пенополистироловой пластине и листе бумаги действительно нейтральны. Иногда эти куски пластика электризуютя во время их приготовления, когда мы вырезаем их и т.д. Чтобы убедиться в их электрической нейтральности, мы подносим нейтральную пластиковую соломинку близко к этим маленьким кусочкам пластика. Если нет притяжения между ними, куски пластика можно считать нейтральными. Когда они притягиваются нейтральной соломкой, это означает, что куски пластика электризованы. В этом случае, следует подождать несколько часов, пока естественным путем не произойдет разрядка через воздух. Затем мы можем приступить к проведению эксперимента.

Натираем пластиковую соломинку о волосы, и подносим горизонтальную соломку близко к каждому из этих четырех групп. Заметим, что наибольшую силу испытывает группа IV, бумажки на проводящей поверхности, а затем идет группа II, кусочки бумаги на изолирующей поверхности. Группы I и III, куски пластика на каждой из поверхностей, очень слабо притягиваются, поэтому трудно отличить, какой именно кусок испытывает наибольшее притяжение. Интенсивность силы можно оценить следующими двумя способами. Первый состоит в наблюдении, на каком расстоянии сила начинает проявлять себя, на что указывает движение кусочков бумаги или пластика. Чем больше это расстояние — тем больше сила (Рис. 7.45). Второй способ состоит в наблюдении за количеством кусочков бумаги или пластика, которые притягиваются натертой соломкой, когда она находится на фиксированном расстоянии от стола (например, 5 или 10 см).

Эксперимент 7.33

Теперь мы используем электрический маятник, состоящий из бумажного диска на шелковой нити. Мы натираем пластиковую соломку I о волосы, так что она становится отрицательно заряженной. Затем она размещается на подходящей подставке далеко от маятника. Вторая соломка заряжается положительно трением между двумя жесткими резиновыми шлангами. Она тоже размещается далеко от маятника и от первой соломки на соответствующей подставке.

Мы пальцем трогаем бумажный диск. Затем мы медленно подносим к нему соломку I. Маятник тянется к соломке. Мы следим за тем, чтобы не было контакта между ними. Удалив первую соломку, мы подносим вторую соломку к маятнику, не допуская контакта. Маятник также тянется к этой соломке.

Теперь берем лист бумаги (или металлическую пластину) и помещаем его под углом и ниже бумажного диска на противоположной стороне от соломки (Рис. 7.46). Лист бумаги должен касаться диска.

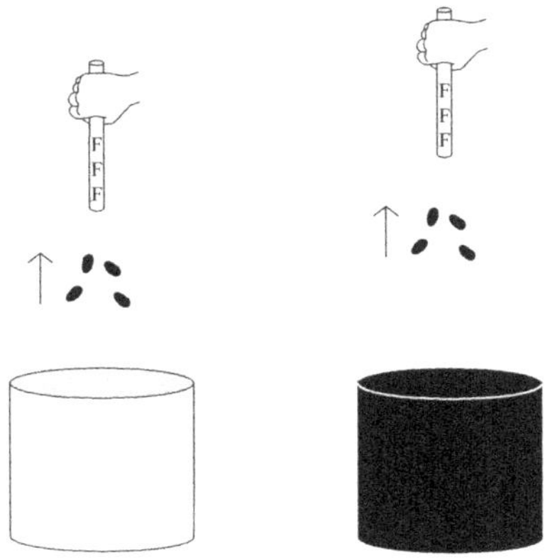

Рис. 7.45: (a) Кусочки бумаги на изолирующей поверхности притягиваются натертой соломкой. (b) Кусочки бумаги на проводящей поверхности притягиваются натертой соломкой. Минимальное расстояние, на котором соломка может притянуть бумажки, больше в случае (b), чем в случае (a). Стрелки указывают направление движения.

Затем мы подносим первую соломку к маятнику таким образом, чтобы маятник был между листом бумаги и соломкой. На определенном расстоянии, диск начинает двигаться от листа бумаги к соломке. В этот момент мы удаляем лист бумаги, предотвращая при этом диск от соприкосновения с соломкой. После этого соломку также можно удалить, и маятник вернется к вертикали. Если снова пододвинуть соломку *I* к маятнику, мы увидим притяжение между ними. Важно не допускить контакта между ними.

Затем мы удаляем первую соломку и медленно приближаем соломку *II* к маятнику. Не следует подносить ее слишком близко к диску, и следует внимательно наблюдать, в каком направлении диск начнет двигаться. При тщательном проведении этого эксперимента, можно заметить, что диск

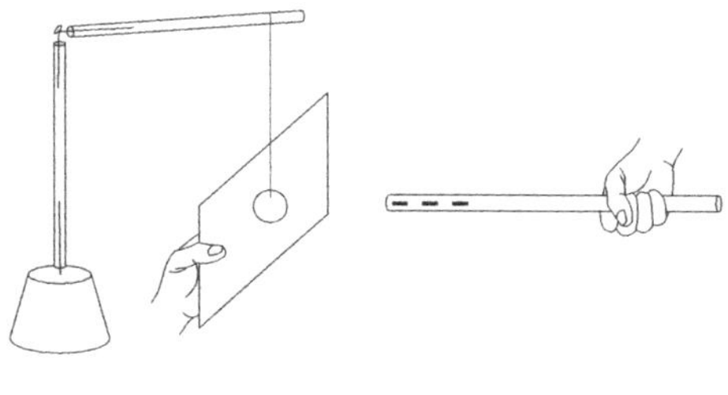

Рис. 7.46: Первоначально бумага диска электрического маятника находится в контакте с листом бумаги или металлической пластиной.

стремится двигаться в сторону от соломки II, так как он отталкивается от нее! Это означает, что оба тела имеют заряды одного знака — положительного в этом случае. Если приблизить соломку II достаточно близко к диску, между ними будет притяжение, как было показано в разделе 7.10. Этого следует избегать.

Эксперимент 7.34

Эксперимент 7.33 можно повторить, поменяв порядок сближения соломок. То есть изначально соломка II, которая заряжена положительно, приближается к бумажному диску, который находится в контакте с листом бумаги. Этот лист бумаги должен быть удален, когда бумажный диск начинает двигаться в сторону соломки. Необходимо предотвратить контакт между ними. После удаления листа бумаги, следует удалить также вторую соломку. Если теперь медленно поднести соломку I к бумажному диску, мы будем наблюдать отталкивание между ними. Это означает, что оба имеют отрицательные заряды. То есть бумажный диск получил заряд, противоположный заряду на второй соломке.

Эксперимент 7.35

Мы повторяем эксперименты 7.34 и 7.35, но теперь с бумажным диском на пенопластовой пластине. В конце этого эксперимента мы видим, что бумажный диск притягивается обеими соломинками, I и II, независимо от того, какую из них поднесли первой к нему.

Эксперименты 7.33 и 7.34 показывают, что, когда кусок бумаги (в данном случае бумажный диск), покоящийся на проводящем листе бумаги, притягивается электризованной соломкой, кусок бумаги электризуется. Кроме того, заряд, который он приобретает после прикосновения и последующего удаления от листа бумаги, имеет знак, противоположный заряду на электризованной соломке. Эксперимент 7.35, с другой стороны, показывает, что бумажка на изолирующей пенополистироловой пластине, не приобретает никакого суммарного заряда после притяжения электризованной соломкой. То есть после удаления от пенополистирола, на кусочке бумаги суммарный заряд равен нулю.

Глава 8

Заключительные замечания

8.1 Переход к новой терминологии: от электрических и неэлектрических тел к изоляторам и проводникам

В 1600 Гильберт классифицировал тела как электрические и неэлектрические, разделы 2.7 и 2.8. Электрические материалы, такие как янтарь, были те, которые при натирании приобретали способность притягивать легкие предметы. Неэлектрической материалы не приобретали эту способность с трением. Все металлы, в частности, попали в разряд неэлектрических тел.

В 1729 году Грей обнаружил, что при приведении такого электризованного тела, как натертый флинтглас, в контакт с металлом или размещении его очень близко к металлу, металл приобретал свойство притягивать близлежащие легкие вещества. Мы видели эксперименты с подобным эффектом в разделе 7.4. Схема экспериментов Грея будет детально обсуждаться в Приложении B. Такое же поведение с притяжением имело место и с другими телами, которые классифицировались как неэлектрические во времена Грея. Дюфе открыл механизм *ПКО*, обнаружив, что тонкий кусок металла получал заряд при контакте с другим натертым телом, раздел 4.8. Позже люди научились заряжать кусок металла по индукции, используя эффект электрической поляризации и электрического заземления, раздел 7.5. В 1770—х годах было обнаружено, что металлы также могут быть наэлектризованы трением, при условии, что они изолированы от Земли, раздел 6.8. Эти открытия привели к отказу от номенклатуры и классификации Гильберта.

После этого была принята другая классификация. Вещества теперь делятся на *проводники* и *изоляторы*. Эти термины были предложены Дюфе и Дезагюлье, подраздел 6.3.1. Большинство тел, которые Гильберт классифицировал как электрики, теперь называются изоляторами. Тела, которые назывались неэлектрическими, теперь называются проводниками. Здесь есть некоторая концептуальная новизна. Это не просто введение новых терминов, или простое изменение номенклатуры. В конце концов, металлы тоже могут обрести свойство притягивать легкие вещества после натирания, если изолировать их хорошенько при трении. То же самое происходит с другими изолированными материалами. Теперь уже ясно, что различие в поведении материалов, которое Гильберт положил в основу своей классификации, не имеет смысла. Главная характерная черта идеальных проводников состоит в том, что они имеют мобильные электрические заряды и допускают течение зарядов через них. Идеальные изоляторы, с другой стороны, не имеют подвижных зарядов в дополнение к тем, которые неразрывно связаны с их молекулами. Кроме того, изоляторы не позволяют зарядам проходить или протекать через них.

Существует градация между хорошими проводниками и хорошими изоляторами. Кроме того, эти свойства зависят не только от внутренних свойств этих тел, но и от внешних условий, которым они подвержены. В любом случае, различие между проводящими и изолирующими вещества является одним из наиболее важных характеристик во всей науке об электричестве.

8.2 Основные и элементарные факты электричества

После проведения экспериментов, описанных в этой книге, мы достигли определенного уровня знаний об электричестве. Конечно мы не охватыли все , что известно в этой области науки. В любом случае, мы теперь имеем довольно точное представление об основных фактах электричества. В этом разделе мы представляем — говоря словами Дюфе — простые и примитивные факты или принципы электричества.[1] Здесь мы даем лишь описание экспериментально наблюдаемых фактов, без соответствующих объяснений. Мы можем рассматривать их как исходные основополагающие факты, не подлежащие дальнейшему объяснению на основе еще более примитивных положений. То есть мы можем использовать эти простые принципы, чтобы объяснить другие явления, наряду с более сложными экспериментами, но сами эти принципы не объясняются. Объяснить все в принципе невозможно. Всегда приходится брать — или принимать за истину — некоторые начальные факты. Мы затем используем эти примитивные предположения для объяснения других наблюдений природы. Вот перечень этих примитивных фактов:

1. Тела в природе могут находиться в трех различных состояниях: электрически нейтральное, положительно заряженное или отрицательно заряженное. Другими словами, они могут иметь нулевой заряд, положительный заряд или отрицательный заряд, соответственно. Можно говорить также, что тела неэлектризованы, или наэлектризованы положительно или отрицательно.

[1] [DF34b, стр. 525].

2. Эти состояния характеризуются наблюдаемым поведением тел. Два нейтральных тела и не притягивают, и не отталкивают друг друга. Существует притяжение между положительным телом и любым другим первоначально нейтральным телом. Существует также притяжение между отрицательным телом и любым другим первоначально нейтральным телом. Тела, имеющие заряды противоположных знаков, притягивают друг друга. Тела с зарядами одного знака обычно отталкивают друг друга, но в некоторых случаях они могут также притягивать друг друга.

3. Интенсивность этих сил притяжения и отталкивания увеличивается с уменьшением расстояния между взаимодействующими телами. Интенсивность этих сил увеличивается также с увеличением количества зарядов в телах. Эти силы носят взаимный характер, действуя с одинаковой интенсивностью на оба взаимодействующих тела. Они направлены вдоль прямой линии, соединяющей тела, но в противоположные стороны.

4. Тела можно разделить на две группы, называемые проводниками и изоляторами. Основное различие между этими двумя группами состоит в том, что проводники имеют подвижные заряды и обеспечивают прохождение или поток электрических зарядов через них. Изоляторы, с другой стороны, не имеют подвижных зарядов, за исключением тех, которые находятся внутри их молекул. Изоляторы не позволяют прохождение или поток зарядов через них.

5. Проводники и изоляторы могут быть электрически нейтральными, положительными или же отрицательными. Когда заряженный проводник приходит в контакт с землей, он разряжается. Этот процесс называется заземлением. Подобная разрядка не происходит, когда заряженный изолятор касается земли. Другой способ практического осуществления этой классификации состоит в следующем. Один конец тела соединяем с картоном наэлектризованного электроскопа, а другой — с землей. Тела, которые разряжают электроскоп, называются проводниками, а тела, которые не разряжают его, называются изоляторами.

6. Тело, которое ведет себя как изолятор при низкой разности электрических потенциалов, может вести себя как проводник, когда эта разность потенциалов увеличивается сверх определенного значения. Большинство твердых и жидких тел ведут себя как проводники в обычных экспериментах электростатики, поскольку лишь немногие из них являются изоляторами. К изоляторам можно причислить сухой воздух, янтарь, шелк, и большинство пластмасс и смол.

7. Будет тело вести себя как проводник или как изолятор, зависит от многих других факторов. Предположим, что один конец тела касается картона наэлектризованного электроскопа, а другой конец его

касается земли. Факторы, которые влияют на свойства этого тела, следующие: (a) Время, необходимое для разрядки электроскопа (чем больше время контакта, тем выше степень разрядки). (b) Длина тела (чем больше эта длина, тем медленнее будет происходит разрядка). И (c), площадь поперечного сечения тела (чем больше эта площадь, тем быстрее будет разрядка).

8. Нейтральные тела можно зарядить несколькими способами. Наиболее распространенным способом является трение двух нейтральных тел. После трения, одно из трущихся тел становится положительным, а другое отрицательным. Изоляторы заряжаются только в той части их поверхности, которая непосредственно подвергается трению. Заряд, приобретенный натертым проводником, с другой стороны, распространяется на внешние поверхности проводника, если проводник полностью окружен изоляторами, или же уходит в землю при наличии проводящего контакта с Землей.

9. Нейтральный проводник может также приобрести заряд от заряженного изолятора без всякого трения, когда они приходят в контакт друг с другом. Приобретенный проводником заряд имеет тот же знак, что и заряженный изолятор. Количество заряда, приобретенного проводником в результате этого процесса, в точности равно количеству заряда, потерянного диэлектриком. С другой стороны, количество заряда, приобретенного нейтральным диэлектриком при соприкосновении с другим диэлектрик, пренебрежимо мало, если нету трения между ними.

10. Проводники поляризуются электрически в присутствии поблизости заряженного тела. Часть проводника, которая находится ближе всего к заряженному телу, электризуется зарядом противоположного знака по сравнению с зарядом этого тела. Самый удаленный участок проводника электризуется зарядом того же знака, что и тело, когда проводник электрически изолирован. Если изолированный проводник разделить на эти две части в присутствии поблизости заряженного тела, части эти будут обладать зарядами противоположного знака.

11. Если проводник электрически заземлен в присутствии поблизости заряженного тела, часть проводника, которая находится дальше всего от заряженного тела, будет нейтрализована. Этот факт позволяет электризовать проводник зарядом со знаком, противоположным знаку заряда этого тела.

12. Молекулы изолятора поляризуются в присутствии поблизости заряженного тела. Часть любой молекулы, которая ближе к (дальше от) заряженному телу электризуется зарядом противоположного (того же) знака, что заряженное тело. Эти поляризованные заряды ограничены

в пределах молекулы и не перемещаются вдоль изолятора. Кроме того, они не переходят к другому проводнику, который входит в контакт с изолятором.

13. Количество поляризованных зарядов в проводнике, находящемся рядом с заряженным телом, увеличивается с уменьшением расстояния между ними. То же самое происходит с эффективно поляризованными зарядами изоляторов в присутствии рядом заряженного тела.

14. Поляризация проводников и изоляторов тем выше, чем выше степень электризации близлежащего заряженного тела.

15. Сила неэлектростатического происхождения удерживает заряды на поверхности проводников и изоляторов в состоянии равновесия, когда эти тела электризованы или поляризованы. Сила неэлектростатического происхождения также отвечает за генерацию противоположных зарядов, когда два тела трутся друг с другом.

Описывая эти простые факты, мы должны иметь в виду, что мы говорим в общих чертах, ссылаясь неявно на описанные в этой книге эксперименты. Все эти эффекты зависят от порядка физических величин, присутствующих в этих экспериментах, причем всегда есть исключения в любых экспериментах. Например, когда мы говорим, что два нейтральных тела не взаимодействуют друг с другом, мы не рассматриваем гравитационное притяжение между ними. Дело в том, что гравитационное взаимодействие не наблюдается, или не может быть обнаружено в обычных экспериментах с небольшими, легкими телами. Его действие проявляется только тогда, когда по крайней мере одно из тел имеет астрономические размеры, как наша Земля. Когда мы говорим, что заряженное тело притягивает нейтральное тело, предполагается, что мы имеем дело с легкими телами, или телами, поддерживаемыми на нитях таким образом, что есть лишь небольшое сопротивление боковому движению этих тел. Тогда эти нейтральные тела смогут перемещаться вблизи заряженного тела, когда есть притяжение между ними. Кроме того, для того, чтобы наблюдать этот эффект притяжения, расстояние между взаимодействующими телами не должно быть очень большим, а заряд на натертом теле не должно быть очень маленьким, в противном случае эти эффекты невозможно обнаружить. То же самое относится к другим фундаментальным утверждениям.

8.3 Описание янтарного эффекта

Эти простейшие принципы достаточны для объяснения и описания очень сложных явлений. Здесь мы используем их для описания того, что происходит в эксперименте 2.1, который аналогичен эксперименту с янтарным эффектом — первый эксперимент в истории электричества. В этом эксперименте ненатертая пластиковая соломка не притягивает небольшие кусочки бумаги, в то время как натертая соломка притягивает эти бумажки при приближении к ним, как показано на Рис. 2.1 и 2.3. Эксперимент 2.11 дает другой результат. В этом случае деревянный шампур, натертый или ненатертый, не притягивал бумажки (Рис. 2.9). В экспериментах 2.3, 7.18 и 7.20 мы обнаружили, что пластиковая натертая соломка притягивает небольшие кусочки бумаги с большей силой, чем небольшие кусочки пластика примерно того же веса и формы, что и бумага. В экспериментах 7.32 – 7.35 было показано, что кусочки бумаги, лежащие на проводящей поверхности, испытывают большую силу притяжения от близлежащей натертой соломки, чем кусочки бумаги, лежащие на изолирующей поверхности. Кроме того, кусочки бумаги, которые лежат на проводящей поверхности, приобретают суммарный заряд с притяжением к близлежащему заряженному телу. Суммарный заряд, полученный кусочками бумаги, противоположен по знаку заряду притягивающего их тела.

В этих экспериментах следующие тела вели себя как изоляторы: воздух, натертая пластиковая соломка, шелковая нить электрического маятника, пенополистироловая пластина и притянутые небольшие кусочки пластика. Пластиковая соломка была натерта волосами. Как мы видели в разделе 5.4, соломка приобрела при этом отрицательный заряд. Несмотря на то, что мы держали ее в наших руках, она не разрядилась, потому что пластик является изолятором.

В этих экспериментах следующие тела вели себя как проводники: земля, человеческое тело, деревянный шампур, бумажный диск электрического маятника, лист бумаги, который поддерживал этот бумажный диск, и притянутые соломкой маленькие кусочки бумаги. Не удалось притянуть бумажки натертой шпажкой. Когда натирали шпажку, возможно она на мгновение приобрела электрический заряд. Но так как она ведет себя как проводник в этой ситуации и находилась в контакте с Землей через наши руки, имело место заземление. В результате, любой заряд, появляющийся на шпажке в процессе трения, сразу же нейтрализуется. Поэтому она не притягивала небольшие кусочки бумаги, несмотря на трение. Проводник может удерживать приобретенные в результате трения заряды только в том случае, если он изолирован, как мы видели в разделе 6.8.

Пластиковую соломку можно натереть изоляторами (волосы, шелковая ткань, или пластиковый пакет) или же проводниками (руки, лист бумаги, или хлопчатобумажная ткань). Не имеет значения, изолятором или проводником осуществлялось трение. Но знак заряда, приобретенного пластиковой соломкой, будет зависеть от типа материала, которым делается трение, т.е. изолятором или проводником.

Притяжение, оказываемое натертой соломкой на кусок пластика, можно проиллюстрировать микроскопически с использованием пластикового маятника. Как всегда, следует предпринять некоторые предосторожности при использовании диска, вырезанного из пластикового пакета, который ведет себя как изолятор. Кроме того, этот пластиковый диск должен быть нейтральным, когда он находится далеко от других заряженных тел. В этом случае, когда мы подносим натертую соломку близко к пластиковому диску маятника, мы наблюдаем небольшое притяжение между ними. Предполагается, что молекулы пластика поляризованы присутствием натертого пластика. Часть каждой молекулы, которая ближе к натертому телу, электризуется зарядом противоположного знака. Часть каждой молекулы, которая находится на дальней от натертого тела стороне, электризуется зарядом того же знака, что и тело. Это показано на Рис. 8.1 (a). Внутренняя часть поляризованного пластика ведет себя макроскопически, как как нейтральное тело, ввиду взаимопогашения близлежащих зарядов разных знаков. Но поверхность поляризованного пластика ведет себя будто суммарный заряд на ней не равен нулю, как показано на Рис. 8.1 (b).

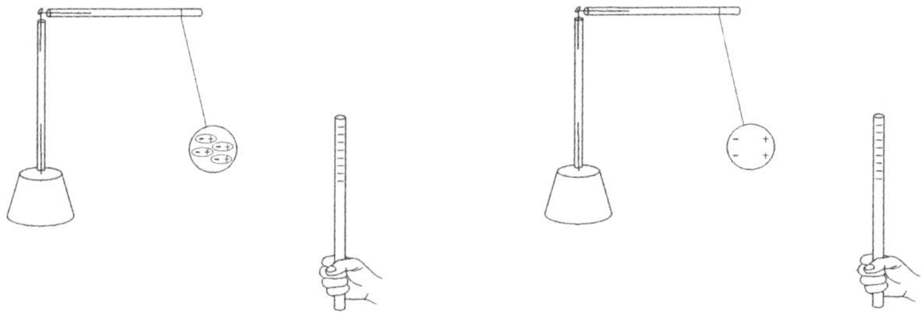

(a) (b)

Рис. 8.1: (a) натертый пластик поляризует и притягивает пластиковый диск. (b) Эффективная поляризация пластикового диска.

Предполагается, что пластиковые молекулы поляризованы присутствием поблизости натертой соломки, благодаря существованию положительных и отрицательных зарядов в каждой молекуле. Кроме того, эти положительные и отрицательные заряды должны быть подвижными внутри каждой молекулы. Поляризация каждой молекулы также объясняется тем, что заряды одного знака отталкивают друг друга, в то время как заряды противоположного знака притягивают друг друга. Какая-то сила неэлектростатического природы предотвращает разбегание этих поляризованных зарядов бесконечно далеко друг от друга. Чем сильнее заряд на электризованной пластиковой соломке, тем сильнее будет поляризация пластиковго диска. Поляризация увеличивается также с уменьшением расстояния между соломкой и диском. Чем больше эта эффективная поляризация пластикового диска, тем сильнее будет результирующая сила на нем.

Поляризация пластика существенно не меняется, если она покоится на изолирующей пластине из пенопласта или электропроводящем листе бумаги. В этих двух случаях суммарный заряд на пластике равен нулю.

Наблюдаемое притяжение между натертой соломкой и поляризованным пластиком может быть следствием еще одного свойства электрических сил: силы притяжения и отталкивания растут, когда расстояния между зарядами падает. Следовательно, сила притяжения между натертой соломкой и эффективными зарядами, распределенными на той части поверхности пластика, которая находится ближе к соломке, превышает силу отталкивания между соломкой и эффективными зарядами того же знака, распределенными на той части поверхности пластика, которая наиболее удалена от соломки. Сумма этих двух сил не равна нулю. Сила притяжения превышает силу отталкивания. Интенсивности этих сил не равны по величине, и в сумме они дают силу притяжения между натертой соломкой и поляризованным пластиком.

Давайте теперь проанализируем притяжение натертой соломкой проводника в виде маленького кусочка бумаги. Рассмотрим сначала в качестве этого куска бумаги бумажный диск электрического маятника, подвешенного на шелковой или нейлоновой нити (изолирующие материалы). Этот случай отличается от случая с пластиковым диском в двух отношениях. Во-первых, поляризация проводника обусловлена движением свободных зарядов по объему проводника. То есть существует реальная макроскопическая поляризация проводника, а не только поляризация его молекул (Рис. 8.2).

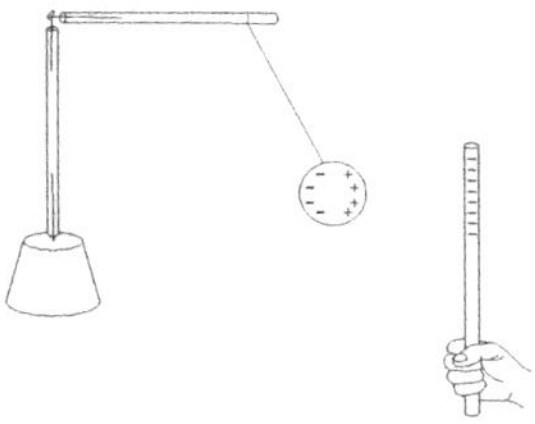

Рис. 8.2: натертая соломка поляризует и притягивает бумажный диск.

Второе отличие состоит в том, что эта поляризация превышает по интенсивности эффективную поляризацию изолятора в присутствии натертой соломки. Это приводит к тому, что натертая соломка действует на бумажный диск с большей силой, чем на пластиковый диск. Здесь мы предполагаем, что бумажный и пластиковый диски имеют одинаковые размеры и форму, и каждый из них находится на одном и том же расстоянии от натертой соломки. Мы можем заметить эту второе отличие, сравнивая Рис. 8.2 и 8.1. Шелковая нить маятника с бумажным диском отклоняется от вертикали больше, чем шелковая нить маятника с пластиковым диском. Расстояние между натертой соломкой и маятником одинаково в обоих случаях. Это указывает на то, что проводящая бумага испытывает большую силу, чем изолирующий пластик. Снова, есть некая сила неэлектростатического происхождения, которая предотвращает дальнейшее удаление этих поляризованных зарядов друг от друга, с их вылетом за пределы бумажного диска. Именно эта сила неэлектростатического происхождения удерживает поляризованные заряды на краю бумажного диска и предотвращает их разряд через воздух.

Если бумажный диск заземлен во время поляризации, заряды на диске, которые находятся на противоположной от натертой соломки стороне, нейтрализуются зарядами с Земли ввиду заземления. Это аналогично тому, что мы видели на Рис. 7.30. В этом случае, бумажный диск имеет отличный от нуля суммарный заряд, противоположный по знаку заряду на близлежащей натертой соломке. Поэтому этот бумажный диск испытывает большую силу притяжения от натертой соломки, чем сила, с которой натертая соломка действует на поляризованный диск. Это объясняется тем, что отталкивание, которое раньше существовало между натертой соломкой и зарядами одного с ней знака, распределившиеся на дальней стороне бумажного диска, в нынешней ситуации больше не существует (Рис. 8.3).

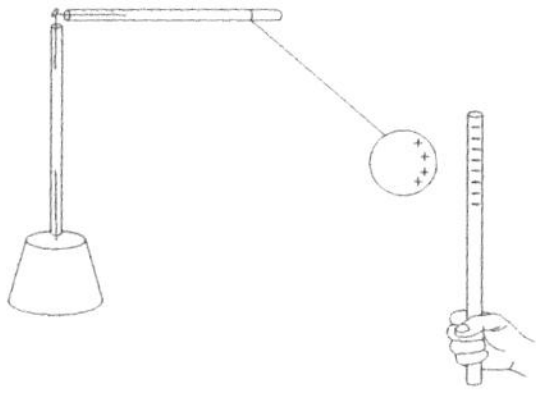

Рис. 8.3: Наэлектризованный бумажный диск притягивается натертой соломкой.

На Рис. 8.4 мы сравниваем эти два случая. Мы предполагаем, что во всех случаях натертая соломка находится на фиксированном, и одинаковом для всех случаев, расстоянии от электрического маятника. В случае (a) небольшая притягивающая сила действует на пластиковый диск, который поляризуется близлежащей электризованной соломкой. Проводящий диск в случае (b) поляризуется сильнее, поэтому испытывает большую силу. В (c) мы имеем еще большую притягивающую силу, действующую на заряженный проводящий диск со стороны электризованной соломки.

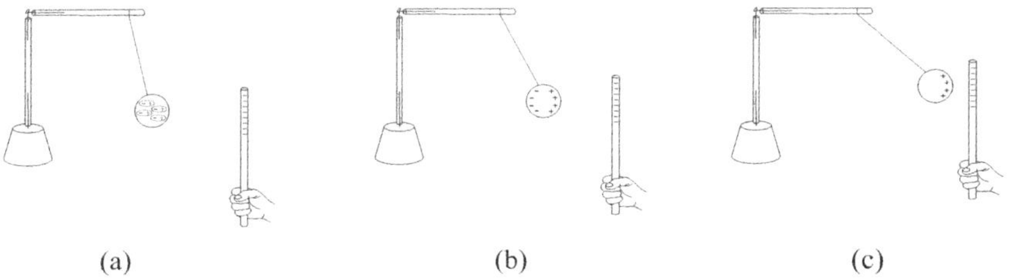

Рис. 8.4: (a) Поляризованный изолятор притягивается близлежащим заряженным телом. (b) Притяжение поляризованного проводника. (c) Притяжение заряженного проводника. Сила растет от (a) до (c), натертая соломка находится при этом на одном и том же расстоянии от электрических маятников.

Микроскопическое описание того, что происходит с небольшим куском бумаги (проводника) на пенополистироловой пластине (изолятор), когда мы подносим электризованную соломку близко к нему в эксперименте 7.32, изображено на Рис. 8.5.

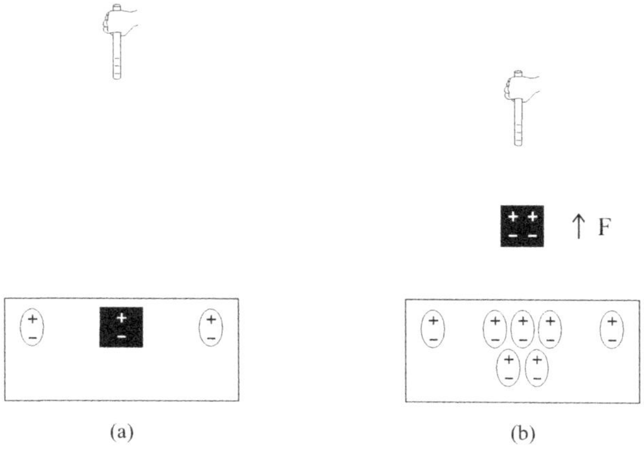

Рис. 8.5: (a) Поляризованный кусочек бумаги поддерживается на поляризованной пенополистироловой пластине в присутствии электризованной соломки, которая находится далеко от бумаги. (b) При перемещении соломки еще ближе к бумаге, мы увеличиваем поляризацию бумаги и пенопласта. Это создает притягивающую бумагу электростатическую силу, которая может превысит вес бумаги. Тогда бумага будет двигаться к соломке.

Проводящая бумага представлена черным прямоугольником. Изолирующий пенополистирол представлен большим белым прямоугольником. Когда электризованная соломка находится над бумагой, но далеко от нее, бумага и пенополистирол поляризуются (Рис. 8.5 (a)). Между соломкой и куском бумаги возникает электростатическая сила притяжения. Поскольку эта электростатическая сила меньше веса бумаги, она не движется по направлению к соломке. Переместив соломку еще ближе к бумаге, мы увеличиваем поляризацию бумаги и пенопласта. Это увеличивает силу притяжения между соломкой и бумагой. Когда расстояние между соломкой и бумагой меньше или равно определенному значению d_1, электростатическая сила становится больше, чем вес бумаги. После этого бумага начинает двигаться к соломке (Рис. 8.5 (b)). На величину силы указывает размер стрелки.

Если кусок проводящей бумаги изначально поддерживается на листе проводящей бумаги (Рис. 8.6), происходят другие процессы.

Проводящий кусок бумаги представлен небольшим черным прямоугольником, а проводящий лист бумаги представлен большим черным прямоугольником. Размещая электризованную соломку над бумагой, но далеко от нее, мы создаем перераспределение зарядов на землю. В результате, поверхность куска бумаги и поверхность листа бумаги электризуются зарядами, противоположными по знаку заряду на соломке (Рис. 8.6 (a)). Электростатическое сила притяжения генерируется тогда между куском бумаги и соломкой. Поскольку эта электростатическая сила меньше, чем вес куска бумаги, бумага не движется по направлению к соломке. Переместив со-

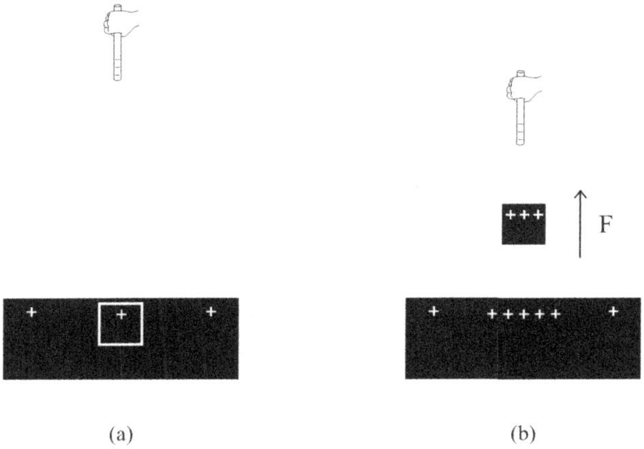

Рис. 8.6: (a) Электризованный кусок бумаги поддерживается на электризованном листе бумаги в присутствии электризованной соломки, находящейся далеко от бумаги. (b) Перемещая соломку еще ближе к бумажке, мы увеличиваем электризацию куска бумаги и листа бумаги. Это оказывает электростатическое усилие на кусок бумаги, которое может превышать вес бумаги. Кусок бумаги тогда будет двигаться к соломке.

ломку еще ближе к кусочку бумаги, мы увеличиваем электризацию куска бумаги и листа бумаги. Когда расстояние между соломкой и куском бумаги меньше или равно определенному значению d_2, электростатическая сила становится больше, чем вес куска бумаги. Затем он начинает двигаться к соломке (Рис. 8.6 (b)). Это расстояние d_2 больше, чем предыдущее d_1 (Рис. 7.45).

Предположим, что кусочки бумаги движутся в воздухе силой притяжения к натертой соломке. Мы сравниваем здесь два случая. В первом случае кусок бумаги первоначально поддерживается на изолирующей поверхности. Во втором случае кусок бумаги покоится на проводящей поверхности. Будем считать, что расстояние от соломки до куска бумаги одно и то же в обоих случаях. Предположим также, что оба кусочка бумаги находятся на полпути между нижними поверхностями и соломкой. Размеры стрелок указывают на интенсивность сил. В первом случае сила меньше, чем во втором. Наглядно это представлено на Рис. 8.5 и 8.6 (Рис. 8.7). Эта разницы обусловлена тем, что во втором случае на куске бумаги есть суммарный заряд, противоположный по знаку заряду на соломке. В первом случае этого нет. Кроме того, во втором случае существует также сила отталкивания между куском бумаги и нижней проводящей поверхностью. Это связано с тем, что эти два тела имеют заряды одного знака.

В эксперименте 2.1 не легко обнаружить суммарный заряд на куске бумаги, когда он движется по направлению к натертой соломке, после того, как он оторвался от поверхности земли или стола. Тем не менее, это можно

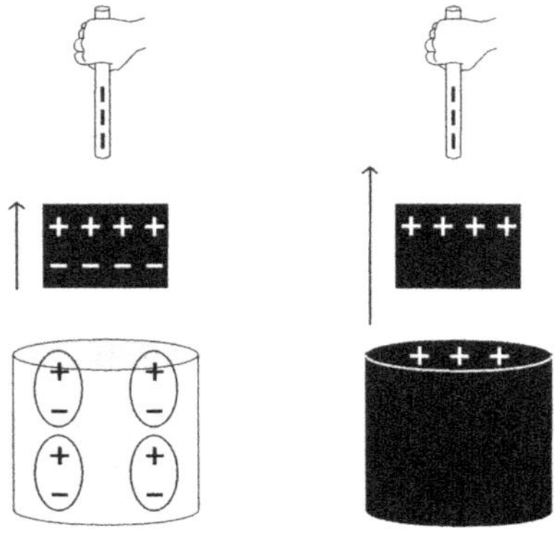

Рис. 8.7: (a) Поляризованный кусок бумаги, который первоначально покоился на изолирующей поверхности, притягивается натертой соломкой. (b) Электризованный кусок бумаги, который первоначально лежал на проводящей поверхности, притягивается натертой соломкой. Размеры стрелок указывают на интенсивность сил в предположении фиксированного и одинакового расстояния для обоих случаев.

продемонстрировать с помощью тщательных наблюдений, как показано в экспериментах 7.33 и 7.34. Рис. 8.7 иллюстрирует, что происходит на микроскопическом уровне на Рис. 7.45.

Многие люди с удивлением узнают, что в таком старейшем эксперименте электричества, как эксперимент 2.1, легкие предметы и земля ведут себя как проводники. Еще более удивительно, что, в общем, легкий предмет обладает суммарным зарядом, когда он летит к натертому пластику. Несмотря на эти сюрпризы, подобная ситуация является самой обычной формой проявления электростатического притяжения. То есть любое твердое или жидкое вещество, которое испытывает заметное притяжение к наэлектризованному телу, как правило, является проводником. Если вещество является изолятором, действующая на него результирующая сила, как правило, настолько мала, что практически невозможно обнаружить его движение. Кроме того, поскольку это проводящее вещество, которое в данный момент испытывает притяжение, как правило, покоилось на другом проводящем предмете (например, земля, человеческое тело, деревянный стол, лист бумаги или металлическая пластина), оно будет иметь суммарный заряд, когда летит по направлению к натертому пластику. И суммарный заряд на проводящем легком предмете в этой ситуации будет иметь знак, противоположный заряду притягивающего тела.

Электростатический генератор Кельвина, подраздел 7.12.1, есть аналог экспериментов 7.32 to 7.34. Разница лишь в том, что он использует капли воды вместо маленьких кусочков бумаги.

Здесь мы не рассматриваем влияние других посторонних тел на результаты в эксперименте с янтарем. Кроме того, мы не рассматриваем, что бы произошло, если бы мы поместили проводящую или изолирующую пластину между натертой соломкой и легкими предметами. Мы также не учитываем влияние формы опоры на результирующую силу, действующую на легкие предметы.

Подобные влияния или вообще отсутствуют, или происходят лишь с очень малой интенсивностью, если влага попадает на натертую соломку от наших рук, или из окружающего влажного воздуха. Поскольку пресная вода ведет себя как проводник в этих экспериментах, она может разрядить натертую соломку. Заземление может произойти либо через наши руки, либо через окружающий воздух.

После контакта с электризованной соломкой, небольшое проводящее тело может получить заряд того же знака, что и соломка, по механизму *ПКО*. После этого контакта, тело падает на землю вследствие своего веса или электрического отталкивания от соломки. Этот механизм работает не очень хорошо, если изолирующее вещество входит в контакт с натертой соломкой. Таким образом, после притяжения и последующего контакта с натертой соломкой, изолирующее тело падает на землю по прошествии некоторого времени ввиду своего веса и потери заряда соломкой, которая происходит само собой с течением времени. Эта потеря заряда связана с той малой проводимостью, которой обладает сухой воздух.

Как мы видим, очень много явлений и процессов происходит в эксперименте с янтарным эффектом, который аналогичен эксперименту 2.1. Отсюда ясно, почему это заняло так много времени, чтобы достичь ясного понимания того, что здесь происходит. Кроме того, мы лишь описываем несколько подробнее многие происходящие в этом эксперименте микроскопические процессы, не объясняя сам эксперимент. Действительно, мы так и не объяснили, почему заряды противоположного знака притягивают друг друга, или механизмы, ответственные за электризацию трением, или почему некоторые тела ведут себя как проводники, в то время как другие ведут себя как изоляторы, или происхождение неэлектростатических сил, которые удерживают заряды на поверхности электризованных или поляризованных проводников и изоляторов; не объяснили мы также, почему сила зависит от расстояния, трибоэлектрический ряд, или почему определенное тело A заряжается отрицательно при трении против другого тела B (вместо того, чтобы зарядиться положительно или оставаться электрически нейтральным) и т.д.

В любом случае, сегодня мы имеем достаточно хорошее представление о том, что происходит во многих электрических явлениях. Более того, мы можем контролировать многие механизмы, лежащие в основе этих процессов. Это, конечно, представляет собой большой шаг вперед в нашем господстве над природой и в нашем понимании многих физических явлений.

Электричество не имеет такую длинную историю как астрономия, геометрия или механика. Именно поэтому нам доступны сегодня оригинальные произведения многих ученых, которые внесли большой вклад в открытие наиболее важных электрических явлений. Чрезвычайно интересно воспроизводить эксперименты этих первооткрывателей с помощью простых, недорогих материалов. Очень интересно также читать описания этих работ самими авторами и смотреть, как они реагировали на свои открытия, чем они руководствовались и т.д.

С помощью этой книги мы надеемся помочь другим проследить, как открывались многие удивительные явления природы ведущими учеными в начальные периоды развития науки об электричестве.

Приложение A

Определения

Ниже мы даем определения некоторых выражений, используемых в этой книге.

Янтарь — твердая полупрозрачная ископаемая смола желтоватого или коричневатого цвета.

Гагат — компактный бархатно-черный уголь, который хорошо поддается полировке.

Кетгут — прочная нить, которая обычно изготавливается из высушенных овечьих кишок.

Копал — свежая или ископаемая смола различных тропических деревьев.

Флинтглас — тяжелое блестящее стекло, содержащее оксид свинца.

Шеллак — смолистое вещество, которое секретируется некоторыми видами паразитических насекомых.

Нейлон — любой из многочисленных прочных упругих синтетических полиамидных материалов, вылепленных в форме волокна, нити, щетин или листов, используемых в частности для изготовления текстильных тканей и пластиков.

Полиамид — полимер, содержащий цепи амидных групп, полимерный амид. Нейлон является синтетическим полиамидным материалом.

Полиэстер — категория полимеров, содержащих сложноэфирную функциональную группу в своей основной цепи.

Смола — любой из различных твердых или полутвердых аморфных плавких горючих природных органических веществ; как правило, прозрачное или полупрозрачное вещество, желтовато-коричневого цвета, образуется чаще всего из растительных выделений.

Приложение В

Стивен Грей и открытие электрической проводимости

Один из наиболее важных аспектов всей науки об электричества состоит в том, что есть два больших класса тел с резко отличающимися свойствами: *изоляторы* и *проводники*. В случае изоляторов, заряды, которые образуются в результате трения, остаются на натертом участке и не распространяются вдоль материала. Натертый изолятор не разряжается при контакте с землей. В проводниках, с другой стороны, заряды, генерируемые при трении, мгновенно распространяются на всю поверхность проводника. При контакте с землей заряженный проводник быстро разряжается, теряя весь свой электрический заряд.

Открытие этих двух типов веществ и их основных свойств произошло сравнительно недавно в истории электричества. Стивен Грей (1666—1736) сделал это великое открытие в 1729 году, опубликовав фундаментальную работу по этому вопросу в 1731 году.[1] Вот несколько ссылок, освещающих некоторые аспекты его жизни и научной работы.[2] Ему принадлежат некоторые из наиболее важных работ, опубликованных в ранний период развития электричества.[3]

Грей родился в 1666 году в Кентербери, Англия. Нет ни одного известного портрета Грея. Его отец и его брат были красильщиками по профессии. Они красили ткани в процессе их изготовления. Как установил Хейлброн, сам Грей тоже работал красильщиком.[4] Он никогда не учился в университете, и не был профессиональным ученым; его вклады в науку относятся в основном к астрономии и электричеству. Вероятно, он никогда не был же-

[1][Grah].
[2][CM79], [Hei81c], [Hei99, стр. 242—249], [CC00] и [BC10].
[3][Chi54], [Grab], [Grah], [Grad], [Graf], [Grag], [Grae], [Grai], [Grac] и [Graa].
[4][Hei81c].

нат. В 53 года, он стал пенсионером и поселился в благотворительном доме, где жили вышедшие на пенсию морские капитаны и малоимущие. Жившие там люди не голодали, но вели простую жизнь без особого комфорта. Он жил там, пока не умер в возрасте 70 лет.

Возможно, что он учился у своего друга, королевского астронома Джона Флэмстида (1646—1719). В 1707 году Роджер Котс (1682—1716) привел его в Кембридж. Грей был избран членом Королевского общества в 1732 году. В заслугу за исследования по электричеству, Грей был первым награжден Королевским обществом медалью Копли за научные достижения.

Интерес к электричеству у него появился благодаря статьям Фрэнсиса Хоуксби (родился около 1666 и умер в 1713 году), которые были опубликованы в Естественнонаучных Трудах общества в период с 1704 по 1707. Хоуксби описал эксперименты с натертой стеклянной трубкой, которая не только притягивала небольшие предметы, но также испускала свет. В 1708 году Грей направил письмо Генеральному секретарю Королевского общества Хансу Слоуну (1660—1753), где он описал ряд экспериментов по электричеству. Это письмо было опубликовано только в 1954.[5] В этом письме он описал несколько экспериментов, аналогичных экспериментам Герике, где пуховое перо сначала притягивается натертым стеклом, приходит в контакт с ним, а затем отталкивается от него, как в эксперименте 4.4. Хотя Грей не процитировал Герике в своих работах, он, возможно, знал о его экспериментах.[6] В 1720 году Грей опубликовал статью с описанием новых экспериментов по электричеству.[7] В этой работе он описал нечто вроде электрического маятника, а также неизвестные до того электрические вещества. То есть он обнаружил новые вещества, которые притягивали легкие тела, или же сами притягивались деревянными предметами или человеческим телом, когда эти вещества подвергались трению, как в эксперименте 3.10.

B.1 Электрический генератор Грея

Главные его открытия были сделаны в период с 1729 по 1736, когда он был в возрсте от 63 до 70 лет. Основная статья с описанием его открытия проводников и изоляторов была опубликована в 1731 году.[8] До этого времени никому не удавалось добиться, чтобы металл притягивал легкие тела, даже с помощью трения, подогрева или удара по металлу. Это был один из самых важных открытий Грея: он научился передавать электрическое свойство притягивать легкие тела большому количеству разнообразных веществ, которые до него никто не мог электризовать. Грей не мог электризовать металлы посредством трения. Но он показал, что металлы приобретают свойство притягивать легкие тела, если их присоединить к натертой трубке из флинтгласа, или просто перемещать эту трубку вблизи

[5] [Chi54].
[6] [Chi54, стр. 38, заметка 6].
[7] [Grab].
[8] [Grah].

металла.

Его работа начинается следующими словами:[9]

> В 1729 году я сообщил доктору Дезагюлье и ряду других господ открытие, которое я сделал незадолго до этого, показывающее, что электрическое свойство стеклянной трубки может быть передано любому другому телу, с тем чтобы передать им те же свойства притягивать и отталкивать легкие тела, какие получает сама трубка при ее возбуждении трением; что это свойство притягивать можно передать телам, которые находятся на расстоянии в несколько футов от трубки.

Полые стеклянные трубки у него были изготовлены из флинтгласа, то есть тяжелого блестящего стекла, содержащего оксид свинца. Он натирал трубку голыми руками, как он упоминает об этом в своей статье в конце 1707 и начале 1708 года:[10]

> Я использовал стеклянную трубку приблизительно такого же размера, что и у г-на Хоуксби, но вместо того, чтобы натирать ее бумагой, как он рекомендует, я обнаружил, что с большим успехом это можно сделать, натирая трубку голыми руками.

Он также держал натертую стеклянную трубку в руках во время экспериментов. Поскольку трубка не разряжалась через руки, это означает, что трубка вела себя как очень хороший изолятор, что отлично от поведения большинства современных стеклянных предметов в обиходе.

Выделяющееся при трении тепло, как правило, ведет к увлажнению рук вследствие потовыделения. Следовательно, стекло тоже может стать влажным во время этого процесса, что ведет к частичной потере его изолирующих свойств. Флинтглас Грея имел форму полой цилиндрической трубки, длиной 1 м. Длина трубки, вероятно, способствовала сохранению ее изолирующих свойств. Возможно он натирал только один конец трубки, держа ее руками за другой конец. Если так, то средняя часть трубки оставалась сухой, что объясняет сохранение трубкой в достаточной степени своих изолирующих свойств.

Стеклянная трубка Грея была не только отличным изолятором. Как мы увидим ниже, ему удалось передать притягательную силу очень длинным проводящим шнурам. Стекло касалось шнура или находилось рядом с одним из его концов, другой конец шнура притягивал при этом листочки латуни. Это означает, что ему удалось создать сильную поляризацию шнура, благодаря большому количеству зарядов в стеклянной трубке. Его стеклянная трубка была в состоянии получить и сохранить большое количество электрических зарядов в процессе трения.

Он описал трубку так:[11]

---

[9] [Grah, стр. 18–19].
[10] [Chi54, стр. 34 и 37].
[11] [Grah, стр. 20].

> Прежде чем приступить к описанию самих экспериментов, следует пожалуй дать описание трубки: Ее длина составляет три фута пять дюймов [1 м], и около одного дюйма и две десятых в [внешнем] диаметре [3 см]: Я даю средние размеры, трубка имеет большие размеры на концах, чем в середине, отверстие около одного дюйма [2,54 см]. На каждом конце трубки я приделал пробку, чтобы сохранить ее от пыли до и после проведения экспериментов.

Этот последняя мера предосторожности, возможно, была мотивирована экспериментами Хоуксби, которые показали, что загрязняющие вещества внутри трубки могут привести к потере зарядов.[12]

Трение этой полой стеклянной трубки руками служило для него стандартным электрическим генератором.

B.2 Открытие электризации посредством передачи

Теперь мы подходим к великому открытию Грея, сделанному в феврале 1729 (курсив наш):[13]

> Цель моего первого эксперимента состояла в попытке обнаружить разницу в силе притяжения, когда на концах [натертой] трубки были насажены пробки и когда этих пробок не было, но не смог обнаружить ощутимую разницу; но при поднесении пухового пера близко над верхним концом трубки, я обнаружил, что перо стремиться к пробке, испытывая притяжение с [последующим] отталкиванием от него, как в случае с трубкой, возбужденной посредством трения. Затем я держал перо над плоским концом пробки, который притягивал и отталкивал его повторно множество раз; *это не мало меня удивило, и я пришел к выводу, что, несомненно, умение притягивать было передано к пробке от возбужденной трубки.*

Возможно он натер только стеклянную трубку, но не пробку. С другой стороны, он отметил, что перо испытывало притяжение и отталкивание от пробки, которая была в контакте с трубкой. Он сделал проверку и пришел к выводу, что действительно так оно и происходило, так как пробка притягивала не только своей боковой поверхностью, которая находилась в контакте с трубкой, но также и плоской гранью, которая не была натерта и которая не была в непосредственном контакте со стеклом.

Поскольку Грей не предоставил каких-либо чертежей в своих работах, трудно сказать с уверенностью, какой именно эксперимент он провел. Мы можем предположить три возможных сценария.

[12] [Haub] и [Hei99, стр. 245].
[13] [Grah, стр. 20].

(a) Возможно он держал ствол пера в руке, где ствол служил в качестве изолятора. Тогда он мог наблюдать, как перо изгибалось, притягивалось и затем отталкивалось от пробки, поочередно касаясь пробку и его руку. Волокна пера работали бы как проводник, будучи заряженными по механизму *ПКО* с последующей разрядкой, когда они касались его руки, и этот процесс мог повториться несколько раз (Рис. B.1).

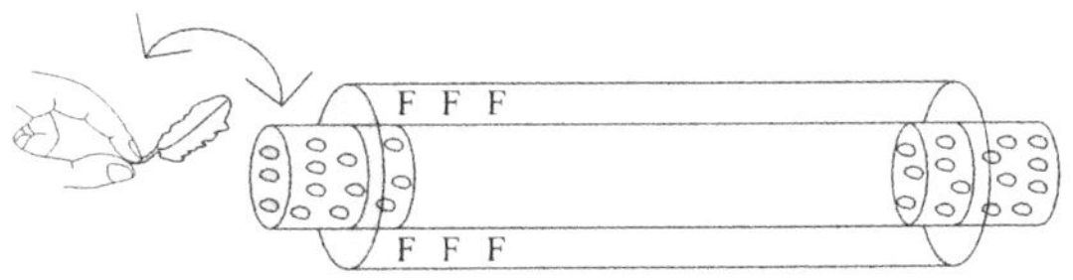

Рис. B.1: Первый возможный сценарий эксперимента, который привел Грея к его решающему наблюдению.

(b) Перо, возможно, было привязано к шелковой нити, т.е. к изолятору, который совершал колебательные движения наподобие маятника. Тогда перо заряжалось бы при контакте с пробкой, и разряжалось при контакте с находящимся рядом проводником, как, например, с рукой, деревянным объектом или стеной (Рис. B.2). В своем описании он использовал глагол *держать*. Это говорит о том, что он держал перо в руке. Поскольку притяжение-отталкивание происходило несколько раз подряд, вероятно, перо находилось между пробкой и проводником (рука Грея, стена или какой-то другой объект). Когда произошла электризация или поляризация пробки натертой стеклянной трубкой, пробка притянула перо. Затем перо коснулось пробки, приобрело некоторый заряд и отскочило от пробки согласно механизму *ПКО*. Перо затем могло разрядиться через какой-то проводник. После такой разрядки, перо в очередной раз притянулся бы электризованной или поляризованной пробкой, и этот процесс мог повториться несколько раз. То есть это аналогично тому, что мы видели в эксперименте 4.15. Как мы видели в разделе 4.6, в 1720 Грей сам использовал электрический маятник с привязанным к шелковой нити пером.[14]

(c) Третий вариант состоит в том, что этот эксперимент был аналогичен эксперименту, проведенному Греем в 1708 и описанному нами в разделе 4.2. То есть перо, возможно, было запущено в воздухе над пробкой. Тогда оно притянулось бы пробкой на конце натертого стекла, зарядилось бы по механизму *ПКО*, и затем отскочило от пробки. Если затем перо переместилось к находящемуся недалеко проводнику (например, рука Грея, стена или другой проводник), оно притянулось бы к этому проводнику. Перо разрядилось бы при контакте с этим проводником, и снова притянулось к электризованной или поляризованной пробке. Этот процесс мог повториться много раз (Рис. B.3).

Этот третий вариант кажется нам наиболее вероятным. Грей воспользовался глаголом *держать* еще в своем втором эксперименте 1708 года,

[14][Grab].

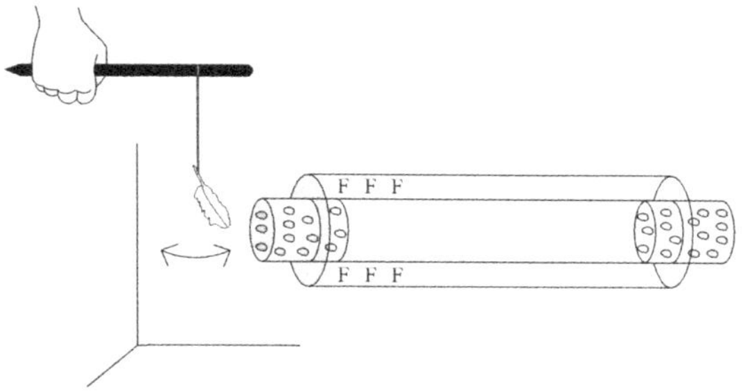

Рис. B.2: Второй возможный способ, который мог привести Грея к его критически важному наблюдению. В этом сценарии, перо висит на шелковой изолирующей нити.

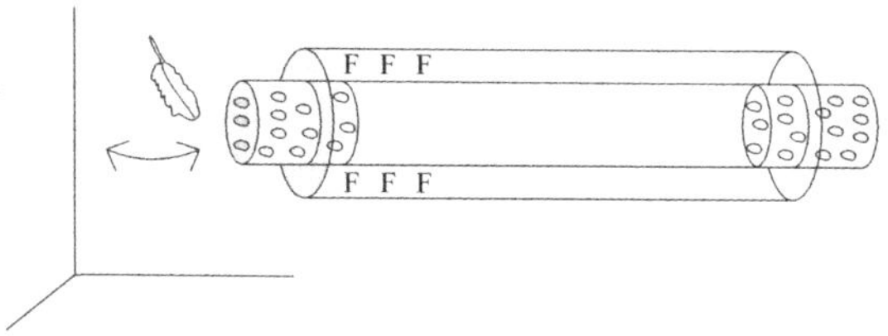

Рис. B.3: Третий возможный сценарий эксперимента Грея, который привел к его важному наблюдению. Перо осциллирует в воздухе между пробкой и другим телом поблизости.

описанном в разделе 4.1, p. 71. В этом случае, после того, как пуховое перо было выпущено из пальцев и было притянуто натертой стеклянной трубкой, если оно находилось на небольшом расстоянии от объекта, оно колебалось бы между этим объектом и стеклом. Мы предполагаем, что этот эксперимент 1729 года был аналогичен эксперименту, описанному на Рис. 4.11. Разница состоит в том, что теперь перо будет осциллировать между пробкой и соседним телом, где пробка сидит на конце натертой стеклянной трубки, хотя сама пробка не натерта.

Трудно также сказать, стояла натертая стеклянная трубка вертикально или горизонтально. Даже для расположенной горизонтально трубки, можно говорить о ее " верхнем конце ", обозначая этим ближнюю к натертому концу часть трубки, которая дальше всего находится от поверхности Земли, в то время как нижний конец означал бы ту часть натертого конца, которая расположена ближе к поверхности Земли. Возможно также, что в ходе эксперимента положение трубки менялось каким-то образом.

Хотя это было случайным открытием (по словам Грея "*это не мало меня удивило*,") Грей на самом деле ожидал, что электричество может быть передано другим телам. В проведенных ранее экспериментах он наблюдал свет, излучаемый натертым телом в направлении других тел, которые не были натерты, именно в тот момент, когда эти ненатертые тела подносились близко к натертому. Непосредственно перед описанием рассмотренного выше эксперимента с пером и пробкой, Грей писал следующее в своей статье 1731 года:[15]

> Затем я решил приобрести большую трубку из флинтгласа, чтобы увидеть, смогу ли я развить дальше это открытие с ее помощью, вспомнив подозрение, которое пришло мне в голову несколько лет назад, что поскольку трубка передает свет другим телам, если натереть ее в темноте, не будет ли она передавать им также электричество, хотя я никогда до этого не проводил подобный эксперимент, не представляя себе, что трубка может иметь такое сильное и удивительное влияние, чтобы заставить их притягивать с такой огромной силой, или что притяжение будет действовать на таких потрясающе больших расстояниях, как мы увидим дальше.

Важность этого открытия в том, что пробка ведет себя как проводник, как мы видели в подразделе 6.3.1 и 6.3.2. По этой причине пробку невозможно зарядить трением, если держать ее в руках во время трения. То есть любой заряд, который она могла получить в результате трения, сразу же ушла бы через наше тело. Поэтому никому до этого не удавалось заставить пробку, металлы и некоторые другие материалы притягивать легкие тела после трения, как это легко удавалось с янтарем или с флинтгласом. Это было именно притяжение пера пробкой, что привлекло внимание Грея. Это наблюдение навело его на мысль, что он смог передать каким-то образом электричество пробки, которая классифицировалась как неэлектрический материал. Это было первое фундаментальное открытие Грея в этой статье: передача электричества другому телу (как пробка), не подвергая его трению.

Современная интерпретация или микроскопическое объяснение “способности притягивать”, которую Грею удалось передать пробке, состоит в том, что она стала поляризованной, как в эксперименте 7.9. Это проиллюстрировано на Рис. B.4.

То есть изолирующую стеклянную трубку зарядили трением. Прикрепленная к натертому стеклу проводящая пробка поляризовалась. Ее внутренняя поверхность приобрела заряд, противоположный по знаку заряду на трубке. Ее внешняя поверхность приобрела заряд того же знака, что и натертая труба. Находящееся рядом проводящее перо было притянуто этими, распределившимися по внешней поверхности пробки, зарядами.

---

[15][Grah, стр. 19—20].

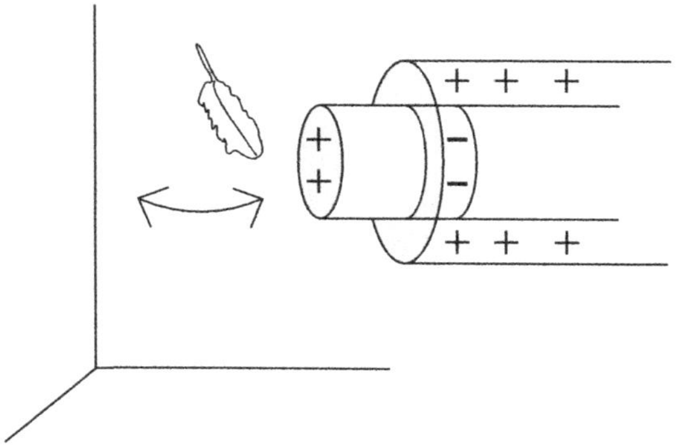

Рис. B.4: Поляризация проводящей пробки под действием натертого стекла. Проводящее перо притягивается распределенными по внешней поверхности пробки зарядами.

B.3 Пробуждение скрытого электричества металлов и дальнейшее изучение открытия

После этого случайного открытия, Грей продолжил свои эксперименты.[16] Он начал с попытки понять на систематическом уровне, каким телам можно передать "электричество" или "способность притягивать." Он также хотел выяснить, как далеко он мог передать эти свойства. Он прикрепил шар из слоновой кости диаметром 3,3 см, через отверстие в нем, к деревянной палке длиной 10 см. На другом конце этой палки была насажена пробка, подсоединенная к стеклянной трубке. Когда он натер трубку, он заметил, что шар притягивал и отталкивал перо более энергично, чем пробка (Рис. B.5). Он увеличил длину ручки на 20 см, а затем на 60 см, и притяжение сохрянлось. Он заменил деревянную палку железными и медными проводами, и наблюдал те же самые эффекты.

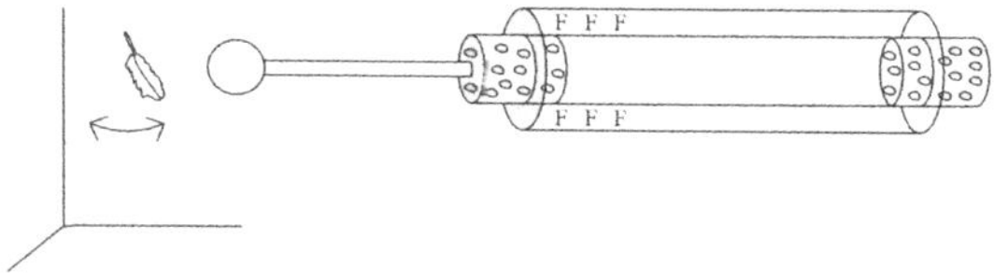

Рис. B.5: Начало систематических экспериментов Грея.

Когда он увеличил длину проводов до 90 см, он обнаружил множество вибраций. Эти вибрации, вызванные трением трубки, усложняли наблюдение притяжения. Затем он повесил шар на шпагат, который свисал с петли на трубе. Шпагат представлял собой толстый шнур, который обычно

[16][Grah].

используется для обертки пакетов.[17] Когда он натирал трубку, шар притягивал помещенный под ним латунный листик с последующим его отражением. То же самое произошло с пробковым шариком и 570 граммовым железным шаром, соединенным с шпагатом (Рис. B.6 (a)). Рис. B.6 (b) дает качественное представление зарядов на изолирующей трубке, вместе с поляризованным шпагатом и привязанным к нему мячом. Шпагат и мяч являются проводниками.

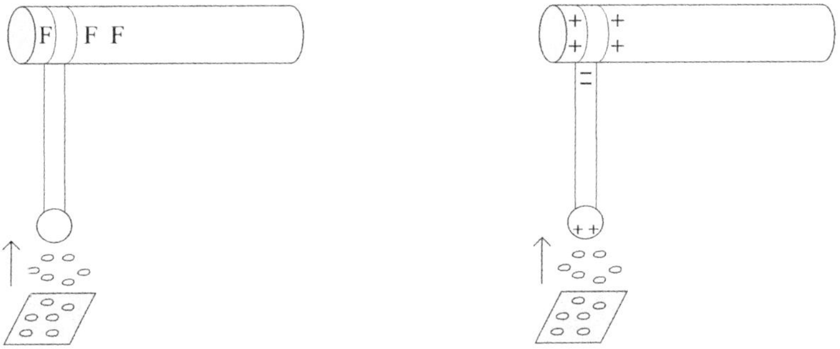

(a) (b)

Рис. B.6: (a) Когда Грей натер стеклянную трубку, он обнаружил притяжение легких листочков из латуни телами, прикрепленными к нижнему концу свисающего с трубки шпагата. Притягивающее тело могло быть даже металлическим. (b) Качественное представление зарядов на стекле, наряду с поляризацией шпагата и прикрепленного к нему мяча.

С помощью подобных экспериментов, ему удалось передать электричество натертой трубки нескольким телам, соединенным с ней струнами или шпагатами, в том числе монеты, кочерга, медный чайник (пустой или наполненный водой), серебрянный котелок и т.д. По его словам,[18] все эти тела "были сильно электрическими, в состоянии поднять листок из латуни на высоту в несколько сантиметров." Наконец-то кому-то удалось заставить металлы притягивать легкие тела. Никому не удалось получить подобный эффект в течение 2000 лет с момента открытия электричества! Как сказал Хейлброн,[19] "[...] и таким образом Грей наконец сумел пробудить их скрытое электричество."

[17] [Hei99, стр. 246, заметка].
[18] [Grah, стр. 22].
[19] [Hei99, стр. 246].

B.4 Грей открывает проводники и изоляторы

Грей продолжил свои исследования и ему удалось электризовать (или, скорее, поляризовать) флинтглас, магнетит, различные растительные вещества и множество других веществ. Его метод позволял поднимать листочки из латуни на высоту до 10 см. После этих опытов он снова вернулся к работам с горизонтальными палочками, прикрепленными к стеклянной трубке. Он вставил рыболовные стержни длиной 80 см в трубку. Эти стержни также передавали электричество, независимо от того, были они полыми или сплошными. Используя палочки и удочки, с пробковыми шариками на концах, он наблюдал эти эффекты даже на расстоянии 5,5 м. В мае 1729 он успешно продолжил свои эксперименты с деревянным шестом длиной 7,3 м, подключенным к стеклянной трубке. Даже при такой большой длине, пробковый шарик на конце тростника притягивал латунные листочки, когда трубка натиралась. Он увеличил длину до 9,7 м с учетом длины самой трубки. Но снова колебания, которые возникали при трении трубки, искажали эксперимент. Он решил снова воспользоваться шариком из пробки или слоновой кости, соединенным с нижним концом бечевки, которая сама была прикреплена к трубке. Когда Грей натирал трубку, шарик был в состоянии притянуть латунные листочки даже при длине струны 8 метров, Грей стоял при этом на балконе. Затем к концу длинной горизонтальной деревянной трости, другой конец которой был прикреплен к трубе, он привязал вертикальную нить с шариком из слоновой кости на нижнем конце нити — наподобие громадной удочки. Длина деревянной трости достигала 5,5 м, а нити — 10,3 м. Натерев стеклянную трубку, он наблюдал, как шарик из слоновой кости притягивал латунные листочки под ним.

Затем он попытался увеличить длину по горизонтали, используя только шпагат. С этой целью, он сделал петлю на каждом конце вертикального шпагата и повесил его верхний конец на гвоздь, забитый в доску. Другой шпагат был продет через нижнюю петлю вертикального шпагата, а стеклянная трубка была привязана к его концу. Другой конец второго шпагата был привязан к шару из слоновой кости. Если проследить этот шпагат от шара на одном конце до стеклянной трубки — на другом, он идет вертикально между шаром и нижним концом первого шпагата, и горизонтально между этой петлей и трубкой. Ниже мяча из слоновой кости он поместил латунный листик. В этом случае, когда Грей натер стеклянную трубку, он не смог обнаружить малейшего влечения латунного листка к шару из слоновой кости (Рис. B.7 (a)).

Затем он отмечает:[20]

> При этом я пришел к выводу, что, когда электричество дошло [от натертой стеклянной трубки] до петли, подвешенной на балке, оно утекло к балке; так что электричество не дошло до мяча, или, по крайней мере, дошла очень малая часть его, что было

[20] [Grah, стр. 25].

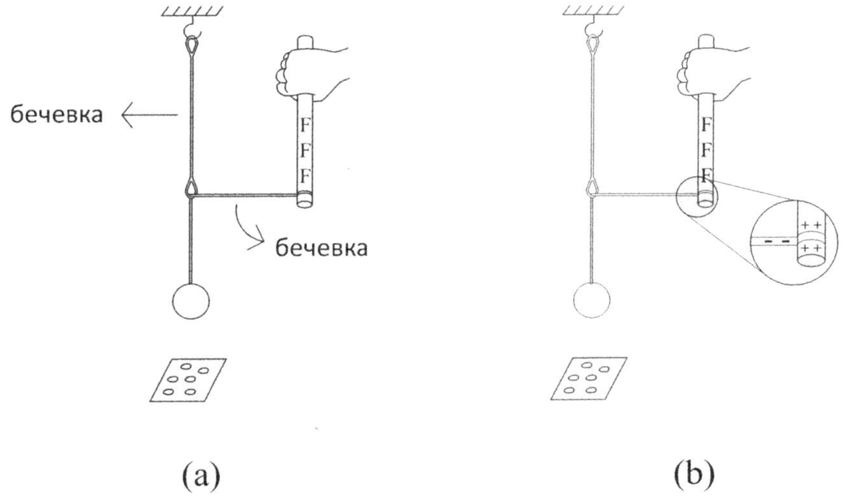

Рис. B.7: (a) При натирании стеклянной трубки, шарик из слоновой кости не притягивает латунный листочек. В этой ситуации, шпагат с трубкой и шариком на концах, соединен также с другим шпагатом, прикрепленным к потолку. (b) Схематичная иллюстрация зарядов в случае (a).

подтверждено впоследствии, как это будет видно в экспериментах, которые будут описаны ниже.

Приведем теперь современную интерпретацию этого эксперимента. Натертая стеклянная трубка поляризует сперва проводящий шпагат. Но в этом случае шпагат, соединенный с трубкой, также соединен с землей через другой проводящий шпагат. Через этот последний шпагат происходит заземление связанного со стеклом шпагата, по аналогии с тем, что мы видели на Рис. 7.30. То есть конец шпагата в контакте со стеклом приобретает заряд, противоположный заряду на стекле. Другие заряды, которые были на конце шара на Рис. B.6 (b), распределены теперь по поверхности Земли вследствие заземления. На Рис. B.7 (b) мы видим схематичное описание этого эксперимента в терминах зарядов, распространившихся по стеклу и шпагату. В этом случае на шаре нет суммарного заряда, более того, шар даже не поляризован. Поэтому шар не притягивает металлические листки, размещенные под ним. В июле 1729 года Грей решил показать эти эксперименты своему другу Гранвилу Велеру (1701—1770). У Грея была сплошная стеклянная трубка длиной 28 см и диаметром 2 см. Они прикрепили к трубе бечевку с шариком на нижнем конце. Под шариком они разместили латунный листик. Натерев стеклянную трубку, они могли наблюдать из окна, как шар притягивал листик из латуни, при длине шпагата от 4,9 до 10,4 м.

В конце описания своих экспериментов, Грей представил свое самое большое открытие:[21]

> Поскольку у нас не было здесь больших возвышений, г-н Велер желал узнать, не сможем ли мы передать электричество горизонтально. Затем я рассказал ему о моей попытке сделать именно это, но без успеха, сообщив ему о методе и материалах, использованных мной, как уже упоминалось выше. Затем он предложил использовать шелковую нить для поддержки линии [передачи], по которой электричество должно было передаваться. Я сказал ему, что это может сработать лучше ввиду ее малости [то есть Грей полагал, что это может сработать лучше, чем в его первоначальном эксперименте, из-за малой толщины шелковой нити по сравнению с толстым шпагатом]; так что было бы меньше потерь электричества из-за утечки от линии связи, с помощью чего нам удалось, после больших трудов г-на Велера и его слуг, добиться успеха, который превзошел все наши ожидания.
>
> Первый эксперимент был проведен в матовой галерее 2 июля 1729, около десяти утра. Около четырех футов [1,2 м] от конца галереи была перекрестная линия, концы которой были прибиты гвоздями на каждой стороне галереи; средняя часть линии состояла из шелковой нити, остальная часть по концам — шпагат; затем линия, на которой был подвешен шар из слоновой кости, и с помощью которой электричество должно было передаваться от трубки к нему, будучи 80,5 футов [24,5 м] в длину, была положена на шелковую нить, так что шар висел на расстоянии около девяти футов [2,7 м] под ней. Затем другой конец линии [передачи] был подвешен через петлю на стеклянной трости, а латунный листик разместили под шаром на куске белой бумаги; когда трубку натирали, мяч притягивал листик, и удерживал его в подвешенном состоянии в течение некоторого времени.

Представление этого эксперимента можно найти на Рис. B.8 (a). На одном конце шпагата висит стеклянная трубка, а на другом — шар из слоновой кости. Под шаром лежит латунный листик. Шпагат состоит из горизонтальной и вертикальной частей. На стыке этих двух частей, он поддерживается над натянутой шелковой нитью. Когда Грей натирал стекло, шар притягивал латунный листик под ним. Но притяжения не было в ситуации, представленной на Рис. B.7. В этом последнем случае струна, на которой висело стекло, поддерживалась в подвешенном состоянии другим шпагатом, прикрепленным к потолку.

Рис. B.8 (b) дает схематичное представление зарядов в этом эксперименте. В этом случае шпагат поддерживается изолятором, а именно, с помощью шелковой нити. Здесь нет заземления. Ситуация подобна той, что изображена на Рис. B.6 (b).

---

[21] [Grah, стр. 26—27].

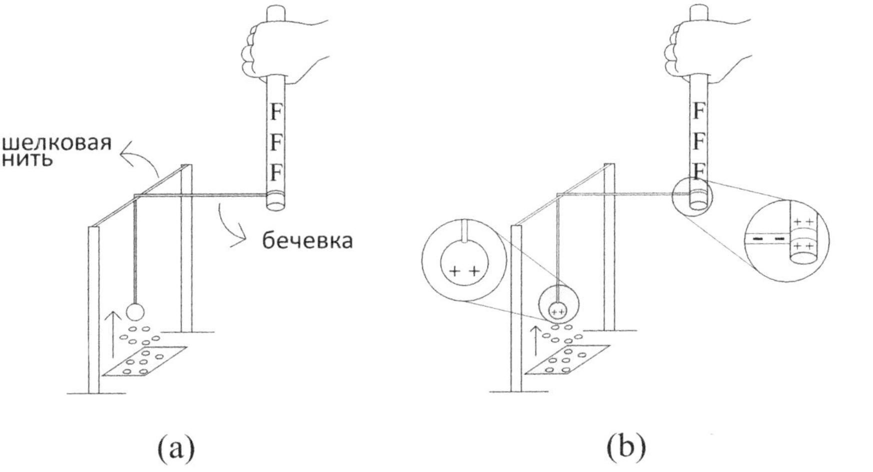

Рис. B.8: (a) Грей наблюдал притяжение латунного листка, когда он натирал стеклянную трубку. В этой ситуации шпагат, прикрепленный к натертой стеклянной трубке, поддерживался шелковой нитью. (b) Схематичное представление зарядов в случае (a).

Здесь мы имеем фундаментальное открытие проводников и изоляторов. К проводникам относятся: пробка, слоновая кость, древесина, шпагат, металлические провода и т.д. Шелковая нить работает как изолятор. Грей был в состоянии передать электричество к проводникам посредством контакта с натертой стеклянной трубкой. Шелковая нить, с другой стороны, предотвращала прохождение и утечку электричества в землю. В этой статье Грея описан еще один изолятор, а именно, леска из конского волоса.[22] В других статьях того же года Грей упоминал и другие изоляторы, а именно, смолу и нагретое стекло.[23] Он делал лепешки из смолы для поддержки тел, которым он хотел передать электрическую миазму. В статье 1735 года он описал также лепешки из пчелиного воска, серы и шеллака.[24] Все эти материалы он использовал в качестве изоляторов или, по его словам, как *электрические тела*.

Перед тем как продолжить эти цитаты, важно напомнить о проблеме со старыми и новыми названиями, которую мы упоминали в разделе 8.1. Вещества, которые Гильберт классифицировал как *электрические*, теперь называются *изоляторами*. Вещества, которые классифицировались как *неэлектрические*, теперь называются *проводниками*.

Этот эксперимента представлен на Рис. B.9.[25]

На этом рисунке изображены Грей и его друг Велер. Грей держит и

[22] [Grah, стр. 36].
[23] [Grad, стр. 228] и [Grag, стр. 399 и 406].
[24] [Grae, стр. 18 и 20].
[25] [Fig67, Том 1, Рис. 227, стр. 441], [Fig85, стр. 321], [Bor] и [FM91, стр. 88].

Рис. B.9: Грей натирает стеклянную трубку длиной 1 м из флинтгласа голыми руками. Шпагат, соединенный с трубкой, поддерживается шелковой нитью. Шар из слоновой кости на другом конце шпагата притягивает латунный листик под ним.

трет стеклянную трубку длиной 1 м. К трубке привязан шпагат, на другом конце которой висит шар из слоновой кости. Шар висит близко земле, с металлическим опилками под ним. Шпагат, с привязанной к нему стеклянной трубкой, поддерживается другими, пересекающими его веревками. Когда эти скрещенные линии являются проводниками, шар не притягивает кусочки металла. С другой стороны, когда эти скрещенные линии выполнены из изолирующего материала, как шелк, шар притягивает металлические опилки под ним, когда Грей натирает стеклянную трубку.

Представление Грея этого решающего эксперимента воспроизводится на Рис. B.10.[26]

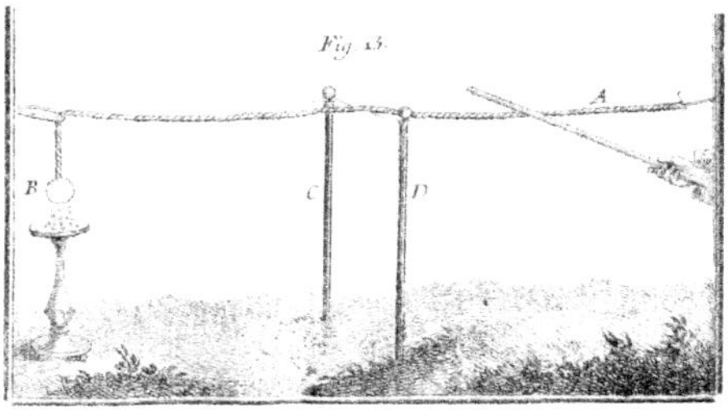

Рис. B.10: Шар из слоновой кости притягивает латунный листочек, когда натертая стеклянная трубка касается горизонтально расположенного шпагата, или когда трубка подносится близко к нему, при условии, что шпагат поддерживается шелковыми нитями.

[26][Nol53].

Интересная иллюстрация опыта Грея дается в книге Доппелмейра (Рис. B.11).[27]

Рис. B.11: натертая стеклянная трубка касается горизонтальной веревки и шар притягивает легкие тела. Веревка поддерживается изолирующими струнами.

Существование проводников и изоляторов есть второе фундаментальное открытие, описанное Греем в этой статье.

B.5 Открытие, что электрическое поведение тела зависит от его внутренних свойств

После этих экспериментов, Грей и Велер могли передавать электричество по горизонтальной линии на расстояния до 45 м с разворотами в линии предачи, то есть шпагата. Позже они достигли дальность 34 м по прямой горизонтальной линии, плюс 4 м по вертикали. Затем они достигли 89 м с помощью горизонтальной линии с несколькими поворотами, поддерживая линию всегда на шелковых нитях. При попытке удлинить линию еще больше, шелковая нить оборвалась. Она не могла больше выдержать вес шпагата и вибрации, вызванные трением стеклянной трубки.

Затем последовало третье по счету фундаментальное открытие Грея (курсив наш):[28]

> Итак, у меня были в наличии латунные и железные провода, и мы заменили шелковую нить тоненькой железной проволокой; но она оказалась слишком слабой, чтобы выдержать вес линии [связи]. Мы решили тогда попробовать латунный провод, превышающий по размеру [толщине] железный. Он был в состоянии выдержать нашу линию передачи; но, несмотря на то, что [стеклянная] труба была хорошо натерта, не было ни малейшего движения или притяжения [латунного листка] мячом, даже с длинной [стеклянной, длиной 1 м] трубкой , которую мы использовали, когда убедились в неэффективности небольшого твердого тростника [из стекла, длиной 28 см]: *Это убедило нас*

[27] [Dop74].

[28] [Grah, стр. 28—29].

в том, что наш предыдущий успех был обусловлен тем, что нить, которая поддерживала линию передачи, была шелковой, а не тем, что она была малого размера [толщины], как я и предполагал до начала эксперимента; здесь мы наблюдали тот же эффект, что и в случае, когда линия, предназначенная для передачи электричества, поддерживалась шпагатом; а именно, что, когда [электрические] миазмы достигали нить или бечевку, которая поддерживает линию [передачи], они утекали через них к деревянному бруску, к которому каждая из них была прибита на концах, и поэтому не распространялись дальше вдоль линии, которая должна была передать их шару из слоновой кости.

Грей уже обнаружил, как передавать электричество дереву, металлам и ряду других веществ. Он также обнаружил, что шелковая нить предотвращала утечку электричества через нее. Тем не менее, он сперва полагал, что это изолирующее свойство обусловлено малой толщиной шелковой нити, в сравнении с толстой бечевкой. На этом эксперименте, однако, он обнаружил, что две тонкие скрещенные линии почти равной толщины — одна металлическая, другая из шелка — вели себя совершенно по-разному. В то время как металлическая проволока (или шпагат) легко пропускала электричество в землю, шелковая нить не допускала поток электричества через нее. Это означало, что в этих экспериментах именно вид материала определял его свойства. Размеры и толщины материалов не имели здесь влияния на то, будут ли они вести себя как проводник или как изолятор, что не соответствовало его первоначальному представлению. Это было его третье фундаментальное открытие.

B.6 Открытие, что электризация посредством передачи происходит на расстоянии

Они продолжили эксперименты и добились передачи электричества на расстояние 203 м с бечевкой, которая делала 8 разворотов и поддерживалась шелковыми нитями. Этот эксперимент представлен на Рис. B.12 и B.13.[29]

Для прямой линии, они довели дальность передачи до 198 м, а затем до 233 м. В последующих экспериментах они варьировали тело, которое вешается на свободном конце бечевки. Вместо мяча из слоновой кости, они брали большую 8 м^2 карту мира, зонтик, магнетит с подвешенным к нему металлическим ключом. Все эти материалы притягивали латунный листик, когда они протирали стеклянную трубку. После этого эксперимента, они подвесили три тела в разных местах вдоль линии передачи. Все они привлекали латунный листик одновременно, когда стекло натирали. Они подвесили даже живого цыпленка за ноги и заметили, что грудь цыпленка стала сильно притягивать.

[29] [GS89], [BWb] и [Dop74].

Рис. B.12: Иллюстрация эксперимента Грея.

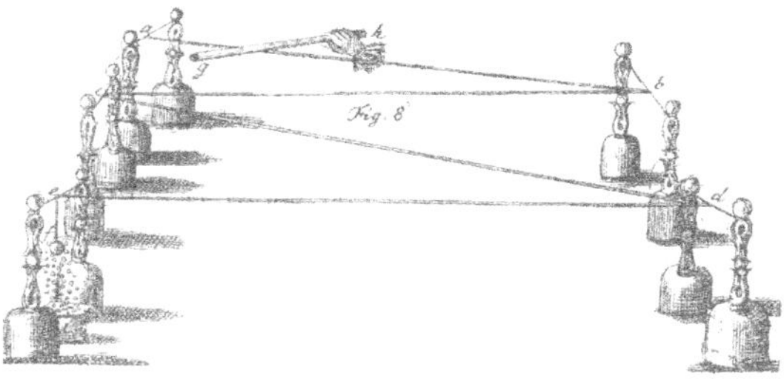

Рис. B.13: Мяч, поддерживаемый изолирующими струнами, притягивает легкие тела. Натертое стекло подносится к другому концу проводящего шнура.

В конце статьи он описал другие эксперименты, доказывающие, что он мог передавать электричество на расстояние до 270 м.

Затем последовало четвертое по счету открытие, описанное Греем в этой статье. Он показал, что можно передавать электричество вдоль линии связи, просто поднося натертую стеклянную трубку близко к одному из ее концов, без контакта между стеклянной трубкой и бечевкой:[30]

> *В присутствии г-на Годфри я сделал следующие эксперименты, показывающие, что электричество может быть передано от трубы, не касаясь при этом линии передачи, а просто поддерживая ее рядом с ней.*

[30] [Grah, стр. 33—34].

Первый из этих экспериментов был проведен 5 августа 1729 года. [...]

Я взял кусок тонкой веревки, на какой обычно сушат белье, примерно одиннадцать футов [3,3 м] в длину; она была подвешена за петлю на верхнем ее конце на гвоздь, забитый в одну из стропил чердака, а на ее нижнем конце была подвешена с помощью железного кольца свинцовая масса весом четырнадцать фунтов [6,4 кг]: затем я поместил листик из латуни под грузом, натер трубку, и поднес близко к линии, не касаясь ее, свинцовый груз притягивал и отталкивал листик из латуни несколько раз подряд, на высоту по крайней мере три, если не четыре, дюйма [10 см]. Если трубка держалась на расстоянии три или четыре фута [1,2 м] над грузом, было притяжение; но если она была расположена выше, ближе к балке, на которой груз был подвешен на тонкой нити, то не было никакого притяжения.

Иллюстрация этого эксперимента представлена на Рис. В.14 (a).

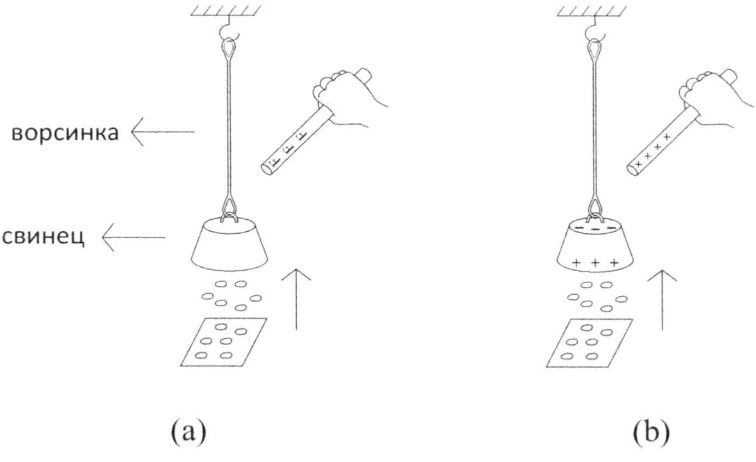

Рис. В.14: (a) Грей передает способность притягивать легкие тела металлическому грузу, просто поместив натертое стекло рядом с грузом, не касаясь его. (b) Схематическое представление зарядов в случае (a).

Современное понимание этого эксперимента состоит в том, что натертая стеклянная трубка электрически поляризует свинцовый груз. Часть веса, которая находится ближе к стеклу, электризуется зарядом противоположного заряду стекла знака, а дальняя часть свинца электризуется зарядом того же знака, что и стекло. Латунный листик затем притягивается нижней частью поляризованного свинца. В определенном смысле это аналогично эксперименту 7.9.

Схематичное представление зарядов в этом эксперименте дано на Рис. В.14 (b).

В других экспериментах Грей вешал тела также на *тонких веревках*. Точно не известно, из чего они были сделаны. В любом случае, они функционировали в качестве изоляторов. В другом известном эксперименте, описанном в этой статье 1731 года, Грей подвесил мальчика весом 21 кг в лежачем положении,[31] "*на двух веревках, типа тех, на чем обычно сушат белье*." Затем он поднес натертую стеклянную трубку близко к ногам мальчика, не касаясь их, и заметил, что лицо мальчика притягивало латунный листик, лежавший под ним.

Дюфе повторил эксперимент с мальчиком в 1733 году. Когда он использовал обычные веревки ("cordes ordinaires"), он не обнаружил никакой способности притягивать. Однако, когда он заменил обычные веревки шелковыми шнурами ("cordons de soye"), он получил тот же эффект, что и Грей.[32] Обычные веревки являются, как правило, проводниками. Это показывает, что *тонкие веревки* в экспериментах Грея были изоляторами, иначе эксперименты с мальчиком не имели бы успеха.

В статье 1735 года Грей провел несколько подобных экспериментов. В начале статьи он упоминает, что[33]

> Так как у меня не было под рукой шелковых нитей, достаточно прочных, чтобы выдержать мальчика, я попросил его встать на некий изоляционный материал.

То есть мальчик стоял на каком-то изоляторе, как мы говорим сегодня. На следующей странице этой статьи, Грей описал другие эксперименты, которые он провел в доме г-на Велера: "Г-н Велер вскоре после моего прихода к нему, достал шелковые нити, которые могли выдержать вес его помощника, довольно плотного парня; затем подвесив его на линии, [...]." Судя по всему этому, весьма вероятно, что *тонкие веревки* Грея были сделаны из шелка.

В статье, которая последовала за этой, Грей описал другие эксперименты, где он передал электричество проводникам простым размещением натертой стеклянной трубки рядом с этими проводниками, не касаясь их. Используя деревянные обручи 66 см и 91 см в диаметре, подвешенных на изолирующих нитях, он отметил, что электрическая миазма может передаваться по окружности этих обручей. Она также могла переходить от одного обруча к другому обручу в контакте с первым (Рис. B.15).[34] Он мог также передавать электричество разным фруктам и овощам.

Грей сумел передать способность притягивать легкие тела даже мыльному пузырю:[35]

> Март 23-й день [1730], я растворил мыло в речной воде Темзы, затем я подвесил курительную трубу с помощью тонкой линии

[31] [Grah, стр. 39].
[32] [DF33d, стр. 250—251].
[33] [Grae, стр. 17].
[34] [Dop74] и [Hei99, стр. 249].
[35] [Grah, стр. 38—39].

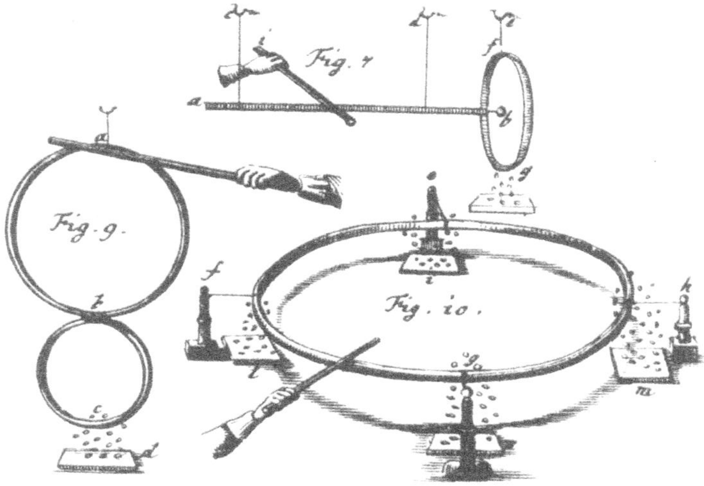

Рис. B.15: Иллюстрация экспериментов Грея с деревянными обручами, подвешенными на изолирующих нитях.

> [вероятно, из шелка или конского волоса], так что она висела почти горизонтально, ртом чаши вниз; затем окунул его в мыльный раствор, и выдул пузырь, листик латуни был предварительно положен на подставку под ней, с трением [стеклянной] трубки, латунь была притянута пузырем, когда трубка была около тонкой линии подвеса. Затем я повторил эксперимент с другим пузырем, держа трубку возле тонкого конца трубки, притяжение теперь было гораздо сильнее, с поднятием листка латуни на высоту почти до двух дюймов [5 см].

Этот эксперимент, представленный на Рис. B.16 (a), иллюстрирует еще раз, что пресная вода ведет себя как проводник. Грей уже передавал способность притягивать легкие тела многим проводникам, как металлы, дерево и т.д.

Рис. B.16 (b) представляет собой схематичное представление зарядов в этом эксперименте.

B.7 Эксперимент с подвешенным мальчиком

В этой работе 1731 года Грей описал несколько экспериментов, в которых он подвесил мальчика в горизонтальном положении на тонкой линии, вероятно, из шелка.[36] Мальчик висел лицом вниз. Грей держал натертую стеклянную трубку возле его ног, не касаясь их, и наблюдал, как латунные

[36] [Grah, стр. 39—41].

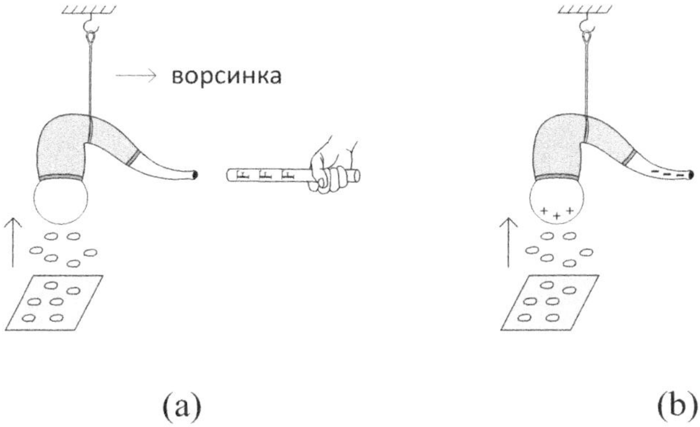

Рис. B.16: (a) Мыльный пузырь притягивает латунные листочки, когда натертая стеклянная трубка подносится близко к трубе, подвешенной на тонкой изолирующей линии. (b) Схематичное представление зарядов в случае (a).

опилки притягивались к лицу мальчика, поднимая их до 30 см. Старинная иллюстрация этого эксперимента представлена на Рис. B.17.[37]

Рис. B.17: Мальчик подвешен на изолирующих линиях. Натертая стеклянная трубка помещается рядом с его ногами. Руки и лицо мальчика притягивают легкие предметы.

Этот эксперимент получил широкую известность. Нолле использовал его для обложки своей книги *Essai sur l'Électricité des Corps* (Рис. B.18).[38]

Некоторые из этих экспериментов Грея были повторены и продолжены Дюфе. Например, в своем третьем мемуаре он приводит эксперимент, проиллюстрированный здесь на Рис. B.19.[39]

[37] [Dop74].
[38] [Nol53].
[39] [DF33d, стр. 248—249] и [RR57, стр. 584].

Рис. B.18: Иллюстрация знаменитого опыта Грея в книге Нолле, в [Nol53]. На этом рисунке видно, что стеклянная трубка не обязательно должна касаться мальчика.

Дюфе так описал этот эксперимент:[40,41]

[40] [DF33d, стр. 248–249].

[41] J'ai pris deux morceaux d'un cordon de fil, gros comme le doigt, dont le premier SA, avoit 6 pieds de long, & l'autre CB, en avoit 8, je les ai assujettis chacun par un bout à deux brides de soye DE, & FG, qui les coupoient à angles droits, & qui étoient disposées de sorte qu'approchant ou éloignant parallelement ces brides l'une de l'autre, les deux bouts des deux cordons s'éloignoient ou s'approchoient l'un de l'autre, de maniére qu'on pouvoit les fixer à la distance qu'on souhaitoit. Au bout B du cordon de 8 pieds étoit suspenduë une boule de bois, & le bout le plus éloigné du cordon de 6 pieds étoit fixé à une troisiéme bride de soye en S pour la soûtenir en l'air; présentant ensuite le tube frotté au bout S du cordon SA, après avoir éloigné les deux cordons d'un pouce l'un de l'autre, l'électricité étoit aussi sensible dans la boule que si le cordon eût été continu, à 3 pouces elle l'étoit encore beaucoup, à 6 pouces un peu moins, & à 1 pied beaucoup moins, & à peu-près comme à la distance de 1256 pieds de corde continuë; la matiére électrique coule donc librement dans l'air, sans être fixée par

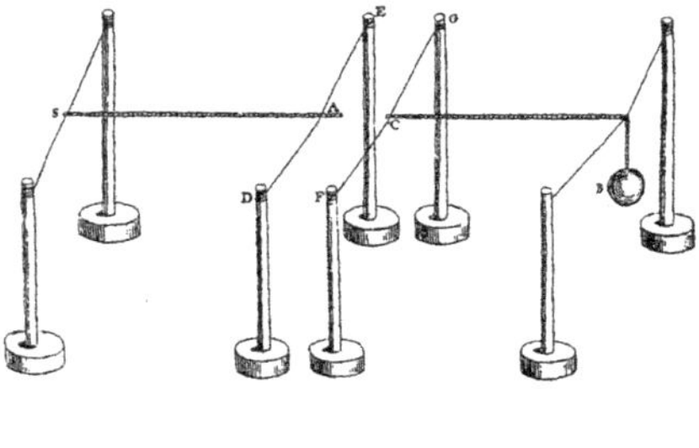

Рис. B.19: Иллюстрация эксперимента Дюфе, который аналогичен некоторым, ранее проведенным Греем, экспериментам.

Я взял два куска [проводящей] линии, толщиной с палец, первый SA, был длиной 6 футов [1,8 м], а другой CB имел длину 8 [футов, то есть 2,4 м], я привязал каждый из них за один конец к двум пересекающимся шелковым шнурам, DE и FG, под прямым углом к ним, и которые были расположены таким образом, чтобы мы могли приблизиться или удалиться от них параллельно этим пресекающимся шнурам, так что мы могли поместить их на желаемом расстоянии [друг от друга]. На конце B 8 футового куска был подвешен деревянный мяч, а дальний конец 6 футового куска был прикреплен к третьему шелковому поперечному шнуру S, чтобы подвесить его в воздухе. Затем, поднеся натертую[стеклянную] трубку к концу S шнура C, после удаления двух линий на расстояние в один дюйм [2,54 см] друг от друга, мяч демонстрировал такую силу электричества, как если бы линия была непрерывной [т.е. мяч заметно притягивал мелкие металлические листья вблизи него], на расстоянии [между линиями] в 3 дюйма [7,5 см] это [электричество] было еще более [ощутимым], в 6 дюймов [15 см] чуть меньше, а в 1 фут [30 см] гораздо меньше, более или менее, как на расстоянии 1256 футов сплошной линии [377 м, как в эксперименте Дюфе]. Таким образом, электрическое вещество свободно проходило через воздух, не будучи фиксированным в каком-то конкретном теле. Этот эксперимент доказывает, насколько важно, чтобы [проводящая] струна, используемая для передачи электричества на большое расстояние, была *изолирована*, то есть [проводящая струна должна быть] подвешена только телами, которые сами меньше всего поддаются электрическому возбуждению.

Современное описание этого эксперимента не основано на представлениях об электричестве как некоем веществе, свободно протекающем через воздух, как Дюфе себе представлял. Согласно современному толкованию, основным фактором в этом эксперименте является электрическая поляризация проводников, как показано на Рис. В.20. То есть натертая стеклянная трубка электрически поляризует проводящую веревку SA на достаточно близком расстоянии от нее. Заряды в конце A этого каната электрически поляризуют другой проводник CB. Этот проводник CB состоит из второго каната, соединенного с деревянным мячом. Обе поляризации имеют место, несмотря на воздушный зазор между A и C в пределах от одного дюйма, 2,5 см, до одного фута, 30 см. Заряды, накопленные в нижней части деревянного шара, которые имеют тот же знак, что и заряды на натертой стеклянной трубке, притягивают расположенные рядом легкие тела.

---

aucun corps. Cette expérience prouve combien il est nécessaire que la corde dont on se sert pour transmettre au loin l'électricité, soit isolée, ou ne soit soûtenuë que de corps les moins propres qu'il est possible à se charger eux-mêmes de l'électricité.

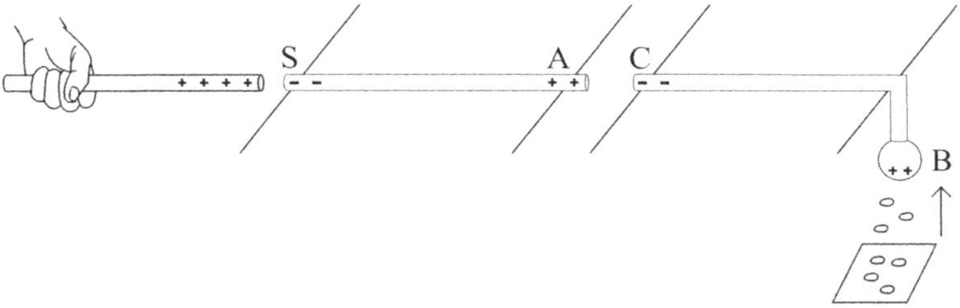

Рис. B.20: Иллюстрация поляризации в эксперименте Дюфе (Рис. B.19). Проводники SA и CB поддерживаются над изолирующими шелковыми нитями.

B.8 Открытие, что свободные заряды распределяются по поверхности проводников

В продолжении своей статьи 1731 года Грей описал еще одно фундаментальное открытие, а именно (курсив наш):[42]

> *Некоторое время спустя, в доме у г-на Велера, мы провели следующий эксперимент, с целью выяснить, не пропорциональна ли сила электрического притяжения количеству вещества в телах.*
>
> Были приготовлены два кубика из дуба, с гранью около шести дюймов [15 см^2] — один твердый, а другой полый: Они были подвешены на двух тонких линиях, почти таким же образом, как в упомянутом выше эксперименте; расстояние между кубиками было по нашим подсчетам около четырнадцати или пятнадцати футов [4,6 м]; линия связи была привязана к обеим тонким линиям, а листик латуни был помещен под кубиками, [стеклянную] трубку натерли и держали над средней частью линии [передачи] на равных, насколько мы могли судить, расстояниях от каждого кубика, и мы обратили внимание, что оба куба притянули и отразили листик латуни одновременно и на одну и ту же высоту; *так, что, казалось, сплошной куб не проявлял большей силы притяжения в сравнении с полым; и все же я склонен думать, что хотя электрическая миазма проходит через все тело твердого куба, только поверхность его обладает притягательной силой*; ибо по результатам нескольких экспериментов, кажется, что если любое твердое тело касается другое тело, которое притягивает, оно перестает притягивать до тех пор, пока первое тело не будет удалено, а второе не будет снова возбуждено трубкой.

Иллюстрацию этого эксперимента можно найти на Рис. B.21.

[42][Grah, стр. 35].

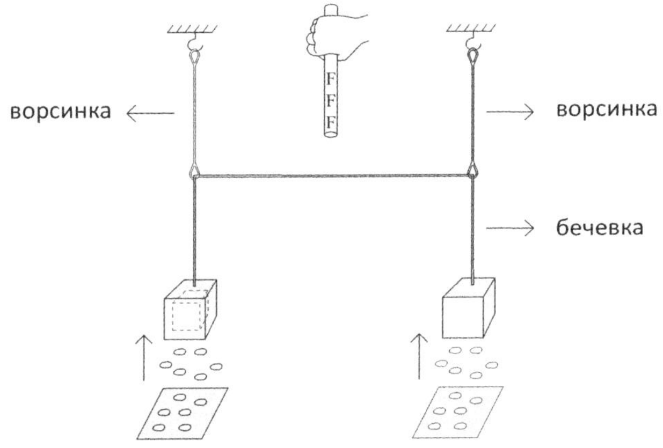

Рис. B.21: Полый куб и сплошной куб притягивают с одинаковой силой.

Этот эксперимент описывает два чрезвычайно важных открытия. Первое, что в электростатике свободные заряды, или избыток зарядов на проводниках (проводящие деревянные кубики в этом эксперименте), распределяются по поверхности проводников, а не по всему их объему. Иногда открытие этого фундаментального свойства проводников в электростатическом равновесии приписывается Майклу Фарадею (1791—1867). Этот эксперимент показывает, что этот факт был известен уже Грею.[43]

Второе открытие, выраженное в последнем предложении приведенной выше цитаты, состоит в том, что электризованный проводник разряжается, когда он касается другого проводника, соединенного с землей, то есть когда электризованный проводник заземляется. Грей, кажется, ссылается здесь на свои эксперименты 1708 года. Смотрите разделы 4.2 и 4.5.

B.9 Открытие концентрации силы

Первоначально Грей положил латунный листик на подставку в виде круглой доски диаметром 30 см, с наклеенной на нее белой бумагой, которая покоилась на пьедестале высотой 30 см. В продолжении своей исторической работы, Грей описал еще одно очень важное открытие, а именно:[44]

> В этих экспериментах, помимо вышеупомянутой большой подставки, я использовал две маленькие, которые, пожалуй, уместно здесь описать ввиду их полезности. В верхней части они были диаметром три дюйма [7,6 см]; они поддерживались на колонке высотой около одного фута [30 см], их основания были около четырех дюймов с половиной [11,4 см]: Они были изготовлены

[43] [CM79, стр. 396] и [Hei99, стр. 248—249].

[44] [Grah, стр. 42].

из *lignum vitae* [тип древесины], их вершины и основания, были сделаны так, чтобы можно было их прикручивать для удобства перевозки. Сверху они были заклеены белой бумагой. Когда листик латуни клался на любой из этих подставок, я нашел, что его можно было поднять на гораздо большую высоту, в сравнении с тем, что имело место при укладке на столе, и по крайней мере в три раза выше, чем при укладке на пол в комнате.

Иллюстрацию этого эксперимента можно найти на Рис. B.22.

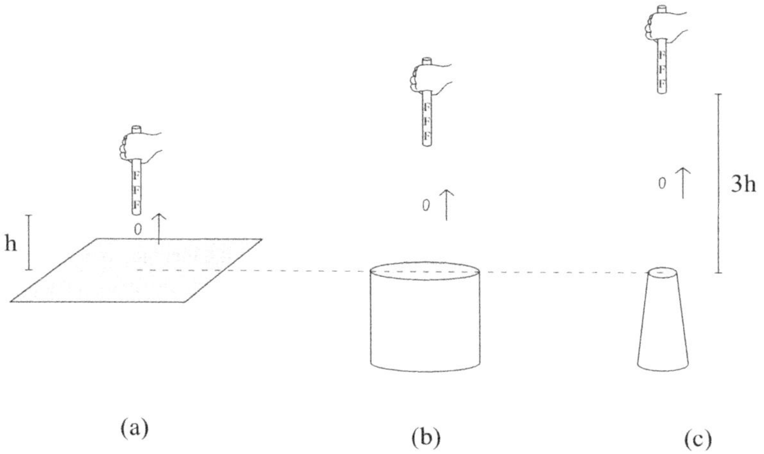

Рис. B.22: (a) Маленький листик латуни притягивается на высоте H от начального положения на полу. (b) Он поднимается еще выше, когда лежит на столе или на проводящем цилиндре 30 см в диаметре. (c) Когда он лежит на коническом проводнике, он притягивается с высоты в три раза выше, чем когда он находится на полу.

Это одно из первых известных описаний концентрации силы около точек. То есть электрическая сила сильнее около острых и заостренных участках проводников, чем на плоских участках поверхности.

В разделе 4.10 мы проанализировали поведение стрелок, присоединенных к электрическим маятникам. Они указывали по направлению к притягивающей натертой соломке, до вступления в контакт с ней. После контакта, они указывали в направлении от соломки. Такое поведение связано с точечной концентрацией силы, открытой Греем.

B.10 Заключение

Несомненно, эта статья Грея является одной из наиболее важных работ во всей истории электричества. Ряд фундаментальных открытий, сделанных простым пенсионером-красильщиком, кто никогда не учился в университете, действительно впечатляет. Ему было тогда 63 года. Мы считаем основным вкладом Грея его открытие проводников и изоляторов. Он описал некоторые их основные свойства. Это давало контроль над электрическими явлениями, прокладывая путь для ряда новых открытий, которые были сделаны вскоре после этого Греем и другими учеными. В других своих работах Грей описал много новых, чрезвычайно важных открытий в электричестве, но мы не будем обсуждать их здесь.

Дюфе был близко знаком с работами Грея, которые оказали сильное влияние на него. Открытия Дюфе электрического отталкивания, механизма *ПКО* и существования двух видов электричества были сделаны после того, как он решил воспроизвести и изучить подробно многочисленные открытия, сделанные Греем ранее. Например, в одной из своих наиболее важных работ, Дюфе сказал следующее:[45]

> Я прошу Ваше Величество передать это [письмо] *Королевскому обществу*, в частности, г-ну *Грею*, который работает в этой области с таким огромным усердием и успехом, и кому я считаю себя объязанным за открытия, которые я сделал и, возможно, сделаю еще в будущем, поскольку благодаря именно его работам я принял решение посвятить себя проведению подобного рода экспериментов.

Мы начали эту книгу с описания янтарного эффекта — эксперимента, известного, по крайней мере, со времен Платона, в IV в до н.э. Мы завершили ее описанием работ отставного красильщика, чьи открытия послужили большим шагом вперед в нашем понимании природы и в науке об электричестве. Пути развития науки действительно неисповедимы!

[45] [DF, стр. 265—266] и [BC07, стр. 643].

Литература

[Aep79] F. U. T. Aepinus. *Aepinus's Essay on the Theory of Electricity and Magnetism.* Princeton University Press, Princeton, 1979. Translation by P. J. Connor. Introductory monograph and notes by R. W. Home.

[AH07] A. K. T. Assis and J. A. Hernandes. *The Electric Force of a Current: Weber and the Surface Charges of Resistive Conductors Carrying Steady Currents.* Apeiron, Montreal, 2007. ISBN: 9780973291155. Available at: <www.ifi.unicamp.br/~assis>.

[AH09] A. K. T. Assis and J. A. Hernandes. *A Força Elétrica de uma Corrente: Weber e as Cargas Superficiais de Condutores Resistivos com Correntes Constantes*, volume 73 of *Coleção Acadêmica.* Edusp and Edufal, São Paulo and Maceió, 2009. ISBNs: 9788531411236 and 9788571774315.

[Amp22] A.-M. Ampère. Expériences relatives à de nouveaux phénomènes électro-dynamiques. *Annales de Chimie et de Physique*, 20:60–74, 1822.

[Ari52a] Aristotle. *Metaphysics*, In: The Works of Aristotle, Vol. 1. In *Great Books of the Western World,* R. M. Hutchins, Editor in Chief, Vol. 8, pages 495–626, Chicago, 1952. Encyclopaedia Britannica. Translated by W. D. Ross.

[Ari52b] Aristotle. *Meteorology,* In: The Works of Aristotle, Vol. 1. In *Great Books of the Western World,* R. M. Hutchins, Editor in Chief, Vol. 8, pages 443–494, Chicago, 1952. Encyclopaedia Britannica. Translated by E. W. Webster.

[Ari52c] Aristotle. *On the Soul,* In: The Works of Aristotle, Vol. 1. In *Great Books of the Western World,* R. M. Hutchins, Editor in Chief, Vol. 8, pages 627–668, Chicago, 1952. Encyclopaedia Britannica. Translated by J. A. Smith.

[Ass08a] A. K. T. Assis. *Archimedes, the Center of Gravity, and the First Law of Mechanics.* Apeiron, Montreal, 1st edition, 2008. ISBN: 9780973291162. Available at: <www.ifi.unicamp.br/~assis>.

[Ass08b] A. K. T. Assis. *Arquimedes, o Centro de Gravidade e a Lei da Alavanca*. Apeiron, Montreal, 2008. ISBN: 9780973291179. Available at: <www.ifi.unicamp.br/~assis>.

[Ass10a] A. K. T. Assis. *The Experimental and Historical Foundations of Electricity*. Apeiron, Montreal, 2010. ISBN: 9780986492631. Available at: <www.ifi.unicamp.br/~assis>.

[Ass10b] A. K. T. Assis. *Os Fundamentos Experimentais e Históricos da Eletricidade*. Apeiron, Montreal, 2010. ISBN: 9780986492617. Available at: <www.ifi.unicamp.br/~assis>.

[BC07] S. L. B. Boss and J. J. Caluzi. Os conceitos de eletricidade vítrea e eletricidade resinosa segundo Du Fay. *Revista Brasileira de Ensino de Física*, 29:635–644, 2007.

[BC10] S. L. B. Boss and J. J. Caluzi. Uma breve biografia de Stephen Gray (1666-1736). *Revista Brasileira de Ensino de Física*, 32:1602–1609, 2010.

[Ben86] A. Bennet. Description of a new electrometer. *Philosophical Transactions*, 76:26–34, 1786.

[Ben98] P. Benjamin. *A History of Electricity (The Intellectual Rise in Electricity) from Antiquity to the Days of Benjamin Franklin*. Wiley, New York, 1898.

[Blo82] C. Blondel. *A.-M. Ampère et la Création de l'Électrodynamique (1820-1827)*. Bibliothèque Nationale, Paris, 1982.

[Bor] G. Borvon. Pourquoi deux espèces d'électricité? Pourquoi deux sens du courant électrique? L'histoire de l'électricité nous aide à comprendre. Available at: <www.ampere.cnrs.fr>.

[Boy00] R. Boyle. Experiments and notes about the mechanical origine or production of electricity. In M. Hunter and E. B. Davis, editors, *The Works of Robert Boyle*, Vol. 8, pages 509–523. Pickering & Chatto, London, 2000. Work originally published in 1675.

[BWa] C. Blondel and B. Wolff. Que dit l'article ELECTRICITE de l'Encyclopédie? Available at: <www.ampere.cnrs.fr/parcourspedagogique>.

[BWb] C. Blondel and B. Wolff. Teinturiers et tubes de verre: Gray et Dufay. Available at: <www.ampere.cnrs.fr/parcourspedagogique>.

[BWc] C. Blondel and B. Wolff. Un tournant dans l'histoire de l'électricité: la mathématisation. Available at: <www.ampere.cnrs.fr/parcourspedagogique>.

[CA08] J. Camillo and A. K. T. Assis. Construção de um gerador eletrostático gotejante: chuva elétrica de Kelvin. *A Física na Escola*, 9:29–32, 2008.

[Can53] J. Canton. Electrical experiments, with an attempt to account for their several phaenomena; together with observations on thunder-clouds. *Philosophical Transactions*, 48:350–358, 1753.

[Can54] J. Canton. A letter to the Right Honourable the Earl of Macclesfield, President of the Royal Society, concerning some new electrical experiments. *Philosophical Transactions*, 54:780–785, 1754.

[CC00] D. H. Clark and S. P. H. Clark. *Newton's Tyranny: The Suppressed Scientific Discoveries of Stephen Gray and John Flamsteed*. Freeman, New York, 2000.

[Cha09] J. P. M. d. C. Chaib. *Análise do Significado e da Evolução do Conceito de Força de Ampère, juntamente com a Tradução Comentada de sua Principal Obra sobre Eletrodinâmica*. PhD thesis, University of Campinas – UNICAMP, Campinas, Brazil, 2009. Supervisor: A. K. T. Assis. Available at <http://webbif.ifi.unicamp.br/teses/> and at <www.ifi.unicamp.br/~assis>.

[Chi54] R. A. Chipman. An unpublished letter of Stephen Gray on electrical experiments, 1707-1708. *Isis*, 45:33–40, 1954.

[CM79] D. H. Clark and L. Murdin. The enigma of Stephen Gray astronomer and scientist (1666-1736). *Vistas in Astronomy*, 23:351–404, 1979.

[Desa] J. T. Desaguliers. Experiments made before the Royal Society, Feb. 2. 1737-8. *Philosophical Transactions*, 41:193–199, 1739–1741.

[Desb] J. T. Desaguliers. Several electrical experiments, made at various times, before the Royal Society. *Philosophical Transactions*, 41:661–667, 1739–1741.

[Desc] J. T. Desaguliers. Some thoughts and experiments concerning electricity. *Philosophical Transactions*, 41:186–193, 1739–1741.

[DF] C. F. d. C. Du Fay. A letter from Mons. Du Fay, F. R. S. and of the Royal Academy of Sciences at Paris, to His Grace Charles Duke of Richmond and Lenox, concerning electricity. Translated from the French by T. S. M D. *Philosophical Transactions*, 38:258–266, 1733–4.

[DF33a] C. F. d. C. Du Fay. Premier mémoire sur l'électricité. Histoire de l'électricité. *Mémoires de l'Académie Royale des Sciences*, pages 23–35, 1733.

[DF33b] C. F. d. C. Du Fay. Quatriéme mémoire sur l'électricité. De l'attraction et répulsion des corps électriques. *Mémoires de l'Académie Royale des Sciences*, pages 457–476, 1733.

[DF33c] C. F. d. C. Du Fay. Second mémoire sur l'électricité. Quels sont les corps qui sont susceptibles d'électricité. *Mémoires de l'Académie Royale des Sciences*, pages 73–84, 1733.

[DF33d] C. F. d. C. Du Fay. Troisiéme mémoire sur l'électricité. Des corps qui sont le plus vivement attirés par les matiéres électriques, et de ceux qui sont les plus propres à transmettre l'électricité. *Mémoires de l'Académie Royale des Sciences*, pages 233–254, 1733.

[DF34a] C. F. d. C. Du Fay. Cinquiéme mémoire sur l'électricité. Oú l'on rend compte des nouvelles découvertes sur cette matiére, faites depuis peu par M. Gray; et où l'on examine quelles sont les circonstances qui peuvent apporter quelque changement à l'électricité pour l'augmentation ou la diminution de la force, comme la tempèrature de l'air, le vuide, l'air comprimé, etc. *Mémoires de l'Académie Royale des Sciences*, pages 341–361, 1734.

[DF34b] C. F. d. C. Du Fay. Sixiéme mémoire sur l'électricité. Oú l'on examine quel rapport il y a entre l'électricité, et la faculté de rendre de la lumiére, qui est commune à la plûpart des corps électriques, et ce qu'on peut inférer de ce rapport. *Mémoires de l'Académie Royale des Sciences*, pages 503–526, 1734.

[DF37a] C. F. d. C. Du Fay. Huitiéme mémoire sur l'électricité. *Mémoires de l'Académie Royale des Sciences*, pages 307–325, 1737.

[DF37b] C. F. d. C. Du Fay. Septiéme mémoire sur l'électricité. Contenant quelques additions aux mémoires précédents. *Mémoires de l'Académie Royale des Sciences*, pages 86–100, 1737.

[Dop74] J. G. Doppelmayr. *Neu-entdeckte Phaenomena von bewunderswürdigen Würkungen der Natur*. Nurenburg, 1774.

[Fera] N. Ferreira. *Mecânica*. Instituto de Física, USP, São Paulo. Projeto RIPE — Rede de Instrumentação para o Ensino.

[Ferb] N. Ferreira. *Eletrostática*, Vol. 1. Instituto de Física, USP, São Paulo. Projeto RIPE — Rede de Instrumentação para o Ensino.

[Ferc] N. Ferreira. *Eletrostática*, Vol. 2. Instituto de Física, USP, São Paulo. Projeto RIPE — Rede de Instrumentação para o Ensino.

[Ferd] N. C. Ferreira. Construa sua própria bússola! Available at: cienciahoje.uol.com.br/controlPanel/materia/view/2888.

[Fer78] N. C. Ferreira. Proposta de Laboratório para a Escola Brasileira—Um Ensaio sobre a Instrumentalização no Ensino Médio de Física. Master's thesis, Universidade de São Paulo, São Paulo, 1978.

[Fer01a] N. C. Ferreira. Acende aqui, apaga ali. *Ciência Hoje na Escola*, 12:65–67, 2001.

[Fer01b] N. C. Ferreira. Faça como Gilbert: construa uma bússola de declinação. *Ciência Hoje na Escola*, 12:21–22, 2001.

[Fer01c] N. C. Ferreira. Magnetismo e eletricidade. *Ciência Hoje na Escola*, 12:14–17, 2001.

[Fer01d] N. C. Ferreira. O versorium. *Ciência Hoje na Escola*, 12:18–20, 2001.

[Fer06] N. Ferreira. *Equilíbrio*. Projeto RIPE — Rede de Instrumentação para o Ensino, Instituto de Física, USP, São Paulo, 2006. Available at: <www.ludoteca.if.usp.br>.

[Fig67] L. Figuier. *Ler Merveilles de la Science ou Description Populaire des Inventions Modernes*, volume 1. Jouvet et Cie., Paris, 1867.

[Fig85] L. G. Figuier. *Les Merveilles de l'Électricité*. Association pour l'Histoire de l'Électricité en France, Paris, 1985. Textes choisis présentés par Fabienne Cardot.

[FM91] N. Ferreira and J.-P. Maury. *Plus et Moins, les Charges Électriques. Qu'est-ce que c'est?* Ophrys, Paris, 1991.

[Fra55] G. Fracastoro. *De sympathia & antipathia rerum*. In: *Opera omnia in unum proxime post ilius mortem collecta*. Apud luntas, Venice, 1555.

[Gas91] A. Gaspar. Motor de ímã móvel. *Caderno Catarinense de Ensino de Física*, 8:188–193, 1991.

[Gas96] A. Gaspar. *História da Eletricidade*. Ática, São Paulo, 1996.

[Gas03] A. Gaspar. *Experiências de Ciências para o Ensino Fundamental*. Ática, São Paulo, 2003.

[GG90] I. Grattan-Guinness. *Convolutions in French Mathematics, 1800-1840*, volume 2. Birkhäuser, Basel, 1990.

[GG91] I. Grattan-Guinness. Lines of mathematical thought in the electrodynamics of Ampère. *Physis*, 28:115–129, 1991.

[Gil00] W. Gilbert. *De magnete, magneticisque corporibus, et de magno magnete tellure; physiologia nova*. London, 1600.

[Gil00] W. Gilbert. *On the Magnet, Magnetick Bodies also, and on the Great Magnet the Earth; a New Physiology, Demonstrated by Many Arguments & Experiments*. Chiswick Press, London, 1900. Translated by S. P. Thompson.

[Gil78] W. Gilbert. *On the Loadstone and Magnetic Bodies and on the Great Magnet the Earth*, volume 28, pp. 1-121 of *Great Books of the Western World*. Encyclopaedia Britannica, Chicago, 1978. Translated by P. F. Mottelay.

[Gli33] M. Gliozzi. L'elettrologia nel secolo XVII. *Periodico di Matematiche*, 13:1–14, 1933.

[Graa] S. Gray. An account of some electrical experiments intended to be communicated to the Royal Society by Mr. Stephen Gray, F. R. S. taken from his mouth by Cromwell Mortimer, M. D. R. S. Secr. on Feb. 14, 1735-6. Being the day before he died. *Philosophical Transactions*, 39:400–403, 1735–1736.

[Grab] S. Gray. An account of some new electrical experiments. *Philosophical Transactions*, 31:104–107, 1720–1.

[Grac] S. Gray. Concerning the revolutions which small pendulous bodies will, by electricity, make round larger ones from West to East as the planets do round the Sun. *Philosophical Transactions*, 39:220, 1735–1736.

[Grad] S. Gray. The electricity of water. *Philosophical Transactions*, 37:227–230 (addenda in page 260), 1731–2.

[Grae] S. Gray. Experiments and observations upon the light that is produced by communicating electrical attraction to animate or inanimate bodies, together with some of its most surprising effects. *Philosophical Transactions*, 39:16–24, 1735–6.

[Graf] S. Gray. Farther account of his experiments concerning electricity. *Philosophical Transactions*, 37:285–291, 1731–2.

[Grag] S. Gray. Farther accounts of his experiments concerning electricity. *Philosophical Transactions*, 37:397–407, 1731–2.

[Grah] S. Gray. Several experiments concerning electricity. *Philosophical Transactions*, 37:18–44, 1731–2.

[Grai] S. Gray. Some experiments relating to electricity. *Philosophical Transactions*, 39:166–170, 1735–6.

[GS89] G. Gaudenzi and R. Satolli. *Jean-Paul Marat: Scienziato e Rivoluzionario*. Mursia, Milano, 1989.

[Gue94] O. v. Guericke. *The New (So-Called) Magdeburg Experiments of Otto von Guericke*, volume 137 of *Archives Internationales d'Histoire des Idées*. Kluwer, Dordrecht, 1994. Translation and preface by M. G. F. Ames.

[Gui05] A. P. Guimarães. *From Lodestone to Supermagnets.* Wiley, Berlin, 2005.

[Haua] F. Hauksbee. An account of an experiment made before the Royal Society at Gresham-College, touching the extraordinary elistricity of glass, produceable on a smart attrition of it; with a continuation of experiments on the same subject, and other phenomena. *Philosophical Transactions*, 25:2327–2335, 1706–1707.

[Haub] F. Hauksbee. An account of the repetition of an experiment touching motion given bodies included in a glass, by the approach of a finger near its outside: With other experiments on the effluvia of glass. *Philosophical Transactions*, 26:82–86, 1708–1709.

[Hau09] F. Hauksbee. *Physico-Mechanical Experiments on Various Subjects, containing an Account of Several Surprising Phenomena touching Light and Electricity, producible on the Attrition of Bodies. With many other Remarkable Appearances, not before observ'd.* R. Brugis, London, 1709.

[Hea67] N. H. d. V. Heathcote. The early meaning of electricity: Some Pseudodoxia Epidemica—I. *Annals of Science*, 23:261–275, 1967.

[Hei79] J. L. Heilbron. *Electricity in the 17th & 18th Centuries.* University of California Press, Berkeley, 1979.

[Hei81a] J. L. Heilbron. Aepinus, Franz Ulrich Theodosius. In C. C. Gillispie, editor, *Dictionary of Scientific Biography,* Vol. 1, pages 66–68. Charles Scribner's Sons, New York, 1981.

[Hei81b] J. L. Heilbron. Dufay (Du Fay), Charles-François de Cisternay. In C. C. Gillispie, editor, *Dictionary of Scientific Biography,* Vol. 4, pages 214–217. Charles Scribner's Sons, New York, 1981.

[Hei81c] J. L. Heilbron. Gray, Stephen. In C. C. Gillispie, editor, *Dictionary of Scientific Biography,* Vol. 5, pages 515–517. Charles Scribner's Sons, New York, 1981.

[Hei81d] J. L. Heilbron. Hauksbee, Francis. In C. C. Gillispie, editor, *Dictionary of Scientific Biography,* Vol. 6, pages 169–175. Charles Scribner's Sons, New York, 1981.

[Hei81e] J. L. Heilbron. Nollet, Jean-Antoine. In C. C. Gillispie, editor, *Dictionary of Scientific Biography,* Vol. 10, pages 145–148. Charles Scribner's Sons, New York, 1981.

[Hei82] J. L. Heilbron. *Elements of Early Modern Physics.* University of California Press, Berkeley, 1982.

[Hei99] J. L. Heilbron. *Electricity in the 17th and 18th Centuries – A Study in Early Modern Physics.* Dover, New York, 1999.

[Hem80] l'abbé Hemmer. Sur l'électricité des métaux. *Journal de Physique*, 16:50–52, 1780.

[Hom67] R. W. Home. Francis Hauksbee's theory of electricity. *Archive for the History of Exact Sciences*, 4:203–217, 1967. Reprinted in R. W. Home, *Electricity and Experimental Physics in 18th-Century Europe* (Variorum, Hampshire, 1992), Chapter III.

[Hom81] R. W. Home. *The Effluvial Theory of Electricity.* Arno Press, New York, 1981.

[Jac99] J. D. Jackson. *Classical Electrodynamics.* John Wiley & Sons, New York, third edition, 1999.

[Kel81] S. Kelly. Gilbert, William. In C. C. Gillispie, editor, *Dictionary of Scientific Biography,* Vol. 5, pages 396–401. Charles Scribner's Sons, New York, 1981.

[Kra81] F. Krafft. Guericke, (Gericke), Otto von. In C. C. Gillispie, editor, *Dictionary of Scientific Biography,* Vol. 5, pages 574–576. Charles Scribner's Sons, New York, 1981.

[Lae91] D. Laertius. *Lives of Eminent Philosophers*, volume 1. Harvard University Press, Cambridge, 1991. Translated by R. D. Hicks.

[Llo80] J. T. Lloyd. Lord Kelvin demonstrated. *The Physics Teacher*, 18:16–24, 1980.

[Max81] J. C. Maxwell. *An Elementary Treatise on Electricity.* Clarendon Press, Oxford, 1881.

[Med02] A. Medeiros. As origens históricas do eletroscópio. *Revista Brasileira de Ensino de Física*, 24:353–361, 2002.

[Mel98] M. A. Melehy. Thermal momentum in thermodynamics, part 2. Interfacial electrification: a new consequence of the first and second laws. *Physics Essays*, 11:430–433, 1998.

[Net] L. F. Netto. Feira de ciências. Available at: <www.feiradeciencias.com.br>.

[New52a] I. Newton. *Mathematical Principles of Natural Philosophy*, volume 34, pp. 1-372 of *Great Books of the Western World.* Encyclopaedia Britannica, Chicago, 1952. Translated by A. Motte and revised by F. Cajori.

[New52b] I. Newton. *Optics*, volume 34, pp. 377-544 of *Great Books of the Western World.* Encyclopaedia Britannica, Chicago, 1952.

[Nol47] l'Abbé Nollet. Éclaircissemens sur plusieurs faits concernant l'électricité. *Mémoires de l'Académie royale des Sciences*, pages 102–131, 1747.

[Nol53] J. A. Nollet. *Essai sur l'Électricité des Corps.* Freres Guerin, Paris, 3rd edition, 1753.

[Nol67] J. A. Nollet. *Lettres sur l'électricité, dans lesquelles on trouvera les principaux phénomènes qui ont été découverts depuis 1760, avec des discussions sur les conséquences qu'on en peut tirer.* Durand, Neveu, Libraire, Paris, 1767. Troisieme partie.

[Ørs98a] H. C. Ørsted. New electro-magnetic experiments. In K. Jelved, A. D. Jackson, and O. Knudsen, editors, *Selected Scientific Works of Hans Christian Ørsted*, pages 421–424. Princeton University Press, Princeton, 1998. Paper originally published in German in 1820.

[Ørs98b] H. C. Ørsted. Observations on electro-magnetism. In K. Jelved, A. D. Jackson, and O. Knudsen, editors, *Selected Scientific Works of Hans Christian Ørsted*, pages 430–445. Princeton University Press, Princeton, 1998. Reprinted from Thomson's *Annals of Philosophy*, Vol. 2, pp. 321-337 (1821).

[Pla52a] Plato. *Protagoras.* In *Great Books of the Western World,* R. M. Hutchins, Editor in Chief, Vol. 7, pages 38–64, Chicago, 1952. Encyclopaedia Britannica. Translated by B. Jowett.

[Pla52b] Plato. *Timaeus.* In *Great Books of the Western World,* R. M. Hutchins, Editor in Chief, Vol. 7, pages 442–477, Chicago, 1952. Encyclopaedia Britannica. Translated by B. Jowett.

[Pri72] J. Priestley. An account of a new electrometer, contrived by Mr. William Henly, and of several electrical experiments made by him, in a letter from Dr. Priestley, F.R.S. to Dr. Franklin, F.R.S. *Philosophical Transactions*, 62:359–364, 1772.

[Pri66] J. Priestley. *The History and Present State of Electricity,* volume 1. Johnson Reprint Corporation, New York, 1966. The Sources of Science, Number 18. Reprinted from the third edition, London, 1755.

[Que] A. C. M. d. Queiroz. Electrostatic machines. Available at: `<www.coe.ufrj.br/\~{}acmq/>`.

[RR53] D. Roller and D. H. D. Roller. The prenatal history of electrical science. *American Journal of Physics*, 21:343–356, 1953.

[RR57] D. Roller and D. H. D. Roller. The Development of the Concept of Electric Charge. In J. B. Conant, editor, *Harvard Case Studies in Experimental Science*, chapter 8, pages 541–639. Harvard University Press, Cambridge, 1957.

[Sas02] W. M. Saslow. *Electricity, Magnetism, and Light.* Academic Press, New York, 2002.

[The56] Theophrastus. *Theophrastus on Stones.* The Ohio State University, Columbus, 1956. Introduction, Greek text, English translation, and commentary by E. R. Caley and J. F. C. Richards.

[Tho] W. Thomson. On a self-acting apparatus for multiplying and maintaining electric charges, with applications to illustrate the voltaic theory. *Proceedings of the Royal Society of London*, 16:67–72, 1867–1868.

[Wal36] W. C. Walker. The detection and estimation of electric charges in the eighteenth century. *Annals of Science*, 1:66–100, 1936.

[Wil59] B. Wilson. Experiments on the tourmalin. *Philosophical Transactions*, 51:308–339, 1759.

[Zan81] B. Zanobio. Fracastoro, Girolamo. In C. C. Gillispie, editor, *Dictionary of Scientific Biography*, Vol. 5, pages 104–107. Charles Scribner's Sons, New York, 1981.